U0149401

城市科学经典译丛

Great Planning Disasters

大规划的灾难

——对于西方经典规划灾难的回顾

〔英〕彼得·霍尔(Peter Hall)/著

韩昊英/译 赖世刚/校

科学出版社

北京

图字：01-2016-3846

图书在版编目（CIP）数据

大规划的灾难：对于西方经典规划灾难的回顾／（英）彼得·霍尔（Peter Hall）著；韩昊英译.——北京：科学出版社，2020.3
（城市科学经典译丛）
书名原文：Great Planning Disasters
ISBN 978-7-03-064593-7

Ⅰ.①大… Ⅱ.①彼… ②韩… Ⅲ.①城市规划–影响因素–案例–西方国家 Ⅳ.①TU984

中国版本图书馆 CIP 数据核字（2020）第 034919 号

责任编辑：王丹妮／责任校对：陶　璇
责任印制：徐晓晨／封面设计：无极书装

科学出版社出版
北京东黄城根北街 16 号
邮政编码：100717
http://www.sciencep.com
北京建宏印刷有限公司 印刷
科学出版社发行　各地新华书店经销

*

2020 年 3 月第　一　版　　开本：720×1000 1/16
2021 年 1 月第二次印刷　　印张：13
字数：262 000
定价：136.00 元
（如有印装质量问题，我社负责调换）

译　序

Great Planning Disaster 一书出版于 1980 年，1982 年在美国再版时加入了美国版序言。书中所提及的几个发生在西方的大规划灾难的决策主要发生在 20 世纪 60~70 年代，而这正是西方社会思潮剧烈变化的一个时期。女权运动、学生运动、美国黑人民权运动和反越战运动等社会运动风起云涌，形形色色的社会利益团体以自下而上的方式表达自己的诉求，争取自身的权利和自由。这极大地改变了当时的社会结构和人们的认知形态，很多传统的认知都在这一期间被颠覆，例如，曾经风靡艺术、文学和城镇建设的现代主义的理性原则逐渐被质疑，强调多元、复杂的后现代主义则蓬勃兴起。

在规划领域，这一时期里居于主导地位的规划理论是取代了第二次世界大战后初期的"蓝图式"规划、以"系统理论"和"理性过程理论"为基础的"理性综合式"规划。然而，这种在所谓"绝对理性"指导下的规划并没有带来令人满意的城市环境，尤其是现实中一些大规划灾难的发生，令城市和规划学者们明显意识到在环境、相关决策和价值等领域都充满不确定性，进而对能否以完全的"理性"和"综合性"的方式制定和实施规划进行了深刻的反思。同时，由于这一时期人们普遍相信社会进步依赖于推理和科学，系统论和控制论的思想得到广泛的接受和应用，城市规划被当成一门科学来看待，城市规划工作也常常被视为一种超然于政治格局之外的技术工作。这造成了规划工作中轻视或忽略价值判断，以"科学"和"理性"的名义损害特定群体的利益，甚至给这些群体带来了巨大的灾难。由此，人们愈发意识到，规划绝不仅仅是一门技术或科学，而应是一种旨在实现某种价值目标的政治活动形式，因而需要认真、严肃地面对不同利益集团的需求，进行价值判断。

本书作者彼得·霍尔（Peter Hall）教授通过对这一时期的大规划灾难的回顾和分析，生动地展现了伦敦第三机场、伦敦高速公路、协和式飞机、旧金山湾区快速交通系统、悉尼歌剧院、加利福尼亚州新校园和英国国家图书馆等规划的制定和实施过程，并对灾难产生的原因进行了深刻的总结和反思。一方面，他提出应当采用连续渐进主义（incrementalism）或"混合扫描"的方法，放眼可计量数据之外的整个环境，充分地关注规划中所面临的多种不确定性。他认为决策应该在内外同心圆评估的基础上做出：内圆由狭义上的财务评价组成；而外圆则应在更广泛的成本-收益框架内设置财务评价，考虑被经济学家称为外部性的所有问题（投资对于其他人的积极和消极影响）。另一方面，他还提出，无论是搜寻信息、计划投资，抑或提供服务，不同的参与者群体基于其自身利益考虑有着不同的政治动机和偏好，应通过考虑社区、官僚组织和政客等不同的群体在集体行动时的逻辑来理解规划的决策过程，并确定相应的改进措施。

在本书写作的过程中，第二次世界大战后规划理论的"第二次批判浪潮"正在如火如荼地进行，其核心内容就是批判"理性综合式"规划中的"理性过程理论"。因此，对于"理性综合式"规划局限的反思以及当时最新的一些规划理论思潮都被写入了本书之中。当时，强调规划工作的阶段性、渐进性、机会性和实用性特征的"非连贯渐进式"规划逐渐发展成为一股与"理性综合式"规划相对立的重要规划思潮。而本书中所提到的由埃齐奥尼（Etzioni）提出的"混合扫描"模式，则将"理性综合式"规划和"非连贯渐进式"规划加以结合：对比较基础性或策略性的决策和比较细节性的决策进行区分，在这两个决策层面之间来回摆动或"扫描"。这种整合了两种对立的规划思想的折中方法在当时产生了相当大的影响，被作者在书中加以详细描述和应用。此外，在 20 世纪 60~70 年代的大变革和大反思的时期里，认为城市规划决策充满价值判断和政治色彩的观点也在本书中得到了详细的阐述。而这种观点后来进一步发展为将规划视为沟通行动和过程的强劲思潮，最后形成了今天我们所熟悉的沟通理性（communicative rationality）以及协作理性（collaborative rationality）规划。而本书第二部分中用于分析的政治学、福利经济学、社会心理学和伦理学等理论则有助于理解这一思潮得以发展的理论动因。可见，*Great Planning Disaster* 一书不仅仅是对第二次世界大战至 20世纪 80 年代之间在西方社会发生的若干大规划灾难进行的详细记录，还有大量的理论总结与思考。书中应用了当时最前沿的诸多社会科学理论，以一种折中主义的方式来解释各个大规划灾难形成的动因，并探讨了更有效和合理的规划运作机制，因而具有极强的理论价值和实践参考价值。

Great Planning Disaster 一书在当时的西方世界恰逢其时，对于今日处于快速城镇化进程中的中国也具有重要的启示意义。因为无论是 20 世纪 80 年代的西方世界还是当今之中国，都刚刚经历了一个长达数十年的大规模规划和建设阶段，然而其间很多规划建设所带来的结果并不能令人满意，甚至造成了巨大的灾难。这就迫切要求对原有的规划理论和方法进行反思，并提出新的规范性的规划理论。中国自改革开放以来的四十余年里，城市发展的速度和规模冠绝全球：年均城市人口增长接近 1 600 万人，年均城市建设用地增长超过 1 000 平方千米，北京、上海、广州、深圳等城市都发展成为人口超过千万的巨型都市，道路、桥梁、隧道、

高速公路、高速铁路、发电厂、剧院、会议中心、博物馆、体育馆等大型公共项目如雨后春笋般建成——这离不开城市规划的重要作用。规划一直被政府和民众寄予厚望，期待其能够在城市的发展进程中提供科学的指导和控制。然而，在现实生活中，很多按照规划建设的城市并没有带给人们更高的人居环境质量，规划自身的目标也常常难以达成——各个城市的规划边界和指标限制屡屡被突破，规划预测失准，修订频繁。种种弊端都使得城市规划长期遭受来自社会各个方面的指责。事实上，规划失败的原因也是多方面的。其中，既有来自规划自身的原因，也有来自外界的影响。如何以一种客观和科学的方式来审视我们之前规划的得失，并构建出更为有效的理论和方法，是这个时代赋予规划学者的重大使命。

Great Planning Disaster 在当年可谓一部极具雄心的巨著。40 年后我们再读此书时，虽然发现其中有一些理论需要更新，但仍然可以得到大量有益的启发。例如，由于在环境、相关决策和价值等领域都存在着大量不确定性，规划难以实现绝对的"理性"和"综合性"；面对城市这一复杂巨系统时，采用线性模型等常规系统的预测模型往往会严重失准；"消极的灾难"（曾经做出规划，但被放弃）的破坏力并不比"积极的灾难"（规划已经实施，但后来被证明是错误的）小，我们对二者都需要进行抗争；当灾难是政治规划系统不可避免的附属物时，合理的公共政策的任务应该是尽可能地减小该系统规模；摸着石头过河（muddling through）对于处理公共事务来说并不坏，只要凭借智慧和远见来做就行，但可以非常有效地避免大规划灾难的发生。而整部书能带给我们的最大启发则是，虽然我们不能等到对世界了解透彻之后才进行规划，但是我们不应放弃对社会运行规律及规划逻辑的追求；因为唯有如此，才能减少大规划灾难的发生。

本书为一宏大巨著，包含了不同国家的人名、地名、政府机构、法规和报告等词语，以及社会科学各领域的专业名词、模型和公式，行文多为长句，且有大量难以定位的指代词和缩写词，极难翻译。在此仅举一个小的例子：原文中 Minister 这个词的翻译就需要斟酌。因为在英国，某个部的首脑并不是像大部分国家那样被称为 Minister，而是 Secretary of State，Minister 只是该部的副手。但如果将 Secretary of State 和 Minister 分别翻译为"部长"和"次长"，则会带来混淆，这是因为：第一，我们已经习惯于将 Minister 称为部长；第二，根据我们认知，英国的部门首脑中文通常称为"大臣"。实际上，确实有将二者分别翻译为"内阁大臣"和"国务大臣"的先例，因为 Minister 的全称是 Minister of State，是与 Secretary of State 对应的；而在二者之下的 Parliamentary Secretary 和 Parliamentary Private Secretary，则被翻译为"政务次官"和"议会私人秘书"，属于政治任命的部长级人员而非公务员。然而，这种方式也会让人感到困惑，因为一般人并不熟悉"内阁大臣"、"国务大臣"、"政务次官"和"议会私人秘书"这几个名词组成的部长级官员团队，看到这些名词后会产生更多的困惑。因此在译文中，译者将 Secretary of State 翻译为大臣，Minister 翻译为部长。但是在最初出现的地方，加了一个译者注："在英国，部门首脑称为大臣，副手称为部长；或者部门首脑称为内阁大臣，副手称为国务大臣。"译者希望能够以这种简单的方式使读者对原文中并不熟悉的词语含义有大致的了解，以便于流畅、快速地进行阅读。

译稿经过多次反复修订，每一次都耗费了大量的精力，最终历经五年时间才完稿。由于原著中的地图无法达到国家地图审核管理规定的要求，译著中不得不忍痛删除了原著中的七副地图。此外，本书中少量涉及意识形态的内容被删除，在原书名的基础上还添加了副标题"对于西方经典规划灾难的回顾"，以使本书符合出版要求。五年之中，科学出版社的编辑团队对本书进行了严格的审核和校对，在此特别表示感谢。由于译者的能力有限，翻译的内容难免有所不足，恳请各位读者批评指正。您的意见和建议可以发送至电子邮箱：hanhaoying@zju.edu.cn，译者会尽快予以回复。

韩昊英　赖世刚

2020 年 3 月

谨志于杭州及上海

前　言

写这部书并不是一件容易的事情，我尝试让它的内容浅显易懂，这样大家在读它的时候可以更容易一些。

我面临的难题是这样的。我想做两件事：第一，讲几个有关大规划灾难的故事；第二，从政治学、福利经济学、社会心理学和伦理学的边缘地带摘选并整理出一套折中的理论，来帮助解释这些故事。第一件事是非常简单的，但是如果没有第二件事，它们只是更高级的新闻而已，而第二件事则是非常困难的。

这可能仅仅是因为我不会做基本的理论概括。这使我想起一个故事，阿尔弗雷德·希区柯克（Alfred Hitchcock）在 20 世纪 30 年代执导了一次音乐剧，"我讨厌做这样的事情"，据说他曾经这样讲，"情节剧是我唯一能做的"。但是我认为我的问题更麻烦：我想让规划师、技术官僚和决策官员这群读者理解我的理论，而他们在此之前肯定是没有听说过这一理论的。此外，该理论被证明不仅仅是折中的，在许多地方它还非常难懂。

我已经尽了我最大的努力。如果务实的人逐渐意识到这一折中的理论有助于阐明他们在做什么，甚至称之为质疑他们在做什么，那么这部书也许是有价值的。

我写这部书比预想大约节省了五年时间，因为我从许多人那里获得了有力的帮助。第一，一如既往，感谢许多地方那些匿名的图书管理员：大英图书馆参考部（或者如其大部分爱好者所称呼的——大英博物馆阅览室）、英国政治经济图书馆、加利福尼亚大学伯克利分校图书馆、悉尼的新南威尔士州立图书馆、雷丁大学图书馆等。

第二，感谢读过所有或部分手稿的同事或朋友：道格拉斯·哈特（Douglas Hart）、安德鲁·沙曼（Andrew Sharman）、安德鲁·威尔逊（Andrew Wilson）和梅尔文·韦伯（Melvin Webber）。尼科尔森（Nicolson）和在韦登菲尔德和尼科尔森出版社（Nicolson & Weidenfeld）工作的吉拉·法库斯（Gila Falkus）阅读了整篇手稿，并提出了改进本书可读性的有用建议，我对此非常感谢。

第三，我非常感谢雷丁大学的秘书们打印出了手稿，特别是帕特里夏·霍布森（Patricia Hobson）和伊丽莎白·霍奇森（Elizabeth Hodgson）两位打印了第一版手稿，克里斯·霍兰德（Chris Holland）则在几乎不可能的情况下完成了修订稿，这是一个壮举。

第四，我想要感谢哈维·佩洛夫（Harvey Perloff）的鼓励，我们在同一领域的不同项目中并肩工作，联系不多但关系友好。他一直给我以宝贵的灵感和建议。

最后，同以前一样，我要感谢玛格达（Magda）一直以来对我的容忍。

彼得·霍尔（Peter Hall）

1979 年 6 月 1 日于伦敦

美国版前言

美国版的 *Great Planning Disasters* 是在最初的伦敦版发行两年后出版的，这一版的写作则早在伦敦版发行之前就已经开始了。如果说两周在政治上是一个比较长的时间（如某位英国前首相所言），那么两年则是一个政治与规划结合了的时代，恰好形成了本书的主旨。因此，我非常高兴能有机会撰写美国版的前言。

在前言中，我尝试做三件事。首先，简要更新了本书第一部分的案例。第二，在本书第二部分的结论中加入一些更丰富的、更深层的想法。第三，作为一个比较自然的结尾，仔细思考英国和美国政治规划流程的差异及其差异所带来的后果，以求建立一个理论体系来加以解释。

延续至今的故事

在某些方面，几个案例的传奇故事还在继续——因为它们看上去似乎不愿消逝——印证了"万变不离其宗"这句名言。发生的很多事似乎总是让我们回到原处。

让我们回到"伦敦第三机场"（London's third airport）的案例中，确切地说，是回到 1963~1967 年。英国机场管理局正式提出要增加现有的在斯坦斯特德（Stansted）的机场的运输量，达到每年运送 1 500 万人。尽管反对者说它实际上即将成为伦敦第三机场，但它并不能就此成为伦敦第三机场。1981 年 9 月末，在英国法律下进行的所谓的当地公众调查，从邻近的昆顿村（Quendon）开始，大家都认为要持续很长一段时间。反对扩大机场的是埃塞克斯郡议会（机场就坐落在其辖区内）、赫特福德郡议会（郡的边界就在机场以西大约两英里①）、区议会，以及众多的地方组织。它们的调查证据，有一部分发表在本前言的写作期间，表明它们在基本问题上得到了非常悲观的结论，如噪声产生量、由机场和相关活动所创造的就业岗位数、随之而来的城市发展规模，以及机场对农业用地、环境和景观的影响。

---

① 1 英里 ≈ 1.609 千米。

与此同时，在这场早就开始的空间棋局中，其他参与者也有他们的行动策略。城乡规划协会（The Town and Country Planning Association）这一由规划界先驱埃比尼泽·霍华德（Ebenezer Howard）为推动新城建设而创建的热心公益的组织，提交了书面的规划申请，计划在北海海岸的马普林（Maplin）建造一个机场，这个地点在 1974 年曾被当时的政府否决。根据英国的规划法，任何人都可以提交规划申请，而不仅仅是一个直接利益相关的政党。城乡规划协会的活动得到了大伦敦议会（Greater London Council）的支持，而该议会长久以来的观点是，马普林在环境方面是正确的选择（后来，在工党取代保守党之后，大伦敦议会宣布不再支持马普林，转而推荐斯坦斯特德）。乌特尔斯福区（Uttlesford）斯坦斯特德的地区议会不甘示弱地提出申请在希思罗（Heathrow）修建第五航站楼，这是在 1977~1979 年的官方审查中被考虑过的备选方案之一，但因为运营成本较高而败给了选址于斯坦斯特德的方案。倒霉的英国环境大臣迈克尔·赫塞尔廷（Michael Heseltine）因此发现自己需要在三个不同的地方安排三个几乎需要同时进行的公众调查，需要三组专家来认证（在实际操作中，这些调查过程总是类似的，因此形成一种类似巡回马戏团环游伦敦的情况），以及三组法律顾问和三套费用。总而言之，这造成了像另一版本的罗斯基尔委员会（Roskill Commission Mark Two）这样的情况。但它其实是一个非常低效的版本：第一，三个独立调查需要大量的费用；第二，调查几乎无法在三个不同地点对优缺点进行直接的、点对点的比较。换句话说，因为调查都无法得出非常明确的可见结果，因此调查注定会带来规划灾难。

伦敦高速公路系统并未像想象中那样昂贵，主要是因为它并没有被建成。在 1977~1981 年，大伦敦议会由保守党占主导，对于道路建造有一定程度的热情。大伦敦议会与政府商定了一些推动伦敦道路项目的协议措施。在主干道路项目中，大伦敦议会通过中央政府的帮助修建了伦敦内部的道路，伦敦外部的道路直接由中央政府修建。这个共同计划最重要的部分是东伦敦码头区的内部和周围：这是一个巨大的废弃地区，从伦敦塔桥沿着泰晤士河两岸一直向下游延伸有 8 英里长。由于集装箱化和伦敦港口移至大伦敦议会范围之外的下游地区，这个地势高且相对干燥的地区被遗弃了。为了拯救这个地区，必须要有整套的措施。而在这些措施中，考虑到伦敦道路系统的慢性阻塞，尤其需要修建一套新的高速公路网络。最重要的将是延伸北环路——北环路是 1967~1973 年命途多舛的计划中的 2 号环道，在本书中有过讨论——向南到泰晤士河靠近重建区东部边界的新十字路口，延伸 M11 剑桥高速公路向南至 1 号环道中仅有的建成部分，以及将该建成部分继续连接至一条横穿道克兰码头区的新的东西向道路。1981 年初，大伦敦议会和政府已经同意以公司项目的形式来建造这个网络的部分内容。但是到了 1981 年 5 月，大伦敦议会选举，左翼的工党回归后，承诺向公共交通系统提供大量补贴，同时还攻击有关道路支出的政策。因而，1981 年 7 月，整个计划又回炉重造，大伦敦议会放弃了之前保守党政府同意后的价值 4 亿英镑的计划。

与此同时，卡拉汉（Callaghan）工党政府和撒切尔（Thatcher）保守党政府都连续削减公共开支，后者则削减得更多，整个国家道路工程的规模被缩小，完成日期被推迟。但有一个例外，在国家高速公路建设中维持了头号优先地位，这就是距离首都中心约 20 千米的 M25 伦敦外环高速公路。到 1981 年底，该项目大约完成了计划 117 英里的 1/4，还有 1/4 正在建设，以及很大一部分的建设马上就要开始。这条公路预计 1985 年完工，大家都期待它能够对整个伦敦的经济活动模式产生激动人心的影响。由于仅有道路沿线地区受到绿带条例的严格限制，工业和仓储业会被吸引至立交桥附近，因为那里拥有通往国内和海外市场的无与伦比的机会。由此，令人担心的是，早已拥挤和狭窄的伦敦对所有活动的吸引力会继续下降，在 20 世纪 60 年代和 70 年代一直持续的工业和其他类型活动的大规模外流将会加速。

自从在 20 世纪 70 年代和 80 年代初期伦敦的交通拥挤大幅度加剧后，这种担心开始成为现实：这是汽车保有量上升（正如 20 世纪 60 年代伦敦交通研究中预测的那样）、因预算限制而解雇大批执法人员，以及未跟上通货膨胀步伐的罚款金额等因素综合起来的结果，并导致违规停车和载人多得一塌糊涂。在 20 世纪 80 年代早期，之前所有通过交通管理所获得的收益都丧失殆尽。用伦敦警视厅的话说，拥堵和 20 年前一样糟糕。1980 年 12 月，下议院称伦敦的道路是"欧洲最为拥挤的瓶颈之一"，是"国家丑闻"。几个月后，伦敦警视厅指出，伦敦的交通密度是全国平均水平的 5 倍，并正在变得更糟糕，因而同意重新进行 3 个环道的建设。在这方面，看上去它们（当时的下议院和伦敦警视厅）已经与不久之后掌权的工党的大伦敦议会产生了根本冲突。

同时，在没有环道的地面之上，协和式飞机（Concorde）从希思罗机场飞进飞出的时候依然有很严重的噪声。协和式飞机横跨大西洋航班的设计使其只能飞行于海洋航道而规避其严重的噪声。但是航班开始运营不久以后，德文郡和康沃尔郡的居民及偶尔经过英格兰南部的人开始抱怨天空中的隆隆声妨碍到了他们。为了安抚他们，英国航空和法国航空先后改变了航班计划。在 1981 年 6 月，贸易大臣告诉英国下议院，他认为噪声滋扰在很大程度上已经被消除了，但是之前听到这些噪声的居民并不这么认为。协和公司已经证明亚音速飞机比常规飞机的噪声更为严重，这也在预料之中，并在本书中有所说明。例如，根据官方记录，协和飞机在起飞后 3 英里时的噪声约为长途飞行的波音 707 机型的 4 倍，超过波音 747 机型的 4 倍，是三星（Tristar）的 8 倍。诚然，如果协和公司在产生噪声，那么它的业务将会萎缩。新加坡航空共同参与经营的伦敦—新加坡航线每年损失 700 万英镑，这条航线已经被取消。只有两条航线，伦敦—纽约和伦敦—华盛顿航线，由于联合经营有利润，依然在运行，前者（正在赚钱的那条航线）资助后者运行。法国航空也被报道在协和式飞机的业务中亏损，但是这对于它来说并不重要，因为法国政府会为此买单。然而，下议院工业和贸易委员会在 1981 年 4 月指出，对于英国纳税人的总赤字是每年 3 400 万英镑，远远超过 1980 年英国航空在协和式飞机业务中总计 600 万英镑的赤字。该委员会建议雇佣独立顾问来重新评估继续或放弃这项服务的费用，随后采取措施——或是降低纳税人的负担，或是放弃这项业务，来确保最低的损失。但是无论怎样，这件事一定要在 1985 年之前完成。

调查在协和飞机的历史上已经发生过许多次，那些调查发现最大的困难在于查清基本事实。贸易部的预测在短时间内变化万千。在 1980 年 11 月，该部门的代表们告诉委员会，放弃这项业务需要花费 3 600 万英镑，而继续这项业务则需要 2 700 万英镑（两者都计算至 1982 年 3 月底）。1981 年 1 月，他们修改了这两项费用，放弃的费用为 3 800 万英镑，而继续的费用为 2 700 万英镑。随后，在 1981 年 3 月，他们再次修改了费用，分别为 4 230 万英镑和 4 670 万英镑，这是计算到 1985 年 3 月底的费用。委员会显然非常愤怒，他们做出的决定是，在这个严重的金融危机时刻，协和竟可以神奇地免除任何形式的审查。该委员会主任唐纳德·卡贝瑞（Donald Kaberry）爵士称协和是"一个现代的弗兰肯斯坦怪物"（Frankenstein monster），"冲破所有财政预算的限制"来延续自己的生命。

但是，在 1981 年末，有传言称协和的结束时间屈指可数了。事实就是它实在太贵了。1980 年，下议院委员会发现，其每英里的座位成本是波音 747 的 3.5 倍，还不包括折旧和利息。面对着前所未有的财政危机的英国航空可能会强制放弃它。重点是，政府很难采取行动拯救它。这个巨大的规划灾难，可能接近了尾声。

在世界的另一边，圣弗朗西斯科（旧金山）湾区快速交通系统继续使用自己的预测方法。早些年困扰它的最严重的技术问题现在已经解决了，但是这个系统依然被许多或小或大的运行故障困扰。1979 年 1 月，一趟列车上发生了一场重大的火灾，然后发现所有车厢的座椅都是由易燃物品制作的。将座椅完全更换是非常必要的，但这件事直到 1980 年末才完成。最后，在 1980 年 6 月，在运行了 6 年之后，公用事业委员会要求以更短的间隔时间来运行列车，这是系统设计过的。但是具有讽刺意味的是，计算机系统无法匹配。在 1980 年 12 月，迎来了这个系统历史上最严重的故障：主控计算机和后备系统几乎同时在早高峰时期发生故障，系统完全关闭了三个小时，当沮丧的乘客绝望地使用私家车时，大规模的交通混乱出现了。但是就如之前一样，湾区快速交通系统的主要问题是技术比财政要差。这个系统仍然未能吸引附近任何地方的交通流量：在 1980 年财政年度的第一季度，工作日每天的平均人流量是 161 965 人，只有 1962 年预测的"全服务"的 63%。而纳税人仍然被要求为每 1 美元的车费贡献 2 美元。未来前景更加黯淡无光：车厢、列车控制系统和电脑都需要更新，估计需要 2.5 亿美元，但是里根（Reagan）政府削减公共交通经费意味着从华盛顿拿到这些钱的机会很渺茫。

在华盛顿和亚特兰大，尽管地铁系统在运营（即使是在亚特兰大，乘客流量预测率的准确性也高于湾区快速交通系统），却也需要庞大的联邦补贴。在 1979 年，华盛顿的联邦政府已经补助了 80% 的建筑成本、2 500 万美元的经营赤字，以及 2/3 的债务。因此，对联邦进一步补贴快速公交的期盼是不太可能实现的。特别是，洛杉矶第一条快速交通，从市区、威尔希尔大道到好莱坞和北好莱坞，到 1981 年为止约耗资 20 亿美元。虽然它（在 1980 年 11 月）已经收到 54% 的赞同票，允许其利用额外的地方销售税来帮助平衡成本，但似乎已经没有任何发展前景了。1985 年，里根总统已经宣布大规模削减联邦资金资助，逐渐降低运营补贴。所以，通过里根这位现在在白宫执政的加利福尼亚州前州长，南加利福尼亚州的大都市应该已经了解了北加利福尼亚州的教训。

单靠这些研究，也许悉尼歌剧院的故事可以宣告结束了。它的确结束了。幸亏有彩票，成本才能被计算清楚并支付。这就是后人可以看到的教训。最后，歌剧院使得悉尼在世界性的精神殿堂中占有一席之地，当初决定建造它的原因中排在首位的可能是政治方面的因素。

但是伴随着最近的灾难，故事还远远没说完。在加利福尼亚州，由于 18 岁居民数量急剧下降、高中毕业率降低，州政府对两类大学系统的支出都被限制甚至冻结了。结果在 20 世纪 60 年代，新校园的规模远远没能达到它们原来的目标。在未来，当大学准备 20 世纪 80 年代的规划时，很可能会出现空间过剩、学生太少的情况。1981 年 5 月，来自大学校长的一份报告显示，在 20 世纪 80 年代和 90 年代初，由于高中毕业生数量的减少，大学学生的数量会降低 16%；其他因素，包括更高比例的少数族裔学生（这些学生传统上来说毕业率比较低）和普遍的经济衰退，加倍恶化了以上的情况[①]。进一步来说，除非采取措施在较老的已经建成的校园（这些校园比较受欢迎，总是可以用满其自身的可用空间）和新校园之间分担这种不幸，这种情况对后者的影响将是非常巨大的。1979 年的一个报告使用了一个模型来预测每个校园的招生情况：1982~1993 年，加利福尼亚大学戴维斯分校的毕业生人数从 12 700 人降为 10 200 人，欧文分校从 7 500 人降为 6 200 人，河滨分校从 3 300 人降为 3 000 人，圣迭戈分校从 8 500 人降为 7 400 人，圣芭芭拉分校从 12 700 人降为 10 000 人，圣克鲁兹分校从 5 500 人降为 4 800 人[②]。

---

① University of California. Planning Statement, Part I, General Campus Academic Issues for the Eighties. Berkeley: University of California, 1981.

② University of California. The University of California: A Multi-Campus System in the 1980s. Berkeley: University of California, 1979.

这些可怕的预测必须被叠加到现有的不足之上。例如，在河滨分校，20 世纪 70 年代的所有下半年招生计划实际上已经告吹，圣克鲁兹分校没能招到其预期的学生数量。在 20 世纪 80 年代初，这些校园所拥有的资源都超过其学生数量所需要的资源，校长被警告不能再这样继续下去。圣克鲁兹分校，这所隐藏在红杉树中的校园，似乎永远无法完成这项任务。这意味着校园内的公共设施，如图书馆，将不会扩展到原来规划的规模大小，所以这所如加利福尼亚大学伯克利分校或斯坦福大学一样离主要图书馆设施 50 多英里的学校，仅能作为一所研究资源中心发挥有限的作用。

因此，当大学开始构建整体校园规划时，就会面临一些困难的决定。有谣言称一两个不太成功的学校会在重组计划中被强制关闭，以便于将资源更有效地集中在其他学校。在本书完成时，一些接近灾难的实例刚刚避免成为真正的灾难，其成功与否仍然有待进一步观察。

在伦敦，国家图书馆的第一阶段预计会按照规划进行建设，尽管该建设因撒切尔政府削减公共开支而停滞不前，并且其位于萨默斯城（Somers）的巨大场地已经被暂时建造成一个相当于灰狗巴士车站的长途汽车站。与此同时，老阅览室的有些用户抗议，他们不希望阅览室被关闭，但是老阅览室仅仅会在规划第二阶段结束时才可能被关闭——按照目前的估计，直至 2000 年也不会发生。当这天来临时，上述的绝大多数反对者可能已经对阅读或做其他事情失去了兴趣。英国人和其他一些人都发现这是个大的紧缩时代，这个时代有它自己解决大规划灾难的方法。

一些深层次的思考

我们为什么陷入了困境？在作用与反作用的困境中，我们是否改善了决策过程？它有可能合理化么？或者说是我们应付过去反而能够做得更好？

在这部书的最后，我尝试用复杂的模型方法，它被称为［来自美国著名政治学家达尔（Dahl）和林布隆（Lindblom）的一句名言］连续渐进主义[1]，或者用埃齐奥尼（Etzioni）的话说，是混合扫描[2]。

它是这么工作的。首先，规划者应该从预测开始，但是方法和现在截然不同。他们不仅仅要关注可计量的数据，还要放眼整个环境，去解释那些在预测中出现

---

[1] Dahl R A, Lindblom C E. Politics, Economics and Welfare: Planning and Politico-Economic Systems Resolved into Basic Social Processes. New York: Harper and Row, 1953.

[2] Etzioni A. The Active Society: A Theory of Societal and Political Processes. New York: Collier-Macmillan, 1968.

的可能会破坏现有情况的因素。他们应专注于弗兰德（Friend）和杰索普（Jessop）[①]提出的各类规划的不确定性并详细描述，这将在本书的第一章中加以讨论。这一步完成之后，他们可以按照传统方式继续下一步。他们应评估一些可以相互替代的策略来满足长远和近期的目标，在这个过程中，我认为社会公正是非常重要的，风险规避也同样重要。他们需要对这些没有进一步确定就被执行的备选策略进行评估，然后拭目以待，看它们的表现。此外，在策略选择中，他们将更倾向于（其他情况下也一样）在这一步中最适合实施的策略，从而希望避免代价巨大和累积性的错误。

作为两年后的"事后诸葛亮"（事实上，从手稿完成后算起是三年），我可以说这种观点被案例研究本身的经验扭曲了。那些被我称为"积极的灾难"（一些已经被实施了但后来被认为是错误的）都是大型的、不连续的、单次的项目。而有趣的是，"消极的灾难"（被放弃的规划）至少都曾提交给政客和公众审阅。我在本书的最后几页提出了建造伦敦环道的正确方式，即并不是通过建造一条 347 英里、耗资 2 亿英镑的"道路加量包"，而是逐渐更新旧道路、延伸新道路，这是实用且必要的。同样，满足伦敦对机场的需求可以通过更新现有的机场来达到其容量（包括环境容量）的上限，然后再建造另一个机场等。

我依然认为这个想法值得赞扬。但这对于 20 世纪 60 年代崇尚扩张的规划风格和随之而建设的大项目来说，在很大程度上是一个回应。从同样受限制的20 世纪 70 年代的经验来判断，20 世纪 80 年代的危机是完全不同的：它什么都没做，或者说几乎什么都没做。随后，消极灾难的历史就变得非常有趣了。在大型解决方案［在卡林顿（Cublington）或在马普林修建四跑道机场；800 英里的高速公路］失败之后，出现了一次政策真空。看上去不需要一整座机场（现有的机场足够应对），也不需要高速公路（交通管理和交通管制可以维持道路空间需求和供给之间的平衡）。在这些案例中，看似合理的假设在短时间内分崩离析。机场方面，政府在一阵慌乱之后又将选址重新定回到斯坦斯特德。环道方面，不出意料，部分工程集中在伦敦的部分地区（东部），那里反对建造高速公路的呼声一直比较微弱。

所以尽管有部分政治家一直倾向于认为规划问题会消失，但实际上并没有。什么都不做而盲目抱着乐观的心态认为一切都会变好的想法，是像莽撞冒进一样非常糟糕的解决方法，会走向错误的深渊。进一步来说，如果莽撞冒进是 20 世纪60 年代的时代性错误，那么什么都不做就注定会是 20 世纪 80 年代的时代性错误。就是因为这样，我认为我们现在应该与这种不良做法相抗争。

---

① Friend J K，Jessop W N. Local Government and Strategic Choice. London：Tavistock Publications，1969.

欧洲和美国的情况

　　谈及这部书的美国版本时，需要提及的是，作者长期生活在美国，得以思考欧洲与美国规划和政治体系的差别，以及不同的政治体系对规划理论的模糊影响。

　　就像其他老生常谈的内容一样，对于美国规划系统最老生常谈且极为正确的是，它比欧洲规划系统更为多样化、地方化和多中心化。中央（联邦或州）政府的手更不明显，并且更多感觉到的是通过资金来支持，而不是直接干预和监管当地政府活动（当然，联邦法规在20世纪70年代大量增加，但是它主要的影响在地方政府范围之外）。政府各个层次的官僚主义，特别是在联邦系统之内，是非常微弱的，因为每次选举之后高层都会更迭。政客对政党的意识形态的忠诚度要低很多，一方面是因为政党在地方一级比较弱势，另一方面是因为在一些州（如加利福尼亚州）政党政治在当地是非法的。因此，美国的政治变得比欧洲更为事务性，也更致力于追求利益和选票交易。社会利益群体往往倾向于更好的规范和更好的组织，一部分是因为这个国家传统的多样性，即任何事，与其让其消逝不如让其增长（证据来源于20世纪70年代的移民记录数据）。包括电视网络、新闻杂志和报纸联盟在内的媒体，都更关注地方问题，至于哪个政党上台，它们几乎不关心。所有的这些组成了美国比英国或其他欧洲国家更为随心所欲、迅速转移和多元化的政治模式，尽管这些欧洲国家可能正在走向美国政治的道路。

　　这使得我在本书的第二部分对我试图加以综合的政治科学理论进行了评论，该理论在很大程度上来源于一个特定学派，它在美国盛行了四分之一个世纪，而（我觉得）在英国几乎完全被忽视了。这个所谓的积极政治科学学派，其理论主要来自市场经济，它尝试将市场经济应用于政治行为研究。因此，政治家（"生产商"）被视为了选票竞相销售他们的产品，并且只对把投票回报变得最大化感兴趣。社会团体（"消费者"）被视为消费他们的选票来获得最优的公共商品和服务的组合。在这个模型中，形成三角关系中第三部分的官僚是非正常的，承担了坏人的角色。因为他们本质上想要在他们自己的组织中进行最大化的生产而不管公众是否真的需要这些产品。这是一种永久性趋势，所以这个学派认为，公共部门的官僚过度生产相关的商品和服务并将其投入市场中，由公众通过选举来消费。

　　所有这些都在本书的第八至十二章详细描述了。根据美国的经验，由此产生的问题是，这一理论相对于英国这一特殊情况或欧洲国家的普遍情况，是否更适用于美国的政治进程。我本人的答案是"是"，但是只在很小程度上是这样。本书提到，美国政治历史上比英国更注重事务性，特别是在地方层面。但是，正如之前所说的，差异正在变得不明显。英国地方政治似乎越来越倾向于安抚和取悦压力性的社会团体，而官僚主义则在美国政治系统中增长。虽然两国政府的具体结构不同（因为美国地方上各种多样性的行政设置常常令人困惑），但是作为相抗衡的双方的一种平衡，最终做出决策的方法在本质上是相同的。

当然还有另一种高度前卫地看待这两种力量间冲突的方法。在 20 世纪 70 年代，马克思主义学派的所有人都集中关注资本主义体系内的运转情况，特别是本地运转情况。根据定义，这个学派的所有成员认为国家（包括它的地方变体）服务于资本主义系统更深层次的需求和资本主义社会的统治阶级。然而，他们在对这种服务的本质讨论上产生了激烈的冲突，一些人认为它仅仅服务于资本主义的直接生产；另一些人则看得更广，认为地方政府尤其会通过提供公共住房和教育等服务来保证系统的"繁殖"，特别是保证有适当数量和质量的劳动力。

另外，我认为测试这两个理论的最好方法是直接进行比较来说明具体情况下的权力[①]。（译者注：原文此处有一段文字，本书中删除）

最后，我想谈一下本书最后一章中的规范性建议。就像之前所说的一样，这些思考的确指向了一种简约、谨慎的公共规划方法。可能这些思考，包括对之前内容加以综合的第十二章，并没有清楚地描绘出使读者从这部书中可以显而易见得知的结论，即灾难是政治规划系统不可避免的附属物，合理的公共政策的任务应该是尽可能地减小该系统规模。我在写这部书的时候，这个观点就已经非常流行了。实际上，这是撒切尔政府和里根政府共同宣称的哲理。但是，无论你是否赞同这种观点，它就像在这里被讨论过的事物一样，仍然是值得商榷的。

换个思维，为什么绝大多数的决策都是由公共规划系统做出的呢？为什么飞机、城市公路、机场、快速交通系统、歌剧院，甚至大学系统不是由私人企业或至少是公共机构按照严格的商业原则（就像法国那样）制定出来的呢？毕竟，大多数民用飞机就是这么被开发的，为什么协和就不行呢？过去十年，法国的私人营利企业已经修建了各式各样的高速公路，为什么伦敦的环道就不行呢？伦敦地铁和纽约地铁系统都是由私人营利企业建造的，为什么湾区快速交通系统不行呢？私人资助的歌剧院和大学也有很多，一些世界上最著名的学校也是由私人资助建立的。

当然，有学者立即给出了解释：如果国家被要求扮演越来越多的原本是资本家扮演的角色，就不会产生资本主义危机。根据这种观点，为了保证伦敦作为主要国际金融中心及圣弗朗西斯科（旧金山）的可持续发展，伦敦环道和湾区快速交通系统是被"需要"的，伦敦第三机场也是如此。可是，由于伦敦在没有第三个机场也没有环道的情况下依然存活了下来（尽管到目前为止，仍处于经济衰退状态），而洛杉矶在没有湾区快速交通系统的情况下也依然繁荣着，上述理论并不

---

① Hall P. The New Political Geography: Seven Years On. Political Geography Quarterly, 1982, 1（1）: 65-76.

能完全令人信服。然而，在城市中有一些利益集团认为它们的目的会通过特定类型的建设来实现，并且它们将像其他利益集团联盟一样为这些目标而奋斗（尽管它们或许比其他一些利益集团拥有更多的资金）。就像其他任何或大或小、或弱或强的利益集团一样，它们希望政府为它们做事。这是现代国家的真实情况，我不认为需要用资本主义的"内在逻辑"来演示，这个逻辑也并不总能很好地解释谁在为何种成功而竞争，历史比这复杂得多。

因为我不相信国家的增长是资本主义发展所固有的，所以我建议国家的角色应该被削弱。但是，我同样认为这应该谨慎处理。最重要的是，作为一种政策引导，需要明确说明有一类角色只有国家可以扮演，另一类角色则是特定的机构能够比其他机构扮演得更有效、更有影响力。甚至连维多利亚时代的人都知道军队应归入第一类，而警察则属于第二类。尽管现今这个时代产生了新的（也是尚不可靠的）原则，可能依然会有这种情况：个人或团体可以从私人武装力量手中购买附加保护。现代福利国家的发展代表了一个巨大的再分配机制，这种机制明确改善了一个世纪以前的志愿或慈善系统并发展壮大；可以引入一定程度的选择和竞争到这个机制中，既可以增加个人的自主权，又可以提供一种监测机制的效率或有效性的手段[①]，但没有人会真的提出彻底废除这个机制，让穷人和残疾人的福利再一次完全落到个人慈善机构的手中。[②]

但是本书的大多数灾难完全不涉及那些"必要"的政府管理领域，冷静地审视后我们会惊讶地发现，灾难实际上涉及政府曾经应该出现的地方（或者更微妙地说，回想一下法国的案例，政府机构当时本来应按照纯粹的商业原则行动）。如果有社会正义和分配问题，它们本可以通过补贴穷人来直接应对，最好是给他们钱，这是一种简单而有效的福利。做完这点之后，开发新飞机、修建公路或开始建造一个新机场或快速交通系统的决策应该在内外双同心圆评估的基础上做出。

首先是内圆，由狭义上的财务评价组成。是由对股东负责的私人公司，还是由类似的对国有股东负责的国有企业来进行成本和回报的风险预测？投资回报率的风险收益会吸引私人资本吗？总之，应该有一个对不符合标准的投资的完整假定，以防止后面形成难以控制的复杂局面。

其次是外圆，应该在更广泛的成本-收益框架内设置财务评价。这里将考虑被经济学家称为外部性的所有问题：投资对其他人的积极和消极影响。这些影响可能有些可以量化成金钱，有些不能简单用金钱来计算，有些甚至无法量化。但是，它们都应该包括在内，并且应该尝试判断它们的相对重要性，尽管这可能是困难的。此外，分析应尽可能确定在哪个组合中的组织成本和收益会下降，然后可以

---

① Kramer R. Voluntary Agencies in the Welfare State. Berkeley, Los Angeles: University of California Press, 1981.

② 译者注：本段删除一段文字。

尝试判断分配的后果。

做完这点,结果可能会不同于纯粹的财务分析时的情况。因为外部性与用户的直接成本和用户收益有着非常大的关系,这是很常见的。决策应该考虑到这些外部性,如果结果是模糊的或边际的(低于平均水平),应该多加小心。最重要的是,因为几乎每一个规划决策中都存在固有且巨大的不确定性,黄金法则是,只做必要的决定,将应该明天做的决定留到明天。

我相信,这个方法可以避免本书中绝大多数的规划灾难,以及其他未在本书里提及的规划灾难,毫无疑问也包括未来将要发生的规划灾难。如果这样做,可能不会再有协和式飞机这样的事情发生;可能会有部分伦敦高速公路被兴建,从而最终发展(就像在东京那样明智地被修建)为收费公路系统;可能会增加一个伦敦第三机场,按照需要的速度,而不是过快地发展;可能不会有湾区快速交通系统,但是估计会有一个更新版本的优秀的有轨电车系统来替代(旧的有轨电车系统因湾区快速交通系统的规划而被抛弃),或者可以保留旧的有轨电车系统的铁轨来建设一个快速公交系统;可能在加利福尼亚州的高等教育中会有不同的投资模式,以及尝试启动在萨默斯城的新大英图书馆。所有的这一切,相比我们现在的情况,可能会更便宜、更有效,更不会让成千上万的受影响者感到厌烦或恼怒。

当然,简单的解决方式似乎并不吸引政治家们,因为这不会为他们建造不朽的丰碑,也不会为他们提供夸张的选举承诺,这些选举承诺的后果只有在他们自己消失很久以后才由不幸的继任者来承担。同样,对于技术专家来说,以灌浇的混凝土或焊接的铝合金的形式所呈现的简单的解决方式并未给他们带来多少职业满足感,但是他们或许会有一个安慰:这将使人们更方便、更经济地生活、工作,无论对男人还是女人,在生活和工作中产生更少的副作用。摸着石头过河(muddling through)对于处理公共事务来说并不坏,只要凭借智慧和远见来做就行,这可能就是本书的主要启示。

目　录

第一部分　案例研究

第二部分　分　　析

第一章 综 述

用"大规划的灾难"作为题目，听起来危言耸听，甚至是哗众取宠的。但它确实是相对精确的描述，让我们从一些定义开始说起。

"大"是一个重要的规划决策，它包含的投资（或者一系列相关的投资）几乎平均到每个人身上都是相当大的数目：至少是百万计的英镑或美元当量，更常见的是千万、亿甚至数十亿英镑或美元的投入，所以这些投资决策在制定前需要进行深思熟虑的分析和评价。本书聚焦于大决策有两个原因：首先，大多数人认为知晓这些决策是自己重要的权利；其次，因为这些决策具有良好的记录，无论是官方的决策报告和特别委员会的备忘录，还是非官方的独立评论报告，都会对决策进行记录。毫无疑问，如果许多影响较小的决策也发布此类报告，许多相同的结论也会浮现。

"规划"这个词是令人迷惑的，因为它包含着两层完全不同却密切相关的含义。首先，它涉及决策制定者在决策制定前进行的一系列逻辑预演过程。这些流程包括问题定义、问题分析、目标制定、预测、问题投射、制订替代性方案、替代性方案评估、决策流程、实现过程、监督、控制和更新等。这些过程与一些公共事务的规划是类似的，包括防卫、经济发展、教育、公共秩序和福利。许多大型的私人企业也会基于不同的参数和不同的目标功能来使用这些流程。其次，"规划"与产生实物性规划的过程相关，这些实物规划表明活动的分布，以及它们在地理空间上的相关结构（房屋、工厂、办公室和学校）。当我们在讨论"规划"和"规划者"时，我们常常是在说第二种意思，即实物性规划，或者是城镇和乡村规划，或者是城市和区域规划。本书中大多数（但不是全部）案例都涉及的是规划的第二种意思：这些内容是关于有多少东西放在哪里的问题。但是其中一两个案例会超出规划的严格定义范畴，尽管它们也与实物性规划问题尤其是物质环境的质量问题相关。总的来说，所有本书的案例都与规划过程的定义相关。分析这些规划过程（尤其是它们错误的方面）是本书的目标。

"灾难"实际上是一个容易造成误解的情感词，本书使用这个词是为了描述那些被多数人认为是错误的规划过程。我认为上述观点只是引出问题的合理起点，因为人们对于一个规划的观点是不同的，这种观点的差异会在每个规划案例中变得明显，并且每个观点都继续为其规划项目辩护。因此灾难的定义有两种。第一种是消极性灾难：决策付诸实施产生一个实物结果，但是后来又要投入大量的人力和资源对这些实物进行大幅度改进（或者是推倒或丢弃）。第二种是积极性灾难：决策尽管招致许多批评甚至反对，但是仍然付诸实施并产生物质性结果，然而这些决策在后来的人们看来是个错误。因为这些灾难是巨大的，所以本书的所有案例研究都涉及大型的（多数是不连续的）物质投资。因为这些灾难关心的是规划方面，所以我们大部分案例是研究这些投资在空间上的位置。因为它们是消极或积极的灾难，所以它们会卷入大范围的公众争议中。因为 20 世纪 60 年代是西方世界经济高速增长和进行大规模投资的时期，这为我们的研究提供了许多案例。消极灾难（废弃处理）包括伦敦第三机场、英吉利海峡海底隧道（Channel Tunnel）及与其相关的高速铁路干线、伦敦及其他欧洲和美国城市的高速公路项目，以及伦敦皮卡迪广场（Piccadilly Circus）和科芬园（Covent Garden）伦敦中部一个蔬菜花卉市场的连续改造项目及其他许多大型的投资项目。积极性灾难的例子（批评性的）包括协和式超音速飞机、圣弗朗西斯科（旧金山）湾区快速交通系统及其他城市一些类似的项目、世界各地的公路系统、英国和法国及奥地利的核能发电厂、悉尼歌剧院和其他诸多项目。需要再次强调的是，人们对规划是灾难性的判断是主观的。我可能会认为英吉利海峡海底隧道是完全合理的，而它的废弃是一种灾难；你可能会想圣弗朗西斯科（旧金山）湾区快速交通系统是世界上最快速的交通运输系统，或者悉尼歌剧院是 20 世纪最与众不同的建筑，但是有许多人对这些项目持批评态度，并且在某些情况下人们的批评会导致这些项目被废弃，这些争议是本书讨论的起点。

本书的目标开始于一个规划过程的病理讨论：这个决策是怎样制定、废弃或者如何继续面对公众的批评的。本书的研究方法是三层式方法：首先，在本章，我将对规划领域做一个总体概述，并且介绍一些针对所有或者大多数案例来说可能有前途的解释。其次，在第一部分（第二至七章），我将由理论到实际，介绍一系列详细的研究案例。必须承认的是，由于篇幅所限，案例的选择存在着主管性。尽管我选择的案例是在不同的主题和地理空间范围内发生的合理的变化，但是这些案例都是来自官方或者非官方的良好的文档记录资料。同时需要阐明的是，我不寻求或者声称去做案例的溯源工作：我必须承认我是从许多可得的优秀源头资料那里借来的这些案例。事实上，这里面的许多案例作为决策制定的病例研究案例理应得到更广泛的了解。在第一部分的结尾，我将用一章的内容来阐述两个开始被认为是灾难性的，但是后来被证实是非常成功的案例（加利福尼亚州的新校园和英国国家图书馆），因为这些案例可以为政策制定提供重要的启发。最后，在本书第二部分（第八至十三章），也是目前对于作者和读者来说最困难的部分，我将基于一般理论来解释这些案例研究的经验。这个理论具有高度的折中性，它是来源于近20年间社会科学及其相关学科的研究成果。值得注意的是，这些理论处于这些学科领域的两个或者多个边缘，如经济学-心理学、心理学-社会学、经济学-伦理学等。因此，这些跨学科领域对于除少数专家的大多数人来说还是模糊的，尽管这些领域有一位关键性人物肯尼斯·阿罗（Kenneth Arrow）的成果后来被诺贝尔经济学奖承认，但是这个得到承认的过程太久了，久到我这部书开始写作了，这个奖项才授予他。我并不是希望大家了解这些模糊和难懂的材料，我引用它们只是为读者提供了解规划制定病理学的解释性指导。

正如在第二部分开头解释的那样，这个理论的大部分是积极的：它在寻求解释人们在影响决策制定过程时，他们如何及为什么表现出某些行为，而不是他们应该表现什么样的行为。但是在第二部分结尾的章节，我转向介绍决策制定的规范理论，这是尝试开始一个怎样改进决策过程的讨论。这里介绍得不是很深入，因为这些问题是未来要进行深入讨论的。

首要的方法：三种类型的不确定性

如何去探究问题，如何去获得对问题的足够了解，并且可能的话获得一些重要的解释性条款，这是本章内容的主要目标。一个明显的出发点是这里许多规划灾难是在预测的基础上开始的，这些预测后来被发现是不充分且具有误导性的。例如，协和式超音速飞机计划是在航空公司对超音速飞机需求估计过高的基础上开始实施的，并且间接地受到超音速旅行本身需求的影响。环伦敦公路（The London Ringways）是基于对人口、经济活动及汽车拥有量的预测实施的，这些预测后来被证实是过分夸大了。圣弗朗西斯科（旧金山）湾区快速交通系统是在对游客量预测基础上建设的，但是其结果证明这个预测是过分乐观的。几乎所有这些案例都是在费用预测基础上开始建设的，但是这些预测在不久之后都被证明是过高的，其中有一些还属于严重过高。但是我们所考虑的这些案例都是基于预测和不确定性规划进行的，因此我们可以转向寻求弗兰德和杰索普对这些问题的经典研究方法的帮助。他们区分了三种不确定性规划的类型。

UE：相关规划环境的不确定性（uncertainty about the relevant planning environment），也就是除即时决策制定系统外的一切事物。这是一种比较常见的不确定类型，它体现在，被规划的系统内部的行为是无法准确预测的。在实践中，规划者很难轻松地预测我们社会中人们的集体行为，无论这些特定的研究主题是人们生孩子的倾向性，还是人们的流动性或者是对不同种类商品和服务的需求。

UR：相关决策领域决策的不确定性（uncertainty about decisions in related

decision areas），即包括在决策制定系统中涉及超出眼前问题的自由裁量领域的决策。这种不确定类型相对于第一种不确定性类型来说更专业化并且规模更小。它用于应对其他个体决策制定者或者群体或组织中相同决策制定者的行为。这些决策制定者可能位于其他组织中，或位于相同组织的不同部门内。重要的是他们拥有决策制定者范围之外的一些自由裁量范围，这些因素使他们某种程度上成为相对独立主体，因此，决策制定者需要考虑他们的行为。

UV：价值判断的不确定性（uncertainty about value judgments），它包含所有信息组合位置处的所有问题，但是最终决定的位置依赖于问题的价值。在任何民主社会，无论它如何被操控，它都需要包含衡量客户群体价值的问题（或者因为存在较小的同质化，需要考虑委托人亚群），此外，它也需要预测这些委托人的数量怎样随着时间发生改变。最后，它包含如何在不同群体间比较不同维度的权重值，经常存在的情形是这些权重值彼此冲突。

在我们的研究中，反复出现的重要的现象是，一个问题初始看起来属于相关规划环境的不确定性领域，但是经过仔细分析，我们发现它属于相关决策领域决策的不确定性领域，或者价值判断的不确定性领域，或者同时属于两个领域的范畴。尽管我们可以在研究中切入这三个领域的任何一个以增加解释的深度，这里最有用的方法还是要从相关规划环境的不确定性问题开始，然后按照逻辑，先进行相关决策领域决策的不确定性级别的分析，再进行价值判断的不确定性级别的分析。

相关规划环境的不确定性

正如我们已经看到的那样，本质上来说，相关规划环境的不确定性的不足之处在于其对正在规划和已经进行过规划系统的不良预测（通常是量化的）。并且这些预测大多显示为两种类型：第一种，对需求的不良预测；第二种，对费用的不良预测。

欠佳的需求预测会直接影响项目的评估及投资回报的评估，无论这种评估使用的是常用的财务会计条款，还是一些社会收益——成本框架。本书中许多案例研究都是针对交通运输投资，并且交通运输需求预测倾向于两个容易出错的预测的产物，即人口和经济增长。伴随着出生率增长，英国的人口预测低估了1955~1965年的人口增长速度；结果到20世纪70年代后期出生率下降，人口预测又出现了高估的问题。一方面，这些因素使人们减少了整个国家接下来10年的人口预测数量以及其他类似领域的预测，但是这些后来都受到了不能预料的发展因素的影响，如人口快速地从老城区向外迁移。另一方面，英国的经济预测一直以来倾向于过分地乐观。这可能是因为这些预测根本就不是真实的，如果可以相信的话，它们更像是劝说公众相信它们会用某种方式自我实现的寓言。所以到20世纪末期，大多数对商品和服务的预测都是基于"可自由支配收入"进行的，这导致预测量在10年间或者更少的年限内已经表现得相当高，这个可以从伦敦高速公路或伦敦第三机场的例子中看出。然而规划者在实践中仍然危险地依靠正式的预测，这可能导致预测数量在任何时候再次被改变。例如，1977年8月，英国的人口出生率开始再次上升，这让每个人都感到非常惊讶。

成本升级问题也同样很严重，尤其是其增加了对需求预测失败的可能性。本书研究的例子中，有几个案例可以竞争世界最不幸纪录的称号，如悉尼歌剧院，其成本在15年间由700万澳元上升到1.02亿澳元；协和式超音速飞机的造价在14年间由1.5亿~1.7亿英镑上升到约12亿英镑（所有都是按照时价计算）。另一个项目［英国铁路公司的连接伦敦和英吉利海峡海底隧道的英国高速铁路（British Rail's High-speed Link form London to the Channel Tunnel），这里不进行讨论］在仅仅6个月时间内造价就达到3.5亿英镑，是预算的两倍；英国政府后来废止了这项工程。

我们发现这些案例中的一些共有的准则，以及一些可以在未来避免此类问题发生的线索。首先，事实上成本升级经常发生在大型民用项目上：迈瑞维茨分析发现，这些项目实际花费一般略高于预算的50%。其次，如果项目中涉及新技术的开发或利用，那么平均的成本升级将非常高。协和式超音速飞机就运用了一项著名的技术（超音速飞行）于商用飞行中，但是商用飞行的基本问题是有效经济载荷问题。圣弗朗西斯科（旧金山）湾区快速交通系统运用了全自动列车控制系统及飞行器结构技术，这些技术在之前都从未被使用过。悉尼歌剧院使用一项穹顶技术，这项技术在赢得公开招标时人们还未完全理解其设计结构。尽管人们可能会故意地调低某些项目（尤其是那些技术来源于军事技术的项目）的预算，并且也存在一些项目根本无法精确地计算成本花费的问题，但是这些项目的风险代价想必是非常巨大的。

这些研究提供一些准则。首先，为了避免风险，我们应该尽量采用已经存在的技术，而不要完全地利用新技术（英国铁路公司的高速列车和高级客运火车，是价格相对低廉和充分使用传统技术的好例子）。其次，工程项目的成本升级规则需要根据其等级进行变化，即后来的项目需要根据前面案例，系统性分析真实的成本升级状况。20世纪50年代末期，军事采购部门在吸取惨痛的教训后已经开始推行这种方式。再次，如果可能的话，政府部门应该尽量避免初步预测性的政治承诺，这些做法实际上是纯粹的猜测。最后，规划者应该尽量为那些不能预见的因素预留资金，经济学家阿尔伯特·赫希曼（Albert Hirschman）称之为"看不见的手的准则"（the principle of the hiding hand）：一些成本被低估的项目意外地获得成功，这是因为最初决定没有考虑环境因素。赫希曼引用19世纪新英格兰的特洛伊和奥尔巴尼铁路的例子：铁路经过山峰挖隧道时，由于人们对地质知识和合成工程技术了解甚少，修建的成本上升，但是当它在美国南北战争后成为横贯大陆的枢纽后，它几乎一夜之间从商业失败案例变成成功案例的典型。规划者需要开发这种脚本，在最终决策过程中考虑这些偶然因素。

相关决策领域决策的不确定性

许多问题初始看来属于相关规划环境的不确定性类别，但是经过仔细分析可以归类为相关决策领域决策的不确定性或者价值判断的不确定性问题。协和式超音速飞机和伦敦第三机场的决策，前者属于积极灾难而后者属于消极灾难，都受到美国飞机制造商的影响，即被要求开发新一代装备安静的旁路引擎的喷气式宽体客机。这使协和式超音速飞机变得比 1962 年的方案更不经济且具有更大噪声，从根本上改变了机场规划，以使用更少的飞机、更少的噪声污染来进行更大容积的交通运输。美国飞机制造商——波音、道格拉斯和洛克希德距伦敦 6 000 英里甚至更远，它们最先决定生产协和式超音速飞机和建造机场。对于协和式超音速飞机来说，在 1962 年，当大型喷气式飞机是决策的关键因素的时候，人们已经对其有了解；然而对于机场的案例，此时已经有足够的关于新型喷气式飞机销售的信息。所以距离事实上并不能为这个案例提供足够的解释。

当相关决策单元不是距离，而事实上是同一种机器的部件时，它们为案例提供的解释将更加不充分。一个特别的例子（不包括在本书剖析的案例中），是伦敦市中心的皮卡迪广场的重建。这个项目最初成为一个重大的公众议题是在 1958 年，当时有人呼吁要在皮卡迪广场三大主要场地之一的莫尼科建设大型的办公和购物中心。英国住房和地方政府大臣根据这些提议做出决策，并且由科林·布坎南（Colin Buchanan）（他后来作为《城镇交通》报告的作者获得巨大声望）主导对该决策做公众意见征询，结果这项提议被公众否决了。决策部门决定使用一项对皮卡迪广场进行综合开放的计划代替之前的提议。1963 年第一项决策方案制订，但是却被咨询专家否定，布坎南的报告显示该决策不能为交通畅通提供足够的空间。1966 年，针对第一份方案的反对意见，决策部门制订第二份方案，但是它在 1967 年再次被质疑，讽刺的是这次质疑的依据是政府部门对伦敦市交通的政策发生改变，现在的政策是要限制伦敦地区的交通量。一个发展简报制订了一份显然可以接受的方案，但是它不具有可执行意义，因为另一个政府部门正在着手实施伦敦市中心地区的发展限制政策。然后，最终在 1972 年各方妥协达成一份发展方案，但是此时房地产的繁荣时期已经结束，并且开发商已经对该项目失去兴趣。最后，在 1979 年，当莫尼科正在开发的时候，伦敦馆这一场地也开始进行重新开发。

价值判断的不确定性

然而，在对皮卡迪广场的相关决策领域决策的不确定性问题进行仔细研究后，我们的价值观会发生很大转变。正如我们在伦敦高速公路案例中看到的那样，20世纪60年代早期流行的价值体系是支持人们驾驶自己的小汽车在伦敦市中心自由行驶。结果，到60年代后期，流行的价值观是支持人们减少在伦敦市中心的汽车使用量，并且鼓励人们乘坐公共交通。类似的案例，对写字楼发展的限制来源于20世纪60年代早期的新看法，即伦敦市区服务性雇员的增长加重了伦敦市区的区域问题。这些都表明价值判断的不确定性在理解相关决策领域决策的不确定性问题中扮演重要作用。

事实上，某种程度上说价值观转变对其他一切事物都可以提供最终的解释：显然相关规划环境的不确定性或者相关决策领域决策的不确定性问题最终都能归结到价值判断的不确定性解释中。因此，人口预测减少（相关规划环境的不确定性）是因为人口出生率的下降，部分是因为堕胎法律的改革（相关决策领域决策的不确定性），但是相应地这也反映了社会价值观的变化，如妇女解放和她们对未来的消极情绪（价值判断的不确定性）。经济增长回落部分是因为商人的期望改变（价值判断的不确定性）。但是，在一个更具体意义上来说，我们对许多案例的研究发现，价值判断的不确定性转变常常是规划灾难发生的直接原因，特别是在消极性灾难中，尽管这些案例有时因为公众认知的变化被看作积极的灾难。

思考伦敦高速公路的案例，其失败的部分原因是对需求量预测不足（相关规划环境的不确定性），部分原因是因为一般性政策的转变使公共交通投资相对于城市道路投资来说更具有吸引力（相关决策领域决策的不确定性）。但是，毫无疑问，主要的原因是价值观的变化以及民众支持的政治立场的转变。正如我们看到的那样，当1965~1967年英国的高速公路计划公布时，英国两党、媒体和大多公众都对这项计划表现出极大的热情和支持。但是当该计划在1973年废止时，基本上已经没有对该计划的支持声了。问题想必是为何发生这样特别的转变，以及公众（或者广大民众中的一部分社区积极分子）在专家与中央、地方政府部门对项目建设各执己见的情况下，应该如何与政府部门进行沟通。后来，我们发现英国和美国的最新学术观点为这些研究过程提供了一系列重要的见解，尽管这些观点仅限于一定程度的分析。例如，这些观点可以表明社区积极分子如何准确地利用政治程序，以及怎样使政策维护者屈服或被击败。又如，这些观点可以借鉴安东尼·唐斯的"激情的少数"的概念来描述处在社会中多数人对一个议题无动于衷情况下，这样的小集体如何克服一人一票的选举缺陷来获得最终想要的结果。什么是这个小集体做不到的，什么是它没有尽力去完成的，可以用于解释价值观中那些引发整个进程的突然的量子跳跃现象。

　　协和式超音速飞机的案例，它之所以被责难，是因为人们对这种技术性投机措施的价值观的巨大转变，以及对资源节约和环境保护价值观的支持。但是，当饱受争议的协和式超音速飞机的方案在 1962 年被制订的时候，当时只有少数人对其在机场周围巨大的噪声和对燃料的浪费问题产生担忧；如果说有什么区别的话，当时像瑞典人布·伦德伯格（Bo Lundberg）这些反对者还被认为是古怪的。然后，在接下来的十年里，他们的观点开始风靡思想界并且改变了人们的政治立场。像伦德伯格、舒马赫（Schumacher）和米香（Mishan）这些作家在 20 世纪 60 年代早期都在大声疾呼他们的反对意见，但是直到他们文章发表十年后及再稍晚的时候，关注者仍寥寥无几。为什么改变要在某个适当时机发生？按照唐纳德·舍恩（Donald Schon）的话来说，就是一个想法怎样变成"良币"（good currency）。某种程度上说，这种过程是辩证的：经济增长和技术进步将伤害少部分人的利益，这些人因而会反对高速公路或者机场甚至新的航空器的发展（也可以说，既得利益者，如飞机制造商对手，愿意支持这些反对者并提供帮助）。更广泛和间接的观点是，新的一代成长在物质足够丰富的环境中，他们对某些事物持厌恶态度。后来，20 世纪 70 年代早期发生的人为原因引起的短期性能源危机，似乎向很多人证实了罗马俱乐部的观点，即这种高能耗的发展道路只能走向毁灭。这样的解释看起来几乎是老生常谈，但是隐藏在它们背后的是价值观的突然转变会否定任何光鲜和理性的解释。人们需要记住我们将某些决策看作规划灾难的首要原因。

一个小的建议

　　我并不想向大家灌输超出本书传递的内容，也不能保证存在一个总体模型可以解释之前所有的规划灾难并且给出怎样去避免这些规划灾难的措施。我的目的是开启一个探索过程，而不是终止它。通过应用不同种类的说明理论，我们可能会获得一种折中的理解，它可以为未来的规划者提供一些可以使用的准则，至少可以帮助他们避免一些错误的发生。如果本书能够达到这样的效果，那么它就达到了合适的目标。

　　所以，我们现在需要让案例研究说出它们自己的故事。这里，尽管在每章最后会尝试对本章内容做出总结，但是我们会将理论阐述保持在最小的限度，更多的这些案例更重要的作用是作为本书后半部分的材料内容。

第一部分 案 例 研 究

第二章　伦敦第三机场

对于伦敦第三机场，就像瑟伯（Thurber）笔下的独角兽寓言故事一样，它并不存在。事实上，1970年，一个政府调查委员会曾经为机场的选址考虑过英格兰各处多达78个地点。白金汉郡的卡林顿（Cublington）就是其中一个，当时该地点通过了除了一人之外所有委员会成员的最终选择。另一个地点是位于埃塞克斯郡北海岸的马普林，它得到了最后一个成员的坚决支持，最终于1971年被当时的政府选中。而此外还有另一个地点，在仅仅七个月的工作后被委员会放弃，它于1967年由一个专家委员会所提议并被政府接受，但后来在公众的抗议中，政府被迫撤销了这个决定。这个地点就是埃塞克斯郡的斯坦斯特德，是本章将重复提及的主题。尽管对其存在着许多信任和担忧，最终它却几乎无法察觉地成为伦敦第三个机场。

直到1979年的时候，伦敦第三机场还不存在。政府已先后通过又放弃了三个地点，在咨询和佣金上花费了数百万英镑的开支后，采取了观望政策。伦敦第三机场的故事是一段关于政策逆转、在最后关头放弃以及与预测的矛盾和不一致的特别历史。它包含了一个伟大的规划灾难所需的所有成分。

要想了解这个故事，最重要的是要以同代人的眼光来跟随它，但享受作为事后诸葛亮的便利。这是一段漫长而曲折的历史，很难详细地遵循它——1968~1971年，罗斯基尔委员会进行了一次规模最大的调查，在此之后，有些人不客气地指出，那些已经被适当地化为纸浆和被压缩的文件，已能够为跑道的建设提供全部的所需原料。但要理解这个故事，还有一个重要的线索：纵观所有的争论，在机场的需要时间与大小、位置之间，存在着亲密的、有时令人困惑的关系。若估算的时间发生了改变（这种改变有时候是彻底且突然的），对正确的解决方案的看法也会发生改变——这是我们应回归的主题。

开始

这个故事真正开始于1943年，那时还在第二次世界大战中。因为在那时，政府决定在一个叫作希思罗的地方建立一个新的重型军用运输机场，该地距伦敦以西 15 英里，位于建成区的边缘，早在 1931 年费尔雷航空公司就在这里种植了一块小草坪。最开始，这个新地点专用于向和平时期的转换。因为在两次世界大战间，面对扩张的航空运输，伦敦位于克罗伊登的主要机场面积太小，且太受四周市郊发展的制约。实际上，机场工作量用了比预期更长的时间，从而给伦敦机场规划此后的全部历史开启了一个不幸的先例。伦敦希思罗机场于 1946 年 1 月 1日进行了第一次飞行，于 2 月 25 日以伦敦机场之名正式开放。

希思罗机场有一些明显的优势。它接近伦敦市中心，拥有几条很不错的连接市中心的公路（六车道的西大道或 20 世纪 20 年代通行的宾福德—豪恩斯洛支路），并且已开始了向伦敦市中心进行延伸的初步工作，这个项目直到 20 世纪 70年代才全部完工。机场的地面几乎是完全平坦的，并且气象条件也相当好。但机场也占用了几平方英里全英国所剩最好的农地：20 世纪 30 年代地理学家达德利·斯坦普（Dudley Stamp）曾表达过惋惜，认为塔普罗（Taplow）的市场、菜地变成砾石平地对郊区发展造成了巨大的损失。或许更重要的是，由于西风盛行，机场的主要进场航线很明显直接通往伦敦西区。而当时的首相温斯说，开放时选择该机场主要考虑的是它对住户造成的干扰最小。但是很明显的是，包括 1944年正准备着大伦敦规划（Greater London Plan）的帕特里克·阿伯克龙比（Patrick Abercrombie）在内，当时没有人察觉到喷气机时代的潜在噪声问题，虽然阿伯克龙比肯定在完成他的报告时听到过第一架喷气式飞机在头顶呼啸而过。

希思罗机场的交通正如预期般迅速地建立起来，甚至到 20 世纪 40 年代末，政府不得不考虑建造第二个机场去缓解希思罗机场高峰时段的交通。第二机场主要有两个候选：一个是盖特威克（Gatwick）机场，开放于 1930 年，距离伦敦市中心以南 27 英里，位于布莱顿市的主要公路和铁路上，在 20 世纪 30 年代在坏天气时被用来救济克里登市。1945 年政府接管了该机场，最开始宣布不会对它进行开发，然后又宣布会开发，然后又宣布不会——这种反复的情况直到 1949 年才结束。另一个是埃塞克斯郡的斯坦斯特德机场，距离伦敦市中心东北方向约 34 英里，在第二次世界大战期间作为美国空军基地建造，一直都作为军用机场，直到 1949年空军部将其卖给了坚信它会成为伦敦第二机场的民航部。

讽刺的是，在这个时候冷战开始了。美国在东英格兰迅速建立起空军势力，因为东英格兰是英国境内向欧洲大陆渗透的最佳位置。结果因为会造成空中交通控制的困难，斯坦斯特德机场失去了其潜在的作用。因此政府在 1953 年 7 月发表的白皮书中提出，盖特威克机场应成为第二机场，汉普郡的布莱克布什（Blackbushe）机场作为其后备机场——主要是因为它出现在高峰期。公开调查紧跟其后，盖特威克的授权调查范围非常有限，并且检验员拒绝接受其他地点可能性的证据，因此尽管当地有所抗议，在 1954 年 10 月的政府声明中，盖特威克机场的扩建得到了批准。1960 年布莱克布什机场关闭，因此希思罗机场过多的交通都集中在盖特威克机场。

像希思罗机场一样，盖特威克机场远不是最佳地点。的确，盖特威克机场位于苏塞克斯平原的平坦土地上，并且有一个直达伦敦维多利亚站的列车，但是它太靠近建成区，且早在 1947 年政府就已决定在其附近建造一个卫星城。此外，机场以北和以西，尤其是利斯山周围的地区，长期以来是伦敦人民的游乐场。讽刺的是，无论是用 20 世纪 60 年代还是 70 年代的严格标准来评估该地点，其能通过测试的可能性均小之又小。

盖特威克机场在 20 世纪 50~70 年代末都只有一条跑道。但其建造第二条跑道的可能性始终存在，这最终给了它与希思罗机场一样的重要地位。1953 年政府就给予一定的保证，不会最大限度地开发盖特威克机场，但下议院的一个委员会于 1960 年发现官员们在逃避这个问题。这是十分重要的，因为那时已出现了伦敦第三机场的问题。该委员会的成员们担心，在一定的时候斯坦斯特德机场会以盖特威克机场的模式发展，但尽管有这些压力，航空部（Ministry of Aviation）的官员依然拒绝透露确定的决策信息：他们说他们尽可能不断地向前看，但他们并不能看到尽头，必须避免犯代价高昂的错误。该委员会担心斯坦斯特德机场会被暗中选为第三机场，谴责航空部专家的无决断力和无作为。大卫·麦凯（David McKie）在对这一事件的评论中推断，即使在那时官员们已确定了战略，即在 1965 年会进行一个快速决策，在对于伦敦第三机场的需求非常显著的那个时候，斯坦斯特德机场也将是唯一的选择。考虑到 20 世纪 70 年代末的历史，这是特别重要的。

下议院的这个委员会的建议，原则上应提早决定斯坦斯特德机场是否应该成为伦敦第三机场。作为回应，政府于 1961 年 11 月成立了一个跨部门的，也就是纯粹官方的委员会，来研究伦敦第三机场的需求，包括其时间和地点这两个之后被重复提起的关键点。值得关注的是，这个委员会的 15 名成员中有 8 人来自航空部，有 5 人以这样或那样的方式代表航空运输，有一人代表地面运输，还有一人同时代表住房部和地方政府的规划部门（当时在住房部和政府内规划部门一般都很衰败）。委员会曾向航空部部长①朱利安·埃默里（Julian Amery）报告，1963 年 6 月，他们发现希思罗机场加上甚至有两条跑道的盖特威克机场，从 1973 年起将无法应对伦敦所有的航空运输，作为缓解作用的第三机场应按希思罗机场的模式建立，应有两个平行的独立跑道，并且在调查的十几个地点中，斯坦斯特德机场貌似是唯一合适的——这些听起来似乎不足为奇。该委员会的预测与之后的调查结果相差甚远，因为其主要根据是 SBR（standard busy rate，标准繁忙率，指夏季第三十大的乘客或飞机的单位小时交通流量）。在此基础上他们计算得出，希思

---

① 译者注：在英国，部门首脑称为大臣，副手称为部长；或者部门首脑称为内阁大臣，副手称为国务大臣。

罗机场于 1971 年将耗尽其容纳能力，同时考虑希思罗机场和盖特威克机场将于 1973 年产生流量过多的问题。委员会还采用了人们在日后的预测中所广泛应用的预测方法（航空交通流量和乘客量）得出了直到 1970 年的预测值。预测结果如表 2 所示。他们不能给出 1970 年以后的可靠预测，因为其预测与根据 SBR 的预测没有一个简单的线性关系，除了预计希思罗机场将在 1970 年之后会超出饱和（1963 年的预测值为在 1971 年将达到 1 500 万人次的客流量/22.9 万次航班流量，而希思罗机场 1976 年的实际客流量为 2 320 万人次），很难重建委员会根据传统方法对机场容量所做出的预测（表 3）。即使有两条跑道，盖特威克机场也预计将于 1980 年流量过剩，有一个"猜测"是它到时客流量可能达 320 万人次（1976 年只有一条跑道的机场实际客流量为 570 万人次）。两个机场可能会同时在 1973 年流量过剩，根据 SBR 的粗略估计，到时两个机场客流量将稍少于 2 000 万人次。而实际上，1976 年两者的客流量有 2 890 万人次。所以可得出主要结论，1973 年对第三机场的迫切需要是基于对希思罗机场和盖特威克机场容量的一种无可救药的低估。其主要原因是没有认识到飞机大小和容量的增加（在斯坦斯特德机场的调查中，合乐顾问公司在呈给地方议会的证据中特别强调了这一点）。

表 1　有关伦敦第三机场的重大决策时间表（1971 年）

时间	事件
1946 年 1 月	希思罗机场开通运行
1953 年 7 月	白皮书（Cmd. 8902）确定希思罗机场为第一机场，盖特威克机场为第二机场，且布莱克布什机场为其后备，斯坦斯特德机场为备用机场
1963 年 6 月	跨部门委员会的报告提议斯坦斯特德机场作为第三机场
1965 年 12 月至 1966 年 2 月	对斯坦斯特德机场的提案进行公开调查
1966 年 5 月	检查员的调查报告（还未发表）发现斯坦斯特德机场的情况无法证实，建议考虑其他选择
1967 年 5 月	白皮书（Cmnd. 3259）宣布政府打算继续推进斯坦斯特德机场，检查员报告首次公开
1968 年 2 月	政府宣布采用独立委员会考察建立第三机场的时间和地点
1968 年 5 月至 1970 年 12 月	罗斯基尔委员会进行调查
1971 年 1 月	罗斯基尔委员会的报告推荐于白金汉郡的卡林顿建立第三机场
1971 年 4 月	政府宣布机场将建于埃塞克斯郡的马普林
1973 年 8 月	根据马普林开发法成立了马普林发展局
1974 年 7 月	工党政府宣布放弃马普林计划，发表《马普林：机场计划回顾》
1975 年 11 月至 1976 年 6 月	政府咨询文件《英国机场战略》提出了可选方案，并将马普林排除在外
1978 年 2 月	白皮书：机场政策（Cmnd. 7084）再次确定马普林
1978 年 8 月	根据白皮书：机场政策（Cmnd. 7084）设立咨询委员会

表2　1963~1979年伦敦机场的交通预测

1. 航班班次/1 000次

预测机构或来源		1965年	1970年	1975年	1980年	1985年	1990年
跨部门委员会		210	279	?	?	?	?
1976年白皮书	低		277	327	327		
	中	221	283	353	430	?	?
	高		302	402	525		
1971年罗斯基尔委员会		225	347	392	470	545	?
1974年马普林审查（无隧道）	低						340
	评价	225	347				450
	高						565
1975年咨询文件	低						?
	高						580
1978年白皮书							?

2. 客流人次/百万人次

预测机构或来源		1965年	1970年	1975年	1980年	1985年	1990年
跨部门委员会		11.4	17.4	?	?	?	?
1976年白皮书	低		18.4	25.6	33.0	?	?
	中	11.9	19.3	29.6	43.6	?	?
	高		21.7	37.8	63.7	?	?
1971年罗斯基尔委员会		12.7	22.0	36.1	56.6*	82.7	
1974年马普林审查（无隧道）	低					58.1	78.3
	评价	12.7	22.0			62.0	85.0
	高					75.8	114.5
1975年咨询文件	低	12.7	22.0		33.9*	47.7	67.0
	高				46.2	72.8	106.6
1978年白皮书		12.7	22.0	28.8	36.7	51.1	65.9
					41.9	63.5	89.4

注：*为通过插值得出的数值；? 表示未来时间点的数值无法给出

表3　1963~1979年伦敦机场的容量预测

预测机构或来源		机场名称						备注		
		希思罗			盖特威克			不含第三机场的伦敦机场系统		
		航班班次/1 000次	客流人次/10^6人次	饱和日期	航班班次/1 000次	客流人次/10^6人次	饱和日期	航班班次/1 000次	客流人次/10^6人次	饱和日期
跨部门委员会		229+	15+	1971年	?67	?3	1980年	?315*	?20*	1973年*
1976年白皮书	低		16.3	1970年		?6.6	1972年4月	354	30	1978年
	中		15.7	1969年				353	30	1975年
	高		15.2	1968年				359	30	1973年
1971年罗斯基尔委员会		314			110			478	61	1981年
1974年马普林审查（无隧道）		338	38~53		168	16~25		620	61~104	1990年后
1975年咨询文件		308	38~53	1983~1990年	168	16~25	1983~1990年	590	50~104	1988~1990年
1978年白皮书		275	38		160	25		555	72	1990年或之后

注：*只含希思罗和盖特威克

　　委员会接着预测，到1980年流量过剩问题将需要新机场有两条跑道。但由于空中交通管制问题，离伦敦合理距离（50英里）以内的机场都不能在所有方向上运行飞机。即使有这样的约束，空中交通管制也不可能将第三机场地点定于伦敦南部或西北部（这些是罗斯基尔委员会在1971年对问题进行更详细的调查后所选的地区）。这一问题，加上要求地点在伦敦中心铁路或公路一小时车程以内的地面访问限制，将选择缩小至伦敦东西部约十几个地点。在西面，一个小时车程内并没有所需容量的机场。而在东面，斯坦斯特德机场是唯一的可能，虽然用委员会的话来讲它并不完美。但斯坦斯特德机场满足了空中交通管制的限制，拥有一万英尺①的跑道，并且正在使用。它可以放置平行跑道，因此应该不会有严重的噪声问题，它与伦敦恰当地相近，随着故障指示灯计划的完成，将很容易到达伦敦。虽然它确定不能全方位地进行航行，可能会对东英格兰军事飞行造成一些干扰，并且会占用很多高质量的农业用地，但它的优点远远超过这些缺点。因此可以预见委员会的结论是，斯坦斯特德机场应该在20世纪70年代初前开发完成，使其最终成为与希思罗机场有着相同水平和交通类型的双跑道机场。

　　同样可以预见的是，这个推荐遭到了当地的强烈抗议。1965年12月，对斯坦斯特德机场发展的公众调查于切姆斯福德市召开——这个调查本身就是政府面

① 1英尺≈0.304 8米。

对政治上的压力所做出的让步，因为现有机场限制范围内的一个发展计划根本不需要法定的调查——为了进行一个理由充分、技术完善的反诉，埃塞克斯与赫特福德郡西北保护协会已向 1.3 万人募集了超过 2.35 万英镑。这个反诉巧妙地避开了对开发斯坦斯特德机场的反对，而是强调在国家机场政策制定之前需要进行独立调查，这种独立调查显然是缺少的。埃塞克斯郡议会一开始是认同斯坦斯特德提案的，但后来又同意委派独立顾问，声称在得到明确结论之前，进行更为详细的研究是必要的。就像世界银行的主要提案中所使用的一样，顾问在调查中的证据需要一份综合成本效益分析。当地抗议者自然而然地集中于对环境的影响。

　　调查结果对政府不太妙。在检查中，官员们被发现在关键点不太坚定，如斯坦斯特德机场是否真的在伦敦市中心一个小时车程范围内。调查于 1966 年 2 月结束，检查员 G. D. 布莱克（G. D. Blake）于 5 月底向贸易委员会（Board of Trade）主席进行了报告。但当时整整一年报告都没有公布，直到那时延误的原因才浮出水面——检查员发现只有空中交通控制才能支撑斯坦斯特德方案，而在其他一系列标准上，都有强有力的理由反对它。在规划方面，斯坦斯特德机场并不适合作为此类交通集聚点，也不适于进行随之而来的城市发展。在接受度方面，旅客和航空公司都不会接受这个提案。在噪声方面，必须对机场施行的限制将严重制约其全面运作。在舒适性方面，噪声和交通公害将大大改变周边环境，必将导致地方民众很大的不满。最后，该计划将占用数千亩质量良好的农业土地。检查员总结道："如果把这样一个主要机场放置在斯坦斯特德，将对周围地区造成灾难。只有国家的需求能支持这个决定，而本调查无法证明这个需求的存在。"因此他建议："对整个问题的审查应当由一个公平看待空中交通、地面交通、区域规划和国家规划的委员会进行。"

　　这就提出需要一个独立的委员会或另一项政府审查。但当时政府反对进行独立的调查，理由是该计划十分紧迫，并且它认为所有事实已得到充分探讨。因此，政府准备了自己的审查，审查涵盖了航空、地面交通、规划、经济和农业方面。1967 年 5 月，政府的白皮书公布了审查结果，同时检查员报告也被公布于众。

　　根据总体的可预测性，白皮书[①]宣布政府坚持斯坦斯特德作为机场地点的选择。跟之前一样，其中一个主要原因是政府认为迫切需要一个第三机场。政府已再次进行了预测工作，这次进行了上限、下限及"最大可能性"的预测，并引入了新的影响因素，如当时"巨无霸"喷射机的出现。这再次表明（表 2 和表 3），希思罗机场的流量过剩问题将出现于 1970 年前，而盖特威克机场出现于 1974~1976 年，出现时间取决于它是否建设第二条跑道。事实上，机场容量不可能达到极限，因此有必要在 20 世纪 70 年代中期甚至可能更早建立一个新的机场。白皮书漠视了检查员详细说明的一个看法，就是这个日期可能会因为地方机场的蓬勃发展被推后：白皮书

---

① 指白皮书（Cmnd. 3259）。

认为，这个政策必须处理总需求大量集中在东南部的问题。

所以第三机场是必要的。接下来的问题是有没有比斯坦斯特德作为机场地点更好的选择。审查考虑了一系列伦敦东西北部的可选地点，包括远在约克郡的费里布里奇（Ferrybridge）机场和莱斯特郡的多宁顿堡（Castle Donington）机场，以及位于埃塞克斯海岸靠近绍森德（Southend）的福尼斯（Foulness）机场。值得重视的是，福尼斯机场已在切姆斯福德市的调查中作为最受青睐的替代地点出现过。然而审查否定了包括福尼斯在内的所有方案，原因包括舒伯里内斯（Shoeburyness）军队练靶场的移动困难，绍森德机场的关闭，尤其是当时高达1 500万英镑甚至更多的估算费用。审查还以与军事行动相冲为由，否定了贝德福德附近的瑟赖（Thurleigh）机场。福尼斯和瑟赖机场之后都重新出现于罗斯基尔委员会的最终候选地点名单中。

因此，白皮书认为，斯坦斯特德机场仍然是第一选择。正如检查员已认可的那样，它充分符合空中交通管制的要求，地形平坦，因此建设成本低，公路和铁路可达性令人满意（尽管目前提出的交通时间是70分钟），且噪声并不像检查员所说的那么严重。农业用地会产生严重的损失，但在其他可选地点也会发生这种情况。区域规划对其反对最强烈，这是因为机场会侵入伦敦附近面积最大的片绿带。但总的来说，这些在斯坦斯特德的优点面前根本微不足道。因此，英国机场管理局（British Airports Authority）（当时已从民航部收购了斯坦斯特德机场、希思罗机场和盖特威克机场）应对重大发展进行规划，这通常需要获得规划许可。

白皮书引发了一场新的风暴。1967年6月29日，一场激昂的下议院辩论（Commons Debate）围绕着白皮书为主题展开。这场辩论受到了数天前出版的《重新评估的理由》（The Case for Reappraisal）的强烈影响，是由斯坦斯特德一个工作小组发起的，该小组成员由包括国会议员在内的当地杰出居民组成。其基本分析来自埃塞克斯郡副秘书（Deputy Clerk）和他的职员们。除了质疑白皮书的许多技术判断，辩论提出了一个重要的宪法问题：如果切姆斯福德市的调查遵守了正常的规划调查的规则，它就必须重新召开，因为加入了新的事实，并且由于白皮书提到新机场应能够变成希思罗机场的两倍大，扩展至四跑道，提案现在已发生了改变。此外，有人怀疑是调查中出庭支持斯坦斯特德机场的官员们实际上组织了后续的审查。基于这些理由，埃塞克斯郡议会确实在高等法院对政府发出了质疑，但由于切姆斯福德调查并不是法定调查，因而质疑未获成功。

内阁在6月还保有其优势地位，但是随后出现了新的破坏性证据。7月，《时代杂志》收到了一封针对噪声方面的信，来信人是在切姆斯福德市调查中担任检查员的技术评审员 J. W. S. 布兰克（J. W. S. Brancker）。10月时，他还通过当地的保护协会公布了一份更详尽的账目——斯坦斯特德黑名册，其中根据技术和宪法对白皮书进行了质疑，并得出：

……白皮书更令人不安的是，它在不考虑对噪声、可达性、工业及所需土地等方面的可能影响的情况下，将计划的可能大小增加了一倍……政府似乎已经放弃了其在初审提出的最低条件，该条件还是预测斯坦斯特德决策的基础……作为一个公开文件，白皮书并不能让人感到公正……目前替代方案还未进行深入研究，无法进行成本的比较，我不认为斯坦斯特德机场的决策已得到证明。

一起附上的还有一系列毁灭性的引文，引文中该协会明确表示它已收到部长的多次保证，保证政府不会否决其检查员对斯坦斯特德机场的建议。

这时，在政府的队伍中发生了关键的变化。一直为斯坦斯特德辩护的道格拉斯·杰伊（Douglas Jay）于 1967 年 8 月底辞去了贸易委员会主席的职务，并被安东尼·克罗斯兰德（Anthony Crosland）取代。克罗斯兰德对新兴的环境质量问题极其关心，他还十分支持通过成本效益分析进行系统经济评价，这在政府审查中一直十分缺乏。即便如此，他也不能逼迫内阁收回其决定。但在 11 月，法院理事会史无前例地要求政府进行一次全新的调查，理由是政府当时提出要对跑道进行调整。无论这是否像一些人怀疑的那样，是克罗斯兰德或理查德·克罗斯曼（Richard Crossman）的一个战术策略，它已经达到了预期的效果。1967 年 12 月初，上议院一场非常关键的辩论也是如此。1968 年 2 月，克罗斯兰德宣布将对伦敦第三机场进行一次全新的独立调查，这正是反对者们所要求的。

罗斯基尔委员会的调查

委员会对伦敦第三机场的调查是在罗斯基尔法官（Mr Justice Roskill）的主持下进行的，该调查无疑是过去甚至是将来同类调查中最为详尽的，事实上只有不久之后的大伦敦发展规划（Greater London Development Plan）的规模能与之匹敌。调查开始于 1968 年 5 月，结束于 1970 年 12 月，耗时两年半，直接成本超过 100 万英镑，还要加上一笔由其参与者使用的数额不详的花费。然而，该调查与众不同的不仅仅是它的规模，更是它的方法。即使是该调查最严厉的批评者〔如彼得·赛尔夫（Peter Self）教授〕也不得不承认它是同类之中的模范。它展现了一个基于资格证明的高水平理性综合规划模型，所以当我们着眼于它的方法论时就能有趣地发现委员会为什么得出其调查结论，以及政府为何否决了其大部分内容。

委员会首先制定了一个最终的地点名单，来对其进行比较。这时委员会还决心保持一个彻底开放的思维——就像其最终报告所说的那般无拘无束。最开始名单中有 78 个地点，委员会在 7 个月内将选择缩小到 4 个，并将其余所有的精力全部集中在这上面。这 4 个地点分别是贝德福德附近的瑟赖、白金汉郡的卡林顿、北赫特福德郡的纽杉普斯泰德（Nuthampstead），以及后来被称为马普林的福尼斯。显然，斯坦斯特德并不在其中，委员会在其最终报告中解释其理由：比起距伦敦以西北方向大约十英里的纽杉普斯泰德，它在空中交通控制、噪声对城市的影响、可达性方面都处于劣势。因此，从逻辑上讲，必须放弃斯坦斯特德这个选择。而对于福尼斯，委员会最终承认了其失败的逻辑：福尼斯在噪声、国防和航空交通管制方面都排名第一，但它在地面交通通行方面需要很高的花费。因此虽然在 15 个地点中总体排名 13，在最终 4 个地点中还排在斯坦斯特德之后，最终福尼斯还是被加入了备选名单，其原因是它似乎是一个特别新颖的解决方案，而该委员会认为应对其进行考察。

从逻辑上讲，如先前（和后续）所有的调查一样，罗斯基尔委员会应该对机场需求的时间进行考察。在这点上，有人认为他们受到其职权范围的约束，职权只要求他们"对为满足伦敦地区现有机场交通量的增长建造一个四跑道机场的需求时机进行考察"。换句话说，这些批评者认为，他们没有考虑到国家机场政策以及大规模转移至省域机场的可能性。但考虑到委员会后来的交通模型的范围远至曼彻斯特，这么说可能不太公平。早期预测工作的薄弱性给人印象至深，委员会要求其研究人员做出自己的预测，并使用英国机场管理局、民航局（Civil Aviation Authority，CAA）等其他机构的预测结果。这种方法在盖特威克机场遇到了问题，该机场必须进行多种假设：有或者没有第二条跑道。委员会推断，在交通增长到必须开放的地步之前，没有理由开放第三个机场，并认为对希思罗或盖特威克机场交通量的增长将不会有人为控制（除了对后者跑道的决策）。它还推测，希思罗机场、单跑道的盖特威克机场、斯坦斯特德机场和卢顿机场到 20 世纪 70 年代末总共可容纳约 47.5 万次航空运输，并且总体上 1980 年或 1981 年的需求将超过这个数字。特别是考虑到之后的情况，它强调现有机场的应急方案对此都不会有太大影响：哪怕是盖特威克机场跑道的增加将新机场的需求推迟约两年时间。

表 2 和表 3 列出了罗斯基尔委员会对需求和容量的预测，可以将早期和后期的预测进行比较。在目前可直接进行比较的范围内，比起早期预测，该结果在乘客数量和航空交通量上有了明显的增加。但是他们也设想，希思罗机场，特别是盖特威克机场将有更大的极限承载能力（这更重要，因为这假设的是只有一个跑道，而不是之前的两个）。所以其产生的总效果是把开放第三机场的时间从早期预测中的 20 世纪 70 年代中期推迟到 80 年代初期。

通过这些基本的研究，委员会可以集中进行其首要任务，即比较并且评价四个地点，这次工作的精细程度超过了先前所有研究。从一开始，其目的就是通过成本收益分析来量化各个地点的优点和缺点，同时使用的还有一种新规划方法，在伦敦维多利亚地铁线（Victoria Line）的新型公路和公共交通设施方面，该方法取得了一定成功。委员会决定使用该方法的原因是其他方法都无法避免随意和主观的判断。

这种分析无疑是已有的同类研究中最大和最复杂的一种，因为它不仅仅涉及对机场一些主要直接影响的计算（如投资费用或旅途时间），同时还要评估一些间接影响，如城市发展及对农业土地的影响。事实上针对后一方面，必须雇用附属顾问去制作四个候选地点周边地区的次区域计划。这些内容及委员会研究小组所做的整体成本效益分析于 1970 年初进行了第一次出版，并在委员会工作的第五和最后阶段，也就是 1970 年春天和夏天召开的公众听证会中，受到了极其详细的严格审查，这些内容仅在细节上进行了改进，为委员会的最后评价提供了基本的依据。每个地点与成本最低的地点进行了成本差值比较，因为就如委员会在其最终报告中所讲的，在站点间的比较中，绝对的货币价值是无关的。总体而言，分析得出卡林顿是最佳的地点，所以其他三个地点与其进行了比较。次优的是瑟赖，按 1982 年的标准其费用比卡林顿高出 6 800 万~8 800 万英镑。第三是纽杉普斯泰德，费用比卡林顿高出 1.28 亿~1.37 亿英镑。而花费最高的是福尼斯，费用比卡林顿高出 1.56 亿~1.97 亿英镑（表 4）。

表 4　伦敦第三机场的选址：成本/收益汇总分析（数值为与最低成本的选址费用之间的差值，统一折算至 1982 年的金额）（单位：百万英镑）

项目	卡林顿		福尼斯		纽杉普斯泰德		瑟赖	
	旺季价格	淡季价格	旺季价格	淡季价格	旺季价格	淡季价格	旺季价格	淡季价格
1. 机场建设	18		31		14		0	
2. 卢顿机场的扩建	0		18		0		0	
3. 机场服务	23	22	0	0	17	17	7	7
4. 气象研究	5		0		2		1	
5. 空域飞行	0	0	7	5	35	31	30	26
6. 旅客使用者成本	0	0	207	167	41	35	39	22
7. 运货使用者成本	0		14		5		1	
8. 道路资金	0		4		4		5	
9. 铁路资金	3		26		12		0	
10. 飞行安全	0		1		0		0	
11. 防卫力量	29		0		5		61	
12. 公共科研机构	1		0		21		27	
13. 私人飞机场	7		0		13		15	
14. 居住条件（噪声，场外）	13		0		62		5	
15. 居住条件（场内）	11		0		8		6	
16. 卢顿机场噪声费用	0		11		0		0	
17. 学校、医院、公共机关建筑（包括噪声）	7		0		11		9	
18. 农业	0		4		9		3	
19. 商业和工业（包括噪声）	0		2		1		2	
20. 娱乐休闲（包括噪声）	13		0		7		7	
地点间的差值（仅包含有花费的项目）	0	0	197	156	137	128	88	68

资料来源：英国第三机场委员会报告，第 119 页

　　表 4 表明，差异主要由几个项目构成。目前其中最重要的项目是旅客使用者成本，以卡林顿与福尼斯为例，这一项在两者的差值中占了 1.67 亿~2.07 亿英镑，超过了两者的总体差异（意思是在其他方面，福尼斯总体上是优于卡林顿的）。因此，委员会的研究团队进行了详细的计算，看看如果改变了某些关键的假设，特别是时间价值方面的，将会发生什么。例如，有人认为休闲旅客会将他们的时间价值看得较低（或为零），这一点应该能体现在分析当中。该研究团队的敏感性分析表明，再多的变量也无法改变这些地点间的本质差异，这反映了资金成本和时间价值中的真实差异。福尼斯成为总体上最差的地点，根本上是因为它离伦敦最远（也离英国其余大多数的人口最远）；相反地，卡林顿成为最好的地点是因为其位于"伦敦—伯明翰"轴线上。这其中的通行费用间的差异远远超过建设成本的差异，位于干涸的埃塞克斯沼泽的福尼斯是所有地点中建设成本最高的，但只比瑟赖高出约 200 万英镑，差异在所有项目中是最低的。

　　这个成本效益分析受到了许多人的批评。一个主要论据是无论在整体还是局部上，它省略了一些重要的项目，其中最重要的是缺少了对规划的考虑。噪声和农地的损失可以用金钱来衡量，景观和农村便利设施的损失也能够根据房价来衡量，但这不包含非当地居民的损失，本地就业福利也同样被忽视了。第二个观点则是，这种评估本身就是错误的，特别是那些时间价值方面的。委员会最后试图通过给一个范围的值来处理这个问题，商务旅行为每小时 1.46~2.58 英镑，休闲旅游为每小时 11.5~34.5 便士。此外，还有很多关于通过房价和赔偿费用来评估噪声的争论。最后，有人批评说金钱在分析中的使用本身就是曲解的，因为相同的一笔钱对于不同的人是不同的：1 英镑对于一个穷人比一个富人意味着更多，所以应该使用某种形式的加权。在这一点上，委员会拒绝出示公式，而是声明这是最终评价应涉及的另一个问题。

　　因此，在最终评价中，委员会认为成本效益分析不可能包括所有与决策相关的因素，但它可以提供一个将所有证据进行汇集和权衡的框架。事实上，大多数委员的最终判决可以说就是由最终评价修改后形成的成本收益分析，它经过保持精准平衡的评价流程对优点和缺点进行了权衡。航空旅客的需求必须与对那些在航线下生活的居民造成的困难和损失进行平衡。因此，委员会故意没有将规划作为绝对的约束。

　　由于这种进行平衡了的评价，委员会直接将纽杉普斯泰德排除在外：虽然它交通便利，建设成本低，但在噪声和总体规划方面情况是最差的，会造成大量农业用地的流失。福尼斯（委员会承认它是迄今为止在证人中最受欢迎的）在机场服务、空中交通管制和（出人意料的，鉴于舒伯里内斯关于范围的早期论证的）防御方面情况较好，在噪声方面也非常出色，但这点将被卢顿机场的额外交通抵消。总体而言，福尼斯在规划方面也表现不错。但委员会强调，福尼斯也有缺点：

它会造成对野生动物与海岸线的破坏，城市发展也将引起南部半岛人满为患的危险情况。此外，要将福尼斯与伦敦连通起来，工作量非常巨大且具有破坏性，不仅会导致卢顿机场交通流量的增加，由于它比起其他地点交通较为不便，更会增加曼彻斯特和伯明翰机场的交通流量，从而造成环境的破坏。委员会的结论是，尽管福尼斯在规划方面拥有一定优势，其优势也不像很多人所认为的那么大，且应该跟它明显的缺点放在一起加以权衡：其建设成本高，特别是其交通十分不便。比起其他机场，它吸引的客流量较少。因此，它有可能无法产生足够的资本收益，从而依赖纳税人的支撑。然而如果进行了清算，机场的使用者将付出沉重的经济处罚。

因此，委员会的多数成员重复了他们先前的说法：

伦敦第三机场必须能够在自身机场的运行上取得成功。为此，它必须满足其设计服务目标人群的需求。虽然作为一个机场它可以取得成功，但可能无法达到其他一些更广泛的社会目标，瑟赖及卡林顿机场本质上就是这样的。遗憾的是，这句话反过来却并不同样正确，如果一个机场不能成功地满足机场的基本要求，它也无法满足任何社会目标。

因为福尼斯机场在自身运营上有很大可能会失败，委员会否定了这个方案。因此只剩下瑟赖和卡林顿两个内陆机场，它们的优缺点十分平衡。其中卡林顿机场交通更加便利，且防御情况较好，但在规划和环境方面相当糟糕。虽然这两个机场都会对当地居民造成一定的负担，但卡林顿对国家资源的要求较低，还很有希望能够减少希思罗机场附近的噪声。因此，尽管在环境方面毫无疑问有着不足之处，委员会却选择了卡林顿。

而在他们的选择中还有一个例外。在委员会工作即将结束的时候，布坎南教授声明他无法接受选择卡林顿作为机场地点。更让其他委员会成员吃惊的是，他随后还声明，除了关于需要的时机的一小部分内容，他也不能接受报告中的其他内容。相反，他做出了长达 11 页的笔记来表达他的异议，内容与委员会的主要报告形成了鲜明的对比。针对委员会冷静、逻辑严密、客观和细心的分析，他提出了自己热情、高度情绪化的看法。他解释了为什么几乎从一开始，他就对委员会及其研究团队所用的成本效益方法产生了深深的不信任。他坚持的原则是，规划的好坏才是至关重要的，而这一点已得到委员会其他成员的明确否定。他认为，规划的一个中心原则就是保护伦敦附近广阔的农村土地。在那些空旷地区上建立新的机场会造成对其本质的破坏，且对整体原则产生威胁。因此四个方案有三个都违反了这个原则，只有福尼斯没有。

然后，布坎南教授明确指出，在规划原则的神圣性背后，还有一个更深的考虑，就是保护民族遗产，特别是传统的景观及对当代和后代神圣的信任。

　　我看过许多案例，通过多年前对需求进行的正确预期的决策，我们今天的生活得到了丰富。我还看到一些其他的案例，只要当时有一点点的远见就能避免那些如今让我们束手无策的损失。人类的本性不会变化太快，因此我们不可能或很难去分辨出那些让连续世代普遍都发现有价值的东西。而我毫不怀疑，伦敦周边广阔的土地就是后面世代代人类关心的东西。我深深地了解那些都是美好的事物。

　　因此，布坎南教授在中心原则的问题上与他的同事们进行了争论，他得出结论：如果机场建立在内陆的任何地点，那将完全是一场环境灾难，并且没有什么比将机场建立于横跨在伦敦和伯明翰之间重要开放绿带的卡林顿更严重的事了。

　　他还承认自己仍然怀疑成本效益分析，因为他无法完全理解其中的成本计算的含义和汇总方法。最重要的是，他认为，所有的此类分析都必须考虑规划的约束。所以他坚信，福尼斯机场是唯一可接受的方案。

　　结果也许是在预料之中的。报告出版后，委员会内部的意见分裂迅速在公众更广泛的阅读（和思考）中得到了扩大。关键的不同在于，布坎南教授的观点不再是少数人的。所有跟他一样直观感受到卡林顿会造成环境灾害的人，都自然转向支持他的观点。

　　其中有一个团体格外突出。罗斯基尔委员会曾预测，它的提案将会受到卡林顿地区大部分居民的厌恶，在这一点上它是正确的。就在出版之后，Wing 抵制联盟（Wing Resistance Association）立即成立起来。该联盟模仿了斯坦斯特德方案中高度成功的经验，并得到了当地一些富裕人的资助。据估计，罗斯基尔委员会在其提案上花费了 100 万英镑，而 Wing 抵制联盟花了 75 万英镑去推翻它。

　　又一次正如预期的那样，他们成功了。一些人可能出于经济原因支持卡林顿方案，但提倡保护环境的人们只支持福尼斯方案，并且他们在数量和强度上都远远超过另一边。《时代杂志》收到了许多来信，专业规划人士、媒体、中产阶级大众及国会议员最后都认同布坎南教授的观点：

> 自第五阶段工作结束，我常常想起尼尔·麦克德莫特（Niall MacDermot）先生在他结束致辞中所讲的话，他说任何一个人站在奇特恩斯山的著名眺望点上远眺艾尔斯伯里谷时都会说，简直无法想象要在这里建立一座机场。

　　1971 年 4 月，贸易委员会主席约翰·戴维斯（John Davies）告诉下议院，伦敦第三机场将建在埃塞克斯郡的马普林（或称为福尼斯）。

马普林方案的撤销

这就是政府想表达的。罗斯基尔委员会讨论确定了 20 世纪 80 年代初期就需要一个新机场，这涉及要对马普林的沼泽进行排水的复杂问题。1972~1973 年议会会议通过了马普林发展方案，之后正式成为法律。马普林发展局被建立起来，负责对马普林土地进行回收和管理，为机场和相关的海港的建设提供空间。1973 年 7 月方案被议会通过之后，政府公布了两个咨询文档：一个是关于建立连接伦敦和新机场的道路和铁路；另一个是关于指定建立安放机场和相关工作人员新城镇的位置。

然而，这时对马普林提案的反对意见开始增加——在 1971 年政府进行决定时几乎没有。甚至在罗斯基尔委员会调查期间，就有一个由当地政治家德瑞克·伍德（Derek Wood）领导的埃塞克斯保护组织，一直坚持不懈地反对建立马普林机场，而它的声音被淹没在卡林顿的风波中。但现在大家开始听到它的声音，埃塞克斯和大多数环境保护主义者的肯特郡当地议员，也开始加入反对阵列。

1973 年的咨询文档是有一定用处的，它展示了马普林机场对机场—海港边界之外区域的潜在影响。新城最终将覆盖 82 平方英里，为 60 万人提供住所。到机场的地面道路将有几百码①宽，长 30 英里，这不可避免会对当地居民产生影响。当然，罗斯基尔委员会提出的其他地点也需要进行类似的建设，而关键是，大家关于对环境质量和当地人民生活影响最少的环保型机场的设想不见了。同时，预计的成本上升到 8.25 亿英镑，金额超过英国投入在协和式飞机项目中的数量。而如彼得·布罗姆海克（Peter Bromhead）的书中所说的，有人开始担心这会成为另一个像著名的白象一样的例子（在英语中"白象"比喻那些虽很珍贵，但给其主人带来的麻烦多于其价值的事物）。

一些人坚信这一点，主要是罗斯基尔委员会的多数派，以及那些接受他们观点的人，尤其是那些关心经济情况的人，其中有许多在政府内外有影响力的人。也许其中最具影响力的是克罗斯兰德，作为贸易委员会主席，他于 1968 年主要负责创建罗斯基尔委员会。他特别关心本可以被更好利用的国家资源的潜在浪费。早在 1971 年 3 月，在确定马普林方案的两个月前的一场下议院辩论中，他提议最大限度地利用现有机场——也许可以在卡林顿建造双跑道机场。他的反对打动了工党，没有经过正式的辩论，工党就相信了马普林实际是保守党的面子工程，该项目使用的资源能在其他社会项目中得到更好的利用。

因此，从 1974 年开始，当地的政治反对者和国家舆论都反对马普林方案。1973~1974 年的石油危机无疑对此起到了推动作用，危机让人感觉新的紧缩时代

① 1 码≈91.44 厘米。

要到来了，没有理由为交通流的增加大量进行建设。这可能并不理性，但它对民众心理产生了重要的影响。1974 年 2 月，工党政府立即宣布对马普林项目的审查，1974 年 7 月该项目被取消，马普林发展局被解散。

马普林的审查处处都很草率（实际上，在这方面它就像 1967 年的白皮书一样）。它一部分继承了早期的研究：面对不断升级的内部反对，之前的保守党政府已经进行过类似的审查。值得注意的是，和 20 世纪 60 年代的研究一样，1974 年的马普林审查完全是由贸易部与其他政府部门内部掌控的。其技术显然来源于英国机场管理局和民航局，二者从一开始就一直强烈反对马普林方案。

第一步是明确的：对预测流量进行重新计算。这些在表 5 中都可以看到，可以与较早的（包括罗斯基尔委员会）以及后来的研究进行比较。与罗斯基尔委员会的结果相比，这次的预测有了大幅下降。研究报告的作者解释道，这是由高油价引起的，休闲旅客对成本将变得更加敏感，对未来的收入更加悲观。1972~1990 年流量预测将增加 6.1%~8.6%——或许比 1963~1973 年的实际增长量的一半多一些。预测范围至 1990 年结束（这和政府所有后续预测一样）。很明显，审查中的预测是基于英国机场管理局的结果。更讽刺的是，在罗斯基尔委员会调查期间，英国机场管理局比委员会研究团队预测出了更高的增长速度。其中的对比十分明显。

表5　伦敦机场：对于 1985 年交通预测的对比

预测机构或来源	客流量/百万人次
1971 年罗斯基尔委员会研究团队	82.7
1971 年英国机场管理局提供给罗斯基尔的数据	75.7~100.2
1972 年英国机场管理局	87
1974 年马普林审查（不考虑英吉利海峡海底隧道）	58~76

资料来源：英国伦敦第三机场委员会，1971；英国商务部，《马普林：机场计划审查》（1974：76）

交通流量的预测量减少了许多，而航班次数的减少更加明显。这主要是因为和罗斯基尔委员会报告中的 162 人相比，该报告中设定 1990 年前每架飞机的载客量是 225 人。其中依据的是大型飞机的出现，以及航空公司会提高其负荷量。而奇怪的是，审查中的图表都是以一种不能直接与罗斯基尔委员会预测进行比较的形式呈现的。但是减少的程度依然可以进行对比，审查预测伦敦地区 1990 年只有 45 万次航班，而罗斯基尔委员会预测 1985 年为 55.5 万次航班。

另一个至关重要的变化是对机场容量的预测。如表 3 所示，罗斯基尔委员会调查认为，至 1981 年希思罗机场每年能够承载航班 31 万~33 万次（数据为 31.4 万次），单跑道的盖特威克机场能承载 11 万次。而在这次审查中，希思罗机场通过使用最有效的交通控制方法将这个数字提升到 33.8 万次，而盖特威克机场提升到 16.8 万次，这个显著上升主要是因为全年负荷更加均匀。因此，与罗斯基尔委员会估计的 44 万次不同，两者一起每年可能承载 50 万次航班。而对于斯坦斯特德机场和卢顿机场，由于航班规划数量的限制和环保因素，罗斯基尔委员会调查预测它们将承载约 5.4 万次。而审查使用了英国机场管理局和民航局的研究数据，预测它们在 20 世纪 80 年代可以承担 12 万次航班。最终的结果是，这 4 个机场总容量为每年 62 万次航班（远高于 1990 年 45 万次的预测），而罗斯基尔委员会预测的是 57.8 万次。

因此审查认为，1990 年以前的关键限制性因素将不是航空容量而是航站楼容量。只要后者充足，现有的 4 个机场还是可以应付的。此时审查采用了一项策略，对各种替代方案进行描述，这个方法在随后 1975~1976 年国家机场研究中也有应用（这些并不是严格意义上的方案，而是应对乘客预测的替代策略）。1990 年预测的流量需求（到 1990 年 8 500 万人次）以多种方式呈现在表 6 中。所有的方案都假设希思罗机场将开发第四条跑道，以承载 3 800 万人次客流，盖特威克机场将建立第二个航站楼（不是第二个跑道）承载 1 600 万人次客流。第一个方案中马普林将承担所有剩余的流量，第二个方案中斯坦斯特德机场和卢顿机场也会承担客流，第三个方案中大部分过剩的客流量会转移至省域机场，第四个方案中希思罗机场将通过建设第五条跑道增加客流量至 5 300 万人次，盖特威克机场将高达 2 500 万人次，还会有小部分客流会流向斯坦斯特德机场和卢顿机场。

表 6　马普林审查：1990 年情景方案

机场	1973 年（实际）	1990 年情景方案			
		1	2	3	4
		客流量/百万人次			
希思罗	20.3	38	38	38	53
盖特威克	5.7	16	16	16	25
斯坦斯特德	0.2	—	16	4	4
卢顿	3.2	—	10	3	3
马普林	—	28	—	—	—
省域机场	—	—	5	24	—
总计	29.4	82*	85	85	85

*表示较低的总数，由于假设马普林吸引较少的客流
资料来源：英国商务部，1974，17

在这些方案的比较中将主要考虑资源花费。审查没有重复进行罗斯基尔委员会报告中复杂的成本收益分析，但它依然得出马普林机场的直接开发成本和相关的运输成本都将高于其他地方（表 7）。然而，合并后的 4 个现有机场交通链的成本可能高于单独马普林交通链的成本。

表 7　机场的开发成本和交通成本

机场	增加的容量 /（百万人次 / 年）		机场开发成本/百万英镑	交通成本/百万英镑
希思罗	38	53	115	90
盖特威克	16	2.5	70	60
斯坦斯特德（前期）	1	4	15	0
斯坦斯特德（后期）	4	16	110	47
卢顿	3	10	70	10
马普林	0	28	400	235

资料来源：英国贸易部，1974，39-43，48-9

　　审查还包含了一些由顾问提供的数据，主要关于乘客在空中和地面上的交通成本。其中指出，两个最经济的方案是方案 4（希思罗—盖特威克）和方案 2（斯坦斯特德—卢顿）。相比之下，方案 1（马普林）在 1990 年一年会造成额外的旅行成本约 2 100 万英镑，而方案 3（省域机场）将每年增加 5 200 万英镑。而即便如此，报告仍然强调，伦敦机场需要严格的限制措施。

　　因此，尽管它没有这么说，审查报告表明卢顿—斯坦斯特德方案是一个经济的方案。该方案仍然涉及噪声和规划的问题，但报告认为噪声的问题在改善。它宣称在所有方案中，1990 年之前伦敦所有机场的噪声问题都将会显著减少。特别是在卢顿—斯坦斯特德方案中，每个机场只会给 2 000 人带来轻微噪声（35~45噪声和数值指数①），几乎没有人会遭受中等噪声（45 噪声和数值指数以上）的影响。这确实是比当前的情况好一些。

　　城市化和规划会造成一个问题，将斯坦斯特德机场的容量扩展到 1 600 万人次，可能意味着在战略规划保护的农村地带进行 5 万~6 万人次的开发。同样，由于对过度城市化的担忧，规划对卢顿机场的未来发展持谨慎态度。而与此相反的是，这份审查报告认为马普林的发展会导致农村土地的损失及生态利益的牺牲。

　　总而言之，正如彼得·肖尔（Peter Shore）在 1974 年 7 月 18 日对下议院所说的那样，并不需要马普林方案，1990 年交通流量预测就会减少。现有机场可能会进行不同程度的扩张，甚至都不需要额外的跑道。噪声水平也会比罗斯基尔委员会预期的低得多。而决定因素是马普林方案将耗资约 6.5 亿英镑，花费几乎是排第二的方案的两倍。所以政府宣布放弃马普林计划。

　　媒体的反应很平静。虽然埃塞克斯郡与赫特福德郡议会立即找到合理的反驳论点，也并没有引起像七年之前公众对斯坦斯特德机场的争论那样的注意。也许当公众都厌倦了整个事情之后，也许在重大的石油危机之后，人们将从不同的角度来看待这个事件。

---

　　① 译者注：噪声和数值指数（noise and number index）用于评估飞机飞过数目及噪声对机场附近居民与一般社会民众的影响程度，该指数通过给定的平均高峰噪声值和飞机飞过数目求得。

无论如何，政府可以继续进行下一个阶段：国家机场战略的全面审查。英国一直缺乏这样一种战略，受到了专家们的一再批评，而这是政府对此的回应。事实上，关于省域机场未来的审查结果有点模糊，而它所做的就是强调了马普林审查中的观点：将大规模客流转移到省域机场将十分困难并且昂贵，可能需要政策将伦敦地区扩张的需求推迟一两年，但为了产生效果，这些政策必须非常严格。研究表明，对每个离开伦敦的乘客收取 4.5 英镑的费用只能转移 10% 的乘客，而实际的限制可以将其提高至 30%。但到 1990 年，这些费用可能使整个网络资源的成本每年增加 7 000 万英镑，而同期限制政策将花费近 4 亿英镑。

除此之外，两卷审查材料（处理位于伦敦地区的机场）中的第一卷，本质上是对之前马普林审查的分析结果的深化，并得出了一样的暗示性结论，它对航空流量的预测也较之前减少了，但由于它认为在每架飞机上会有更少的乘客，因此，航班的净效应实际上是增加的，从马普林审查中的 45 万~51 万班次（包括货物）上升至咨询文件（表 1）中的 58 万班次。而这依然在 1990 年前现有机场的容量之内，和之前一样，航站楼容量才是限制因素。因此，该文档通过对内容进行排列，对马普林审查中的方案进行了一个全面的分析，然而通过表 8 和表 6 的比较可以看出，实际的容量数据依然保持不变。

表 8　1975 年的机场容量和交通预测

情景方案		百万人次/年					容量饱和年份	
		希思罗	盖特威克	斯坦斯特德	卢顿	合计	高预测	低预测
A	目前的希思罗/盖特威克	30	16	1	3	50	1981	1986
B	希思罗建立第四航站楼	38	16	1	3	58	1983	1988
C	斯坦斯特德对现有设施进行扩建	38	16	4	3	61	1984	1989
D	盖特威克建立第二航站楼	38	25	4	3	70	1986	1990+
E	盖特威克不变，斯坦斯特德最大利用现有建筑	38	16	16	3	73	1986	1990+
F	盖特威克建立第二航站楼，斯坦斯特德最大利用现有建筑，卢顿最大利用现有设施	38	25	16	5	84	1987	1990+
G	卢顿建立第二航站楼	38	25	16	10	89	1988	1990+
H	希思罗建立第五航站楼	53	25	16	5	99	1989	1990+
J	盖特威克建立第二航站楼，斯坦斯特德最大利用现有建筑，卢顿建立第二航站楼，希思罗建立第五航站楼	53	25	16	10	104	1990	1990+

注："1990+"表示 1990 年或之后

资料来源：英国贸易部，英国机场战略，1965/6

在表 8 中，A-B 实际上代表已有的计划，C-J 代表实际的选项，最后 3 个本质上是不太可能的：G 涉及建立卢顿机场的第二个航站楼，会受到当地居民的强烈反对，H 成本昂贵，会造成对绿带的入侵，而这两点 J 都有。在高需求的情况下，剩下选项的容量只能支撑 1986~1987 年很短的时间。此外，从表 8 中可明显地看出，此时的乘客需求会每年增加 500 万人次。

在这方面，咨询文件主要重复了马普林审查的观点——这不足为奇，因为它们来自相同的作者。如表 9 所示，噪声问题的影响在伦敦所有的机场都会大幅降低。

表 9 1972 年与 1990 年受伦敦机场噪声影响的人数

机场	1972 年				1990 年			
	航班班次	影响人数/1 000 人			航班班次	影响人数/1 000 人		
		35NNI	45NNI	55NNI		35NNI	45NNI	55NNI
希思罗	257	2092	373	78	242	227	41	3
					311	289	59	4
盖特威克	73	30	2	1	104	1	1	0
					151	2	1	0
斯坦斯特德	4	4	0	0	14	2	0	0
					63	2	0	0
卢顿	31	24	5	0	25	2	0	0
					44	4	1	0

注：NNI, noise and number index，噪声和数值指数

资料来源：英国贸易部，英国机场战略（1965 年 6 月于伦敦），41-44

和之前一样，所有方案的主要问题都在于规划。但在这一点上，该文件保持着乐观的看法。盖特威克机场位于东南部战略规划指定的主要发展区域中，而斯坦斯特德机场并不是，这将会与目前的战略和当地规划政策产生冲突。然而，这些政策也不是一成不变的，在对现有东南部战略规划的审查中，政府也在考虑东南部特别是该区域是否有余地，来对可能的机场和战略规划政策进行协调。卢顿机场的扩张可能会影响就业情况，但这取决于当地经济的状态。只有在希思罗第五航站楼的问题上，文件才承认确实存在一个严重的规划冲突。

政府试图通过这两个咨询文件来获得地方利益集团、地方政府和其他方面的反应。但当 1978 年 2 月政府宣布最后的政策时，它只是遵循了马普林审查和咨询文件所设下的预测路线，它再次回顾了对未来交通的预测，乘客的数量再次缩小（表 2）。在这些预测中，政府对向其他省域机场大规模转移乘客的可能性与合适性表示怀疑：因此，伦敦的乘客数量将保持在全国的 80% 左右。马普林审查和咨询文件中的预测范围截至 1990 年：白皮书表明，在这之后交通量将继续增长，但预测结果非常不准确。

白皮书还遵循了早期文件对噪声的观点，它不像咨询文件那样乐观，因为预计每架飞机的乘客数量再次缩小，这意味着需要更多的班次。然而，白皮书预计

将会有一个很大的进步，并表示政府将限制噪声大的飞机，特别是在晚上。相似地，政府在规划方面仍然不表态，只是说为了防止伦敦地区的机场无限增长，它将采取策略限制特定机场航站楼的数量和大小。

在此基础上，白皮书在之前的方案场景中（表 8）做出了选择。而奇怪的是，它选择了为数不多被略过的选项：D 和 G。希思罗机场将建设第四个航站楼，容量上升至 3 800 万人次，而放弃第五航站楼的计划。盖特威克机场将拥有单跑道和一个额外的（第二）航站楼，容量将扩展到其最大的极限，达到 2 500 万人次。斯坦斯特德机场将利用目前未充分使用的设施，每年服务 400 万人次。卢顿机场将拥有一个航站楼和一条跑道，容量将扩展到最大极限，达到 500 万人次。所有机场的总容量是 7 200 万人次，白皮书声称这足够满足 20 世纪 80 年代的需求。政府承诺，所有四个机场的发展将按照规划程序进行。换句话说，英国机场管理局将无法逃离被调查的命运。

从长远来看，白皮书承认伦敦地区 1990 年以后需要更大的机场容量，它保证希思罗机场不会超过四个航站楼，盖特威克机场也不会超过一条跑道和两个航站楼，卢顿机场将被限制于 500 万人次的容量水平。换句话说，就是排除了这三个机场进一步扩张的可能性，只剩下斯坦斯特德机场。因此，白皮书最后说，将在扩张斯坦斯特德机场、将现有军用机场发展为民用机场和建设一个新机场之间进行选择。为了解决这个问题，政府在 1978 年 8 月成立了一个新的机场咨询委员会，由贸易部官员组成，并包括民航局、英国机场集团、航空公司及当地政府和其他人士。

但出于一个原因，这个选项被否决了。白皮书给出的原因和马普林被放弃的原因一样，就是价格因素。单跑道和双航站楼的马普林机场，每年能够承载 1 800 万人次，其成本为 6.8 亿英镑（来自马普林调查预测，基于 1976 年的物价水平）。此时，连接机场和伦敦的交通设施将会花费约 4.1 亿英镑。相比起盖特威克机场的扩张，斯坦斯特德机场和卢顿机场只需要 1.5 亿英镑的建设成本就能达到相同的容量，并且不多的成本就能建造更好的交通设施。即使在 1990 年之后马普林机场再次与斯坦斯特德机场进行比较，毫无疑问将会得到相同的结果。

所以，和 1967 年一样，1979 年的关键问题依然在于斯坦斯特德机场的未来发展问题。白皮书提出了一个看似不过分的目标：1990 年扩展至每年 400 万人次，但也明确指出，随着时间的推移将会产生多余的容量，总容量将达 1 600 万人次。同时，白皮书直接指出，即使有着这么高水平的交通量，受到斯坦斯特德机场噪声影响的人不会比英国任何其他机场多。它只说，扩展到 1 600 万人次将会带来更多的问题，主要包括区域规划政策的变化，当然这会造成东南部战略规划的重大变化，而考虑到机场未来的发展，1978 年底政府对此给予的回应十分模糊。

因此，在 1978 年发行的白皮书中，很难去避免政府已明显地做出的决定。单跑道的斯坦斯特德机场将承载 1 600 万人次的客流，也没有合乎逻辑的理由能解释它为什么达不到盖特威克机场20 世纪80 年代末将达到的客流量——2 500 万人次，甚至比白皮书预期的发生得更早。而奇怪的是，当时声称能满足1990 年客流量（7 200 万人次）的总容量与1990 年预测区间（6 590 万~8 940 万人次）的低值相近。如果交通量按高水平增长，那么到1987 年，而不是1990 年，就需要额外的容量，这距离白皮书的发布不到10 年。因此，扩张斯坦斯特德机场的容量显然是政府唯一合适的选择。在这种情况下，斯坦斯特德机场必定成为伦敦的第三机场。而这是1967 年被政府放弃、1968 年被罗斯基尔委员会否决的一个选项。

伦敦机场规划评价

现在是时候进行一个事后评价了。在20 世纪60~70 年代，伦敦机场规划的故事不同寻常地记录了交通流量和容量预测方法的快速而巨大的变化，如影响对噪声的规划的主要因素同样剧烈地变化，政策的两次逆转，斯坦斯特德机场先是作为被放弃的伦敦第三机场，后又被启用。我们是否能够给这段曲折的历史找到一个合理的解释？

最仁慈（或者最简单）的解释是作为规划基础的未来情况的预测会发生许多变化。表2 清楚地表明，在20 世纪60 年代，政府对未来交通量的预测量不断增加，而在1973 年之后急速下降，这种对预测的修正确实符合当时的事实情况。伦敦机场的交通流量在1963~1973 年每年增长11%~12%，而在1972~1976 年每年的增长低于3%。根据罗斯基尔委员会的预测，1975 年伦敦有3 610 万人次客流，而事实上只有2 880 万人次。20 世纪60 年代，贸易和航空部门及罗斯基尔委员会做出的预测都是错误的。毫无疑问，他们都低估了20 世纪80 年代新型低噪声飞机对噪声威胁的减少程度。

最不仁慈的解释是假设在一个被称为伦敦机场大厅的部门中一直存在着某种阴谋。它的组成人员包括航空公司与负责规划和管理现有系统（最早是航空部，后来是民航部和英国机场管理局）的人员，以及负责机场政策的政府部门（最早是航空部，后来是贸易委员会）。很明显至少自1950 年以来，这个组织一直认为，一旦希思罗机场和盖特威克机场的容量耗尽，斯坦斯特德理应变成伦敦的第三机场。其逻辑是，该集团本身拥有（或能控制）斯坦斯特德机场，一旦有了通往伦敦的道路，斯坦斯特德机场的位置将会很好，并且目前该机场没有被充分利用。该集团的战略是，在急需第三机场之前，拒绝进行提前规划或大型的设计，有需要之后再抓紧进行。正如我们所见，1960 年左右，该组织什么也没有做，此后在1963~1967 年，它试图快速地确定斯坦斯特德机场方案。1978 年，它又一次什么也不做，而根据这个模式，在 1982~1984 年它再次推动斯坦斯特德机场的主要扩张，使它最后成为伦敦第三机场。

在近 20 年的时间里，这个团体一直密切掌控着英国的机场政策。唯一的一次意外是在 1968~1973 年，这个权力被授予一个由七人组成的独立委员会。在之后的两年中，随着该委员会的瓦解，政府承诺进行马普林审查，该组织赢回了一部分的权力。1974 年 7 月，在审查公布之后，他们彻底赢回了权力。从那时开始直到 1978 年的白皮书，该组织一直无可争议地得出一个和 1968 年之前相同的结论：斯坦斯特德机场应成为伦敦的第三机场。虽然论据不同，但总能得到相同的结论。

这个论点也有其合理性，有趣的是它还被之前的"客观"解释加强了。当大家认为这个问题如此严峻，需要进行彻底的重新审视，或许还需要一个全新的根本解决方式时，政府控制介入了。根据罗斯基尔委员会的报告，它推测出了 1967 年的白皮书没有预测到的规模增长，即伦敦地区一个四跑道的机场。它暗示了斯坦斯特德交通量的增长，引起了公众的骚动，并促使罗斯基尔委员会得到任命。相反的，官方部门再次重申了它的保守性政策，认为通过对 20 世纪 70 年代更加严肃的预测，这种激进、一次性、孤注一掷的解决方式变得十分危险，他们准确地抓住了时代变化的趋势。

这当然也受到其对手阵营的分裂者的支持。如果罗斯基尔委员会没有分裂，那么它的提议会有更大的分量，即使在当地反对之下，当时的政府也将会被迫采纳其建议。但是这次分裂及其所产生的对布坎南教授的马普林方案的感性支持，实际上就是对罗斯基尔委员会整体方法的否决。正如我们知道的，罗斯基尔委员会的这种方法是以经济学为基础的，它假设通过在尽可能多的用货币量化的条件下对不同地点的优势和劣势进行权衡，能够得到一个理性、平衡的评价。而布坎南教授的方法基于规划的绝对限制，直接否定了他一直不相信的经济哲学，他和他的支持者认为这样的经济分析不能产生合理的规划评价。如果政治力量能迅速将其完成，政府机构似乎也能接受卡林顿方案。但是在政治压力下，马普林方案招致了全面反对，这种反对之声由于其内部成员倒向相反阵营而进一步得到强化。

官方机构也许能察觉到党派政治是对其有利的。在一个大多数都取决于个人决定和政治家偏见的领域，普遍原则（generalization）是很危险的。但大体上，在主要的争议问题上，保守党貌似更关心保护农村景观遗产，这在 20 世纪 50 年代包括邓肯·桑兹（Duncan Sandys）和亨利·布鲁克（Henry Brooke）在内的很多部长所推行的城市容控（urban containment）的僵化政策中都能够明显地看得到。他们也倾向于支持有利于国家威望的决定，如众所周知的协和式飞机开发项目。所有的这些都让大家关注于环境优先的马普林方案，以及有利于国家威望的机场—港湾开发。另外，工党更倾向于将资金投入社会项目，这往往让人们怀疑他们进行面子工程。他们对富裕农村农民的压力自然更加不敏感。最后，他们中的一部分人极其赞同使用经济学方法进行规划。很显然，克罗斯兰德在罗斯基尔委员会的任命及经济学方法的采纳中发挥了很大的作用。同样地，他也是反对马普林方案的核心力量，因为他认为马普林方案忽视了这种经济学方法。如果卡林顿方案占上风，那么克罗斯兰德一定会支持它，1974 年上台的工党政府也会保持这个政策。但实际的结果却是，工党政府如 1964~1968 年一样，转而支持马普林方案。

实际上，政府机构和罗斯基尔委员会的多数派很可能位于同一个阵营，但其中有个关键的差异，就是公务员们很少透露自己的个人立场。但在马普林审查之前的 1974 年，一本由克罗斯兰德的拥护者克里斯多夫·福斯特（Christopher Foster）所编的专题论文集得到出版，其中 1964~1970 年在贸易委员会的经济服务部门担任主任的约翰·希斯（John Heath）发表了他对马普林方案的看法。他认为这一系列的项目有着一个相同的特征：在决定和实施之间存在着长时间的拖延，在技术和市场中的一两个方面存在高度不确定性，并且项目规模都十分巨大。他指出英国这种不经过中间阶段，直接提出最终解决方案的做法是错误的。在所有的案例中（协和式飞机、电子电话交换机、大规模核电站），都导致了灾难性的错误。

他总结说：“我认为是我们的传统决策方式导致了这些错误，也导致目前对马普林的争论。”虽然希斯最后离开了政府机构，但毫无疑问很多人都得出了相同的结论，尤其是那些在 1974 年参与马普林审查的政府经济学家们。

但如果政府部门和罗斯基尔委员会都赞成经济方法，为什么他们在最后的建议上会产生不同？一些批评人士指出，这是因为委员会采取的是十分专业和综合的成本效益方法，而政府对马普林的审查缺乏公平性，并且证据不充分。罗斯基尔委员会的结果（表 4）可以很清楚地表明，地面交通的成本将会成为任何类似评价中的决定性因素，在这一点上斯坦斯特德机场更受青睐（比其他任何一个机场都更靠近伦敦）。而令人惋惜的是，罗斯基尔委员会做出了一个明显的错误选择，它否决了斯坦斯特德方案，转而去赞成纽杉普斯泰德机场，而在其分析中，纽杉普斯泰德存在着出人意料的巨大噪声支出。如果把斯坦斯特德列入备选名单，即使它与纽杉普斯泰德机场一样有着规划方面的劣势，斯坦斯特德机场也会成为最合适的选择。

这又涉及另一个艰难的问题。同样在福斯特编写的论文集中，G. H. 皮特斯（G. H. Peters）认为，罗斯基尔委员会对机场需求的时机提出了错误的问题，从而得到了错误的答案。委员会得出，到 1980 年，希思罗和盖特威克机场的拥堵成本将大于新机场的应付利息费用和运营成本，但它没有考虑到新机场会带来的舒适成本。

但从长远来看，结果尚不明确。短期来说，渐进主义会导致次优的解决方式。马普林方案的拥护者会说希思罗和盖特威克机场就是渐进主义的完美例子，它们在实践中都被发现不足。与书中其他几个将会讨论的例子相似,伦敦第三机场是一个关于如何在不确定环境下制定高风险决策的典型例子,其中大型方案(big solution)在规划方面有着巨大的优越性,但方案的实施效果也有着很大的不确定性。问题似乎是,社会对风险的判断很大程度上取决于其对未来保持悲观还是乐观。20 世纪 70 年代末的社会氛围推行渐进主义,到了 20 世纪 90 年代又再次倾向于这种大型设计方案。可能,我们一直背负着前一代人价值判断的结果。

第三章　伦敦的高速公路

与伦敦第三机场一起的，是它的高速公路系统：关于它最重要的一点是，其实它并不存在。或者更严格地说，它只有一小部分存在过——曾经规划的350英里中的40多英里。它们在交叉路口随意终止，最终导致一事无成。剩下的被放弃了，因为它们中的大部分，甚至于高速公路线路（the lines of the motorways），对规划者而言都不再是安全可靠的。伦敦高速公路和伦敦第三机场是这个国家曾经规划过的最昂贵的土建项目，并且两者都中止了。它们是不良规划灾难的经典案例。如此多的努力和资源投入其规划中，如此坚定的政治承诺被颠覆，这成为规划病理学的主要研究案例。

故事的核心阶段其实只有13年：从1961年伦敦决定开启一个主要的交通调查和规划，到1973年大伦敦议会新任的工党政府（Incoming Labour Administration of the Greater London Council）放弃高速公路规划。但是要了解全貌的话，就必须追溯到1943~1944年阿伯克龙比时期的伦敦战时规划。并且，由于阿伯克龙比是在前人的基础上进行的，所以从某种程度上时间还可以提前。

阿伯克龙比规划及前身

至少从汽车时代开始，工程师和规划师就努力解决伦敦的交通问题。1905年，关于伦敦的交通，一个皇家委员会就伦敦交通贡献了八大卷资料，并且大胆地提议建立新的穿过伦敦建成区的干线高速公路系统。并且在1910年，伦敦商业局的交通部门已经制定了一个关于建成区外新的干线高速公路的大规划，这将减轻已经存在的放射状道路的超载并且提供一个新的围绕着北部郊区的北环路。尽管皇家委员会的建议由于大部分都很模糊而被搁置，1910年规划的道路绝大多数实际上是在第二次世界大战期间建成的。在大伦敦郊区，它们为支路提供熟悉的基础设施。1970年，白城（White City）到帕丁顿（Paddington）西线高速公路的开放讽刺性地标志着这些规划道路的完成。这种讽刺性不仅在于道路已经酝酿了60年，更多的还在于这样的事实，即强烈的抗议直接导致伦敦高速公路规划3年之后中止。

　　尽管如此，20 世纪 20~30 年代的这些新的道路有两个严重的局限性。第一，它们中的大多数修建时并没有任何充足的相关土地利用规划。一些有远期想法的人呼吁都是多用途的道路，有频繁的入口；不久，投机建筑商沿着它们进行带状房屋开发（即沿主干道进行的住房建设）。按照德国模式建造高速公路体系，但是 1930 年英国皇家委员会却嘲笑英国需要高速公路体系这种想法。第二，它们都没能穿过 1918 年的建成区。因此，尽管两次世界大战期间建成的郊区交通得以改善，但是伦敦的内城区因为交通量的增加而变得更糟。1939 年，威廉·罗布森（William Robson）在其对伦敦的种种正常及不当管理的论议中，指出了自 1888 年伦敦郡议会（London County Council）（对内城区负责）建立以来的所有时间里在伦敦市中心只完成了一条主要的新道路，即京士威道（Kingsway）；并且这条道路在若干年前已经被它的维多利亚时代的前任，即都市工程委员会（Metropolitan Board of Works）基本完成了。

　　由于私人汽车的不断增长，拥堵变得越来越糟，刺激了政府采取行动。伦敦郡政府与都市圈各卫星城市地方政府一起，委托一名杰出的工程师查尔斯·布雷西（Charles Bressey）和一名同样杰出的建筑师埃德温·鲁特恩斯（Edwin Lutyens）来筹备区域高速公路规划。1937 年出版的规划提出了一系列新的炫耀性的林荫大道，包括围绕着城市和西尾（West End）的初期的内城环路及将东西大道延伸得到的一条连接两者的主要的东西线路（这个建议来自 1910 年的报告，最终在 1970 年被灾难性的西路项目组实施）。然而，它是一个例外。布雷西的规划大部分都没有实施，只有几小段可以在 20 世纪 70 年代后期的大伦敦道路规划中识别出来，其重要性更多的在于它是最接近阿伯克龙比规划的先驱这样一个事实。

　　帕特里克·阿伯克龙比是首位主持利物浦大学和之后的伦敦大学学院规划的主席，被公认为是 20 世纪 30 年代后期英国最杰出的城市规划师。他在皇家委员会关于工业人口分布的工作中发挥了主导作用，也就是所谓的巴罗委员会（Barlow Commission），在 1940 年提出了革命性的建议，即战争（第二次世界大战）结束后政府应该试图控制伦敦的工业增长，将其作为控制它自然增长的一种方式。很自然地，在当时伦敦郡议会应当要求他与郡首席建筑师 J. H. 福肖（J. H. Forshaw）一起为伦敦内城做一个规划，并且要求他继续为伦敦都市圈及外围更大区域做一个区域规划。1943~1944 年的这两个规划都代表了阿伯克龙比规划概念的高潮，在交通问题的诊治上尤为如此。

　　在理解它们时，首先要意识到它们没有基于详细的调查，这是最重要的。在第二次世界大战中进行汽油配给，是不可能和不相关的。但是在任何情况下，交通规划师的现代技术，以及他们的术语——如交通生成、交通需求线、交通方式划分和交通量分配——在那时还没有出现，那都是 20 世纪 50 年代美国人发明的。

阿伯克龙比拥有非常有限的证据——主要是第二次世界大战前的大都市治安调查年鉴中主要道路的交通流数据，但他已经很满足了。在任何情况下，他感兴趣和关注的远不是简单地改善交通流，尽管对他而言这也是个重要的目标。

阿伯克龙比规划事实上同时实现了许多目标，并且因此获得对每个人来说最好的结果。第一，他想要改善交通流及减少或消除拥堵。这只要有一个顺畅的道路新系统就可以实现。第二，当交通渗透到生活和工作领域，阿伯克龙比想减少交通带来的危害和环境干扰（environmental intrusion）。阿伯克龙比与他同时代的苏格兰交通助理专员阿尔克·特里普（Alker Tripp）共享了这个问题，他的解决方案——划定交通禁止通过区也是借鉴特里普的。第三，他想要利用交通规划、开放空间规划以及移除与居住区无关的行业，来定义一个新的、更加同质化的居住和生活区。因此，这个区域也会是有社会凝聚力的区域，它们将是活跃的社区或街区。将这些元素放在一起，阿伯克龙比实现了一个引人注目的综合体；基于有机体原则的城市再规划的一个概念，具有细胞和动脉，每一部分作为城市整体的一员发挥其正确的功能。这个城市将会在三个不同的维度上发挥功能：在功能方面能够有效运行，在社区方面具有社会凝聚力和身份特性，在纪念性方面拥有强烈的场所感。

尤其是，阿伯克龙比注意到道路需要有等级结构，这一方面使得道路交通能够有效移动，另一方面能使其执行至关重要的工作，即加强城市的有机结构。层次结构的最高层级是依据高速公路原则建立的新主干道道路系统，具有有限的入口并且与其他交通隔离。第二层级包含适应于现有系统的次干道道路，作为主干道的分支并且将居住区和其他区域分开。第三层级包括在这些区域内的地方道路，它们将会和次干道道路在受管理的路口相连。

此外，主干道将会采用一种特定的形式。因为阿伯克龙比希望它们不仅发挥交通的功能，在为伦敦的结构提供凝聚力和特性时也具有至关重要的规划功能。他感到伦敦的结构需要建立起来，而需要定义这个结构的道路系统已然缺乏。这个问题必须被纠正。提供这种结构的逻辑系统是一个由环和辐条构成的系统，阿伯克龙比曾在其他地方和其他时间的规划中提到过。在这个系统中，最里面的环，阿伯克龙比指定为 A 环，作为内在的支路直接围绕着西尾的中心区。在布雷西的规划中已经有前身。下一环是 B 环，距离中心 4 英里，起到疏导内在居住区和工业区拥堵的作用。再下一个是 C 环，包括新近完成的北环路和泰晤士河以南完全等长的环线，它将整个作为维多利亚时代伦敦的支路。接着是 D 环，是郊区的疏导口，靠近或者在建成区的边缘。最后是 E 环，该环是已经部分建成的围绕着伦敦的绕城干线，从此将作为穿过绿带的景观路，而绿带的作用则是永久地限制伦敦的空间蔓延。放射性道路大部分为新建的主干道，将这些环路连接为一张细密的蜘蛛网，可以形成一个高速路线的连贯系统，并且有助于实现在伦敦的规划区域内定义主要有机要素这一重要过程。

考虑到其他相同的大概念——绿带、在绿带之外由诸多新城所构成的环，以及将 100 万名伦敦人迁入该环内——阿伯克龙比做了一个极其宏伟的规划。第二次世界大战时政府原则上接受它，战后政府制定了必要的法律以便实施它。绿带建立起来并得到维护，新城也建立起来。但是尽管在原则上不断支持，道路却成为这个规划的牺牲品。第二次世界大战结束后的 10 年，资金短缺，随之而来的是 20 世纪 50 年代中期起，集中资金于城际高速公路筑路上，留给伦敦的太少了。自 20 世纪 50 年代后期开始，由于伦敦和其他地方汽车拥有量的急剧上升，交通拥堵成为亟待解决的主要问题，限制和控制只能解决部分问题。1958 年，第一个停车计时器在伦敦苏活区实验性地被引入，很快就被一连串的控制性区域，如单行道、畅行道和其他限制区采用。但是除此之外，存在一个发展中的共识，即问题不能全部包含在内。

伦敦交通调查的产生

壮观的高峰时段的交通拥堵前所未有，因此对伦敦新道路形式积极行动的需求日益增长，这个需求有像英国道路联盟（British Road Federation）和道路竞选委员会（Roads Campaign Council）这样强大的压力群体的引导。同时，公众对伦敦行政机构的不足深表忧虑，尤其是对于交通的规划和控制。大伦敦都市圈，作为一个人口调查人员出于统计目的或是内政部出于大都市治安目的而认定的区域，由超过 100 个不同的地方当局管理，包括全部或者部分的 6 个县议会、3 个郡、伦敦城、28 个大都会区、41 个市级行政区、29 个区议会及各种特设机构。由此产生责任不清问题，无论是单行道，还是道路施工，都造成了延迟和混乱。最终交通运输部，在其充满活力的保守派部长欧内斯特·马普尔斯（Ernest Marples）领导下，被迫从伦敦郡议会和各市区夺回许多交通管理的权力。但是长期的规划问题仍没有解决。

1957 年，政府已经意识到这些问题，委派了一个皇家委员会进入大伦敦当地政府——赫伯特委员会（Herbert Commission）。1960 年，委员会出版的报告深入研究了伦敦政府在处理交通问题时的拖延和低效率。毫无疑问，它拟议的新结构，一个大伦敦议会和一个新的伦敦市区的精简系统，主要是对已经察觉到的单一战略规划权威（交通规划或者是相关的土地利用规划）的需要做出回应。例如，根据住房部和当地政府的证据，交通拥堵已经被定义为伦敦的关键性问题。工党在议会中激烈地反对，由此产生的《伦敦政府法案》（London Government Bill）在 1963 年通过并成为法律。它将 1965 年 4 月 1 日设置为大伦敦议会和 32 个新市区的夺权日。

　　尽管如此，在永远缺乏耐心的马普尔斯领导下的交通运输部，也有自己的行动。由于期待着1963年的法案，或者防范该法案无法通过，在1961年底，它就已经和旧伦敦郡议会达成一致，决定共同建立一个伦敦交通调查。顾问包括一个英国著名土木公司的工程师和一个美国组织，并会将更为科学的交通规划的新技术（也包括新术语）引入英国。20世纪60年代早期是一个对新技术及其带来的成果有着强烈的近乎宗教崇拜热情的时期。而且，在那种范式内，新一代的交通规划师非常适应，它提供了一种电脑处理的无过错的新愿景，为完全机动化、完全移动的未来指明了方向。1962年，顾问们准备进行大样本入户调查，它将首次呈现出伦敦市民的生活、工作、娱乐和移动方式的全貌。从这个调查将得出一系列的模型，为伦敦市民未来出行的需要提供预测。

　　提供心理刺激只需要多一个成分，而再一次，具有神奇政治天赋的马普尔斯提供了它。设立伦敦交通调查后不久，他委派了一名住房部和地方政府的巡视员，即布坎南承接一个关于城镇交通和规划的一般研究。布坎南为公共所知，仅是因为他对皮卡迪利广场的未来进行了重要调查，他似乎是知道交通和环境危害之间重要关系的唯一人选。1963年他的报告刚出炉，就像颗重磅炸弹，使他一夜间家喻户晓；他的中央规划规则——环境质量标准必须限制汽车的可达性，但是这种可达性通过花钱就可以增加几乎成为一种信条。

　　在布坎南的详细提案中，正如他坦率承认的那样，大量采用了20年前特里普的思想。他的环境区域本质上是特里普的领地，他的层级道路系统本质上也是特里普的。重要的一点是，从政治的意义上说，他改变了大众对交通问题的看法。交通问题不再仅仅被视为一种拥堵问题，就如他的导师阿伯克龙比的思想，布坎南也认为，它更是良好的规划和好的环保标准问题。关键的一点是，尽管布坎南的原则理论上能使道路花费减少（依据社会对可达性的偏好），实际上，一旦设立环保标准，想要购买到已有的使用水平，实际上将会花费更多。所以，可以明显看出在随后的几年中，布坎南的信条实际上是要求在实践中大幅增加对城市道路的支出。马尔普斯，一个充满激情和有效拥护自己事业的人，他又一次在合适的时间找到了合适的人。

伦敦交通调查：技术的规划过程

　　因此，在这个时期，并且贯穿20世纪60年中期，对于城市道路的高额花费有着大量的政治承诺。由于公众意见在媒体信息得到过滤之后能够被精确测量，这些意见也有助于支持在道路方面投入高额费用。伦敦的报纸抗议威胁城市的堵车现象，热情地支持新的高速公路规划。它们的读者，在某些情况下，甚至被说服加入他们自己的想法。重要的一点是，在良好的政治氛围下，技术专家被留下来继续着手这项工作。

伦敦交通调查开展得如此迅速，正如最早所知的，1962 年进行了基本的住户和其他调查，1964 年发表了结果。伦敦的运转模式形成了最原始调查的第一卷。这是伦敦交通研究的第一阶段。覆盖面积略大于都市圈和 1965 年以不同方式定义的大伦敦议会区域之和，包括 880 万人口（占全英国总人口的 17%）、近 480 万个工作岗位。每个正常的工作日，伦敦市民产生 1 130 万次出行（这些都是"基本的出行"，有时要使用两种或者更多种的交通），其中 90% 的出行是从家里开始或者结束于家中，而其中 540 万次出行是去工作地或者离开工作地。或许最明显的是，尽管在 1962 年只有 38% 的家庭拥有汽车，一天中接近 630 万次出行使用汽车而不足 650 万次出行使用公共汽车和火车。一户家庭中的每人每日平均拥有 1.33次出行。但其中在不拥有汽车的家庭每日进行 0.93 次出行，拥有汽车的家庭每日平均进行 1.87 次出行。因此，该调查可能已经认为，汽车保有量的持续攀升，对交通的影响是巨大的。

1966 年的调查的第二卷显示了该影响到底有多巨大。在这里，第一次，技术的预测变得关键。顾问的方法，来源于无数相似的美国案例，关注道路出行，尤其是乘汽车出行。在最早的 1962 年调查及之后的调查中，步行出行被忽略了；现在，通过公共交通工具出行被降级为子类别，并且主要的精力用于对汽车使用增长的预测上。它假定新拥有汽车的人出行大致会像观测到的 1962 年拥有汽车的人那样。因此，拥有汽车的家庭和不拥有汽车的家庭的出行生成率可以从 1962 年的调查中获得，并且应用于对汽车拥有量增长的预测中。然后，出行分布于不同的交通规划区之间。最后，依据合乎逻辑的假设，遵循最快路线（依据的是从起点到终点的时间），这些出行被分配到网络上。

这个方法的关键点包含在 1969 年出版的整个研究总结报告的一句话中："利用 1962 年情况下校准过的出行分布模型并且使用在非拥堵情况下能够合理预期出的主干道的速度以及与在 1962 年观测到的相似的支路的速度来计算出行的模式。"换句话说，尽管交通增长了，拥堵预期也不会变得更糟——一个明显不现实的假设。因为，正如批评者已经指出的那样，城镇的交通遵循帕金森定律：它倾向于扩展到填充整个可用空间。在高峰期或者在一些区域的其他时间，将会存在交通拥堵，并且这会阻止一些司机自驾，他们要么使用公共交通，要么放弃出行。但是，如果建立新的道路，他们可能会把车开出去，新的交通（用行话讲）便产生。因而在交通预测中存在循环的成分：在某种程度上（尽管当然不是完全的）交通取决于道路规划。

1966 年，专家对这个问题采用了一个极度粗糙的预测方法，尽管事实藏于其报告的附录中。首先，他们利用电脑预测总的交通生成量，即分别预测每一个行程所包含的交通出行量。这让规划师足够满意地认为他们的方法基本上是健全的。但是，结果远低于他们从美国城市经验中得出的预期。因而，他们开发出另一组数据，委婉地称之为"控制总数"。事实上，他们仅仅是猜测如果有足够的交通系统，就如美国一样，伦敦市民将会如何表现。因而去商店或者拜访朋友，都被简单地任意放大了 25%。结果——1981 年 1 天总共有 16 693 000 次出行，而原始方法只有 15 367 000 次出行——以数字形式庄重地展示出来，数字依据假设伦敦有一个新的高速公路系统。

从那时起，他们继续分配随之而来的交通，运用他们成熟的计算机模型将它赋值到网络中。为了这个目的，他们必须要有一个理论的网络，事实上他们选择了两个。一个是 1981 年的 B 网络，仅包含二进制数字和新道路的碎片，由大伦敦议会和交通运输部坚定拥护。有一个完整的环环绕着大伦敦的边缘，这就是阿伯克龙比的 D 环。向内就是一些国家高速公路，像 MI、M4 和 M23 的片段以及一条穿过黑墙隧道（Blackwall Tunnel）的新建的东横路（East Cross Route），老的伦敦郡议会早就将其规划为东尾重建的一部分。另一个是 1981 年的 A 网络，也就是伦敦新高速公路的第一个草图。正如大量的评论家所指出的，它大量来源于阿伯克龙比的规划。因为它复制了熟知的由环和辐条构成的阿伯克龙比的蛛网结构，唯一的实质性的不同是它省略了最里面的 A 环，即 20 世纪 50 年代基于成本的原因被政府放弃的环路。与阿伯克龙比的五条环路的方案不同，现在在伦敦只有三条环路（后来被命名为一环路、二环路和三环路），还有一条绕城交通，在伦敦城外的绿带内通过，因而在规划之外。

这个规划的起源是有趣的。在大伦敦议会的新高速公路出现后，以及在交通运输部精力旺盛的首席工程师彼得·斯托特（Peter Stott）的领导下，它已经发展得非常迅速。一个关键的成分，也就是所谓的高速公路盒子（motorway box），之后的一环路，大致就是阿伯克龙比距离中心 4 英里 B 环的线路——大伦敦议会在其主政的第一天，1965 年 4 月 1 日就公之于众了。剩下的紧随其后。之后发生的就是新权力机构立即承诺原则上与旧规划一致，旧规划早已束之高阁，但是现在又重新被采用。但是正如哈特之后指出的，他们现在纯粹代表解决狭窄交通问题的技术方案，而不是阿伯克龙比构想的伦敦宏伟设计中的核心要素。

然而，即使在技术水平上，一些结果也是很奇怪的。1981 年的 A 网络包含一个具有一级高速公路或者近似高速公路标准的 444 英里的合成系统。1981 年的 B 网络包含 260 英里这样的合成系统，但是它们几乎全都在远郊，所以没有连贯的系统接近中心。然而，总的交通生成的效果只是从每天 1 670 万次出行下降到 1 590 万次，下降了 5%。网络上部分地区的流动也相当奇怪。例如，在一环路从克伦威尔路（Cromwell Road）到泰晤士河之间的西横路（West Cross Route）上，预测的 1981 年的流量是每天 33.9 万辆——远超过以前有记录的洛杉矶或者别的地方，并可能需要大概 14 个车道的交通能力。

交通规划师非常清楚他们的这些问题。在第三阶段，也是他们研究的最后阶段，正如他们承认的，他们试图做一个更加精细的分析，以便带他们进入不同的研究前沿领域。他们测试了更多的网络，从一个最小的网络到一个非常复杂的网络；他们专门查看了在任意处限制交通的效果，这些网络中的任意一个，容量都太小而不能允许交通自由流动。他们重新计算了 1981 年的出行生成数和景点数，并且他们假设道路系统的质量并不会影响结果。阶段三的结果"没有交通限制"的数字在表 10 中。与阶段二的数字相比，比阶段二中的最大数字有略少的出行数（对应于 1981 年 A 网络），但是实际上大于最小数（对应于 1981 年 B 网络）。然而之后他们将一个约束程序包括在他们的计算机模型中。在假设道路网络拥堵的地方，假设有些司机被说服要么转移到公共交通，要么放弃出行。现在出现的结果非常不同于这两个网络，就如表 10 中右边两列中的数字所示。这个"假定的"网络（与第二阶段"最大的"网络数大致相同，并且现在描述为阶段三）产生比前面相对较少的出行数，因为即使是它也不能应付所有的预测需求（只有在一个甚至更大的网络中，就像规划九所介绍的，才能够实现）。但是源自阶段二、后来被正式命名为规划一的"最小"网络，现在阻塞了大量的交通。汽车出行现在减少了超过 300 多万次，几乎 100 万次转而乘坐公共交通，那么净结果是每天减少 200 多万次的个人出行。

表 10 伦敦交通研究：1981 年出行的预测（阶段二和阶段三）

分类	阶段一	阶段二		阶段三			
	1962 年	1981 年		1981 年			
		无限制		无限制		限制	
	实际	最小	最大	最小	假设	最小	假设
内部自驾交通	4.12	8.18	8.98	8.09	8.15	5.20	7.35
其他内部私人交通	1.49	2.98	3.30	2.95	2.99	2.34	3.30
内部私人交通总计	5.61	11.16	12.28	11.04	11.14	7.54	10.65
内部公共交通	5.72	4.71	4.41	5.46	5.39	6.59	5.71
未报道的公共交通	0.82	0.82	0.82	0.82	0.82	0.82	0.82
公共交通总计	6.54	5.53	5.23	6.28	6.21	7.41	6.53
总计	12.15	16.69	17.51	17.32	17.35	14.95	17.18

注：表 10 非常难制作，因为数字并不是严格可比的。首先，阶段三的规划者发现他们早已失去一些公共交通出行，估计一天 82 万次，这些是分别显示的；其次，关键的阶段三的数字排除了小汽车乘客。这些都是影响可比性的直接因素

资料来源：大伦敦议会，伦敦交通调查（伦敦，1966），85；大伦敦议会，伦敦的运转（伦敦，1969），74

这是一个实质性的区别。它意味着如果仅仅建立最小网络，19 年间个人出行将会增加 23%；如果规划三的网络建立，将会高达 41%。但是与阶段二鲁莽的预测相比，这显得更冷静。因为阶段二曾预测，如果 1981 年 A 网络建立，使用私

人交通工具会导致出行增加不少于118%，而在阶段三假设的网络建立时只有90%。也许最显著的是，尽管阶段二的预测假设私人出行从46%上升到70%，而阶段三假设的网络只增长到62%。最小的网络只有50%，这是在1962年数字上的赤裸裸的增长。这是非常重要的，因为大伦敦议会曾经用这些数字说明，没有更大的网络，对私人汽车出行的限制水平将是无法容忍的。

另外，一个关键点在于，在任何情况下假设的网络，或者非常类似于它的一些事情，作为第二阶段的研究成果已经被大伦敦议会提交。这发生在1966年。而到了1967年11月，即阶段三成果出版的两年前，委员会已经宣布了它的三环和辐条的规划，预计花费86 000万英镑。在缺乏基础研究提供的全面信息前这个规划被接受，尽管到头来这些研究会提供某种程度的理由。

大伦敦议会在阶段三结束时做的经济评估说明了其伟大程度。此时，现实的选项已经降到了3个。首先是"最小的"（规划一）150英里的网络花费4.51亿英镑。其次是"假设的"（规划三）347英里的网络花费18.41亿英镑；最后也是最大的（规划九）413英里的网络花费22.76亿英镑（所有的这三类成本是基于1966年的价格并且包括相关的停车费。实际的高速公路土地和建设成本对规划一是3.72亿英镑，对规划三是16.58亿英镑，而对规划九是20.63亿英镑）。大伦敦议会的经济学家计算出一种所谓的针对1981年的为期一年的回报率，与通用的评估道路方案的收益的折现现金流方法相比，这是一个更加简单却不那么满意的措施。它表明与规划一相比，受约束的规划三的收益率为8.8%，而规划九与规划一相比，收益率为8.7%。规划三因而更优。

在随后的关于大伦敦发展规划的公众调查中，这个计算是激烈争论的源头。第一，尽管成本包括相关的停车成本，但它排除了对相关的辅助网络的支出，这个大伦敦议会一直都在计算，按照经验法则，是主干高速公路系统成本的50%。第二，它是一个一年期的回报率。第三，制定它的顾问警告说，对待结果要非常谨慎。第四，与一般由财政部用于判断此类投资的标准相比，它的回报率相当低，常规的收益率至少是10%。因而批评人士有理由认为，与其他主要的公共项目相比，包括其他道路，采用规划三网络的理由并不充分。

在阶段三也测试了两种替代性的公共交通包。但是这些都是从伦敦交通局和英国铁路（British Rail）公司挑选出的成堆的文字性的建议，没有任何关于形成连贯网络的概念。贯穿于研究的三个阶段，的确，公共交通发挥了完全的辅助作用，这在交通规划师头脑中是非常清楚的。对于这一点，至少有三个充分的理由。第一，整个研究上升为对道路交通问题的政治回应。第二，来自美国的研究技术不能很好地适应城市群的需要，在那里公共交通扮演如此重要的角色。第三，相当简单，就是大伦敦议会并不是特别感兴趣，因为直到1969年的运输（伦敦）法案出现，它都没有直接负责公共交通。甚至1970年法案生效后，它只意味着大伦敦议会对伦敦交通运输取得了总的政策控制。与伦敦铁路公司的关系依然脆弱，而且不能很好地安排。之后在省级都市圈的发展，是因为客运部门能够安排接管英国铁路公司的郊区服务。不管什么原因，对公共交通缺乏关注都证明它是在随后进行的公众大辩论中被批评的主要原因之一。

大伦敦发展规划的调查：道路规划及其批评

到这个时候，交通研究的结果已经包含在大伦敦发展规划中，它的产生实际上是《伦敦政府法案》规定下大伦敦议会的一个主要的法定责任。它出版于1969年，并且研究的总结性成果列在《伦敦的运转》这一卷中。一年之后，关于规划的公众调查在由知名的规划法专家弗兰克·莱菲尔德（Frank Layfield）先生带领的一组专家面前展现了。这是为了对抗罗斯基尔委员会的伦敦第三机场，它是伦敦历史上最长的规划调查。

在它开放性的证据里，大伦敦议会成员们用最有力的词语为这些道路辩护。其声称，没有它们，结果将会是"现有的环境与道路之间冲突的继续，且在一些地方范围更广、特征更强烈……总的来说，必然的结论是如果没有投资道路，就会造成伦敦不符合大伦敦发展规划的社会和经济目标"。这样下去，主要的问题是没有投资的政策将会对不同层级的交通进行限制，这既不是技术上可行的也不是社会需要的。在城市中心及其附近或者高峰时段限制交通是合适的，但是在人们生活的更广阔的区域，就不合适了——然而，如果没有（新的）道路，则有必要限制交通。它强调，主要的需要是提供新的能力以满足对绕城交通需求的大幅增长。两年之后，在一个缓和的陈述中，它重复了它的理念："交通运输战略必须被实施，否则改善伦敦市民生活质量的一般战略就会蒙受损失，或者公众和私人对更新和开发的投资价值将会被减弱。"

但是，大量有影响力的人并不认同此理念。专家组关于交通策略问题的讨论花了63天时间并且有460份证据和证明文件。关于当地交通问题，花了67天时间并且阅读了560份文件。事实上，规划的28 392个反对意见中，3/4是关于交通，尤其是关于道路的。许多当地居民群体，直接关注规划在他们区域的影响，并做出了个人和集体的陈述。但是，将这些陈述整理并合成为一套连贯的反对意见是由两个相关小组进行的：伦敦高速公路行动小组（London Motorway Action Group）及伦敦市容和运输协会（London Amenity and Transport Association）。这个证据是两位专家的主要工作，迈克尔·汤姆森（J. Michael Thomson）和斯蒂芬·普洛登（Stephen Plowden）各自出版了一部强有力的批评规划的书籍。基于这些大量的证据，主要的分歧逐渐明确起来。

第一，最主要的就是由大伦敦议会继承来的美国式的交通规划方法，本质上其设想就是错误的。它关注于满足未来道路使用需求的增加，而不是首先寻求确认和治愈已经存在的交通服务质量的弱点，尤其是公共交通。它提供了新的出行，主要是一种可选择的社会个性，而不是缓解当今的出行。因此，它不太关注公共交通的速度和可靠性、骑行的舒适性、等待和转移服务的时长和情况，并且它忽视了无车家庭的问题，1981 年，无车家庭在伦敦城内所有家庭中占 45%。它假定公共交通大体上应该为自己付费，而提供新的道路空间却没有这样的标准。而且它的数学预测忽略了首先要设立整个系统的政策目标的需要。

第二，规划忽视了它自身对出行偏好和模式的影响。新的高速公路被认为将会产生大量额外的交通流：根据前文所述的专家迈克尔·汤姆森的估计，将会增加 70%~100% 的交通量［对应的大伦敦议会的预测，预测值为 41%，可以从表 10 中得出，即（17.18–12.15）/12.15］。这些交通流在上高速或者下高速时不可避免地要使用支路或者当地道路，因而使状况更糟而不是更好。并且从公共交通到私人汽车的出行方式的转移将不可避免地加剧恶性循环，这在伦敦早已观察到，更少的乘客意味着更差的服务，更差的服务又意味着更少的乘客。

第三，在任何情况下，批评者认为规划极大地夸大了长距离出行的可能数量。这是因为其预测了 1962 年汽车拥有者，主要是中产阶级的出行习惯，而未来的汽车拥有者，主要是工人阶级。有的观点认为，新的汽车拥有者社会框架更加有限而且更有可能在他们自己的区域做短途出行——这些出行很少要求使用高速公路网络。因而，部分高速公路网络是无关的，而且到目前为止，因为它是相关的，那它有可能是有害的。

第四，据说规划忽略了大量的高速公路涉及的间接成本，包括事故导致的额外交通成本和环境干扰。据称 100 万人口将会生活在新道路形成的 200 码的噪声带内，其中的 25 万人在一环路的阴影内。

第五，由于以上原因以及其他的一些因素，这个系统没有任何经济上的正当性。汤姆森在 1969 年已经计算出，三环路投资回报率高达 14.9%，而一环路只有 5.3%，远低于财政部对公共投资的标准。之后，在调查中，反对者认为将折旧、税收及未被觉察的拥堵成本等合适的因素考虑进去，规划三的收益将从 12.5 亿英镑（大伦敦议会的数字）下降到 1.9 亿英镑。的确，如果（似乎还是有可能的）交通流量预测太高，余额将会为负。

反对者的确意识到，没有高速公路，拥堵将会是普遍现象，而且需要限制使用私人汽车。至少在这些方面，他们与大伦敦议会是一致的。但是他们在以下两方面与大伦敦议会的观点完全不同。首先，在他们的观点中，高速公路的结果就是平衡甚至更糟，他们认为这个系统"产生大量的多余交通，对缓解伦敦内城和主要的郊区中心的拥堵效果甚小，而且给道路使用者带来的收益不大"。其次，一般性的限制政策可能是有效的：伦敦中心的情况已经表明在没有大量的新道路建设时需要做些什么。限制的等级不需要繁重；只需要在高峰时段实施，在伦敦内城收取 20~35 英镑的适当的费用（如停车费）。

最后，反对者在交通规划和土地利用规划之间建立了关键性的关系（大伦敦发展规划没有建立）。它是对其他见证人关于调查的规划不能评估居住和生活之间替代性分布的批评。土地利用规划，在像汤姆森和普洛登及他们的同事迈耶·希尔曼（Mayer Hillman）看来，在容易步行的距离内，在没有乘私家车出行的需求下，应该试图提供最大范围的设施，这在伦敦内城尤其容易做到。

这一种完全不同于自 1961 年以来推动整个交通规划进程发展的哲学观，最终带来了令人生畏的结果。也许，关于预测和评估的技术争论是重要的，但是最终的争论却是关于什么样的政策能真正地改善一般伦敦人的生活质量。在这里，不存在真正的和解，因为前景完全不同。

面对这样的冲突，专家组最终转向明智的中间路线，或许是试图协调这种不协调。报告明确拒绝了满足道路空间的全部需要的极端路线或者极度限制和监管：因为第一种极端的成本将是高昂的，第二种极端会削弱效果，实际中政策选择应该介于两者之间。相反的观点认为，规划应该在一个综合和平衡的框架内制定，应该包括：限制使用私人汽车和商用车；改善公共交通的质量；改善环境质量。在这个框架内，目标是严格地提供尽可能少的新的道路空间。

尽管如此，专家组和大伦敦议会在关键争论上是一致的，即交通限制的可能性是存在政治经济局限的。大伦敦议会可能有点低估了对限制的公共容忍以及对更好的公共交通的公众反应。尽管如此，一些需求是要满足的。专家组推断最小的网络是小于大伦敦议会的规划三的，但是大于反对者的偏好（本质上接近规划一）。他们建议应该用两环来取代四环（其中三个在大伦敦议会的范围内，还有一条绕城路在其范围外）。三环路和四环路应该包含进一环路，同时取消二环路（虽然北环路已经在那里，可能会保留并加固）。最有争议的是，专家组认为一环路应该仍然是规划的一部分，并且许多主要的径向路应该贯通，以高速公路的标准来满足它。

这点的合理性部分在于经济评估。但这简直是不可能的，因为大伦敦议会只评估了如此少的选项。专家组记录了大伦敦议会和它的批评者之间达成一致的观点，即一环路的收益率仅有约 5.1%这么低，相比之下，财政部规定的城际道路的收益率为 10%，而环境部则为 15%。没有任何证据来支持或者反对这个情况，专家组冒险猜测作为一个不断减少的系统的一部分，一环路的收益率将会更高一些。但是一环路更多的不是交通收益，专家组认为，它能缓解伦敦内城繁重的商业交通，因而是改善环境质量的一个必不可少的部分。这是反对者极力否认的情况。但是，专家组反驳道，"只要交通建设发生在交通流量限制的框架下，这就是讲得通的"。

减少后的网络依然是大量的、昂贵的，将会包括 300~350 英里的高速公路，排除安置成本（这将是巨大的，因为住房需要估计是 16.06 万户），按 1972 年的价格将会花费 21.65 亿英镑。除此之外，还要花大量的钱来改善支线道路系统。专家组想要看到大伦敦议会制作一个关于支线道路系统的完整的新规划。

1973 年的选举：政治干预

政府的回复非常及时。同时，专家组的报告在 1973 年 2 月出版，环境部国务秘书杰弗里·里彭（Geoffrey Rippon）发表了一份声明。声明中说，政府这么做是因为政府认为"早期的决策原则将有助于减轻公众的不确定性和减缓规划的枯萎"。

一般来说，政府只是简单地接受专家组的主要建议。一环路仍然在规划中，尽管它的定位还有待讨论。政府保留了其在伦敦东南线可能有修改的想法。泰晤士南的二环路将会被取消。对于三环路，政府将保留它的位置，直到绕城路能够应付所有的交通。政府也不会全部依靠专家组的建议：整个网络应该在 20 年内完成，仅在资源允许的情况下尽可能快地建立。最后，政府接受了专家组关于支路的新规划的建议，但是希望在已有规划中的提案能够作为优先级最高方案的基础保留下来，直到新的提案制定出来。

政府对独立报告的反应很少这么迅速，尤其是对需要如此多资金的规划。但是到现在为止，政治情况紧迫。早在 1970 年的大伦敦议会选举中，高速公路规划的一些关键的批评者高举路前之家党（homes before roads party）的旗帜已经组织了一次竞选运动。他们赢得了高达 10 万个选票，但是却没有席位，所以他们之后改变了策略。他们认为工党应该公开声明反对该规划，因为它所规划的高速公路是不需要的、不经济的及不可避免地会发生成本和收益的。在经过多次内部辩论后，在 1972 年 6 月，工党将反道路计划包括在它的竞选中，以应对 1973 年的大伦敦议会的选举。莱费尔德小组的报告仅在民意调查两个月前出现，当时保守党政府正在为他们的生存而战——为高速公路提案的生存而战。

到现在为止，大众的观点已经发生了显著的改变，正如哈特所记载的那样。直到 1970 年大选，两大主要政党仍然公开支持该计划，尽管它们实质上都已经背弃了这一计划。道路前住宅运动的成功无疑是对政客的一个警告。1971 年，《标准晚报》的规划通讯记者大卫·威尔科克斯（David Wilcox），将对"环形路"的抨击描述成"最喜爱的运动"。大多数的出版社、知名学者、城乡规划协会及英国皇家建筑师学会（Royal Institute of British Architects），都反对高速公路规划。广为报道的公众调查中的反对意见进一步弱化了大伦敦议会的实例。到 1972 年 9 月，保守党制定了一个只包括一环路和二环路的折中方案，显然其意见转弱了。现在的政治势头显然是反高速运动。1973 年 4 月工党在市政厅（County Hall）重新执政，在胜利的早晨，他们宣布废弃高速公路规划并移除安全防护。哈特评论："在阿伯克龙比的《伦敦市政规划》（County of London Plan）（1943 年）出版整整 30 年和布坎南的《城镇交通》（1963 年）出版 10 年后，无论是文件支持的还是主要道路网在某种意义上象征的城市秩序的概念都被有效地放弃了。工党在乡镇厅取得胜利后捷报频传。在新的环境国务秘书克罗斯兰的领导下，政府对莱菲尔德报告的反应急剧逆转。官方的观点是时代已经发生变化。

由于调查，公众对大范围的道路建设带来的交通和环境之间的调和需求的关注已经上升，而任何扩展型的高速公路网的建设成本都变得难以接受。现在的委员会实际上已经拒绝了包括在已提交规划中的大多数新的主干道的提案，也包括内部的环路。

因此政府效仿了大伦敦议会的做法。一环路上除了已经和在建的部分路段之外的路段都被取消了，泰晤士河南部的二环路也是如此。只有外部的绕城高速路，由于大部分超出了大伦敦议会的范围，所以能付诸行动。

然而，声明继续提到，沿着曾经被标识为一环路和三环路的大廊道，一直有绕城交通的需求。政府将和大伦敦议会商量如何处理这一问题。任何规划都要尽最大可能充分利用现有的道路，因为一些新的建设可能需要。地图上代替道路的部分，是假想线连接的有限点集，就像儿童的涂鸦。在这一情况下，漂亮的图片显示出了环形路。也许这是克罗斯兰或者其顾问的一个私人笑话。但不管怎样，它并没有出现在其他人的笑话中。

这是 1975 年的立场。1979 年，由于威斯敏斯特（Westminister）保守党政府和市政厅的保守管理，立场变得更为不确定。伦敦保守派清楚表示，他们想要重新花费不少的经费在公路上。尽管官方否认环形路将再次出现，一环的一部分，即从牧羊人森林（Shepherds Bush）到河边的西横路，在官方的规划内，作为北环路的改建和从温斯特（Wanstead）到新泰晤士河在巴金—泰晤士米德（Barking-Thamesmead）的交叉路口的南线扩建。这一提案与 1973 年 9 月保守派改进后的计划是一脉相承的。1974 年 6 月，工党政府和大伦敦议会在东伦敦的一揽子方案中达成共识。但是，在伦敦选举之前，伦敦工党内部在思想上已经有所变动。东伦敦和南伦敦的工业衰退产生了新的本地性压力，因而其支持重新修路。同时，大伦敦的很多人已经习惯了广义上的拥堵，这一拥堵是规划者之前预测到了的，而奇怪的是，伦敦人似乎已经习惯了。

对于消极灾难的分析

　　为了更好地理解导致 1973 年伦敦政策惊人逆转的平衡力量,有必要进行三方分析,这一方法是约翰·格兰特(John Grant)在研究英格兰的交通规划时创造出来的。他发现有三个关键主体,即政治家、社团群体和专业人员。在伦敦情境中,同样存在这三个主体,甚至存在第四个主体——舆论制造者,区别于社团活动,这一主体往往是具备营利性质的。

　　专业人员是最容易理解的。他们关心事业的维护和发展,这使得他们支持基于注入大量公共资金的干涉主义政策。对于交通规划来说,历史概述和传统的组织形态进一步强化并集中了这种采用干涉主义政策的趋势。交通部和大伦敦议会的高速公路工程师有特别的培训和特定的专业技能,他们的一般哲学观是基于移动物体或人群的效率概念。这些商品的流动将需要提供必要的渠道能力。解决这一问题的替代方法,或者其他政策考量的想法都是缓慢和费力的。组织部门与此有很大关系,因为大伦敦议会直到 1970 年实际上都是关注于公路的。这一时期,一般特定捐款将用于筑路而不是投资于公共交通。仅在 1967 年后才有所变化,直到那时,伦敦的交通研究才大致稳定。

　　接下来的事情毫无疑问加剧了以上提到的所有这一切。大伦敦议会新的高速公路和交通部——其名字自身就有重要意义——被设立起来以执行特定任务:计划和扩大高速公路容量。无疑,专业人士热情地投入他们的任务中。之后,当交通部门和规划部门合并时,很多人认为此种合并意味着交通部门而非规划部门掌控了权力。就像哈特指出的,传统英国规划的核心哲学观念——城市中有机秩序在 20 世纪 60 年代被削弱了,而交通系统只是其中的一个构成元素。这种观点代表了规划的综合模式,正在被一个更为狭窄的功能性概念取代,在那里,专业人士攻击明确定义的问题。并且也许最重要的是,正如这个时代所见,就是交通增长的问题。

　　社区团体,尤其是它们的专家发言人和相关的宣传人员,承担了历史功能,指出实际上问题的定义是不清晰的。他们试图显示工程师只是看到多方面问题的一小部分,从而来攻击道路规划。也许重要的是,交通规划者的反建群体(anti-establishment group)不仅包括工程师,还包括经济学家及其他的社会科学家。通过社会科学对规划学派的影响,他们表达了一种后来普遍被认可的观点:最基本的就是要理解并给要解决的问题排序。

　　这些群体的反应,尤其是在平民水平上,部分是直觉的、情绪的。当大伦敦议会在 1970 年开放西路时,民众对于侵入式高架结构的环境影响普遍有极大的愤怒。相同的情况发生在世界各地,随之而来的是 1966 年第一条高速——圣弗朗西斯科（旧金山）的滨海高速公路（Embarcadero Freeway）被弃用。它发生在普遍反对城市大规模开发那样一个时代——是对伦敦皮卡迪利广场和科芬园争议的反映。20 世纪 60 年代的标语是综合性开发，而 20 世纪 70 年代的标语却是小范围重建。在这个新世界，高速公路显然无立足之地。

因而，社区反应是自动的、辩证的。有一些社区可能曾经在抽象策略的层面上支持高速公路规划，突然发现结果威胁到他们及邻居的家。更普遍的是，其他人对他们在日常生活中或者从电视里看到的事有反应。对大多数人，反对高速公路或者其他任何事情，首先需要反抗某件事。在许多美国城市及一些英国城市（伯明翰、利兹），只发生在相当大的一部分（道路）网络建成之后。在伦敦，反抗事件显然发生得快得多，可能是由于那里的中产阶级活动家和相关媒体人员的作用。

一旦那样，关键的问题就成为社区活动家及其盟友选择遵循的政治路线。在 1970~1972 年的莱菲尔德调查期间，其主要选择遵循在技术调查过程中干预的路线。通过对大伦敦议会专家的预测和评估进行的极为专业和关键性的反驳，其试图在自己的领域里击败专家。在这次事件中，莱菲尔德专家组对基于判断价值而非严格的技术论证妥协了，通过这样做，有效地拒绝了大部分反对者的意见。但是到此次莱菲尔德专家组妥协之时，通过接收了关键的政客群体，这些社区活动家及其盟友逐渐转换到另一条路线上。用这种方式，他们获胜了，政治规划过程简单地战胜了专业技术规划过程。

也许这是不可避免的。面对基本价值观与预测的技术之间的争议，莱菲尔德专家组选择了中间路线。但是，面对来自热情的少数派不断增长的政治压力，他们就像政客们一样以政治方式做出反应。在一个民主社会里，他们能做的不多。在伦敦，就如在大多数英国城市，地方选举都是无情的——少数人去投票。大部分选区的政治倾向是稳定的，而只有少数选区是关键的，那么在这些关键地方的逆转产生的杠杆作用将会是巨大的。最有争议的高速公路一环路，其穿过这些关键的选区，即伦敦内城工人阶级和中产阶级的交界处，这是城市选举结果被决定的经典领域，就如 1973 年一样。

所有这些不仅仅是纯粹的政治机会主义。保守派，无论是中央还是地方政府层面，与工党相比，都更明确地倾向于道路施工，原因是明显的：来自工业利益更多的支持、来自中产阶级汽车拥有者更多的支持及对私人形式交通的更一般的承诺。相反，工党更可能将道路施工视为一种昂贵的运动，对其工人阶级选民用处较小，相反他们需要更多的公共交通。这可能表明从 1965 年开始当工党实际上负责启动道路政策时，道路政策有其强烈的支持，直到 1973 年反转的异常的事实。也许是这样，但是对老的伦敦郡议会政治家而言，道路建设被视为闪电和受灾地区综合性重建的必要成分，尤其是在东尾，他们的选民在那里。事实上，一环路的东横路，是唯一一个将被完成的部分，作为这个过程的一部分它完全是由老的伦敦郡议会规划的，且没有遇到明显的反对。只是当规划威胁到伦敦中产阶级时，道路建设才遇到麻烦，工党为了占领这些地区转变了它的政策。

犬儒主义者可能会说结果改变很小。投票者和媒体可能忘记了由于意外——可能是故意的，1963 年的《伦敦政府法案》规定了大部分规划的高速公路并不是大伦敦议会的责任而仍然是中央政府的责任。在大伦敦议会职责范围内，唯一清楚无误的高速公路就是一环路，这来自旧的伦敦郡议会。并且在 1975 年关于大伦敦发展规划的声明中，政府对其未来发展的多种可能性保持开放态度。无论如何，公众支出在 20 世纪 70 年代中期削减，这明显是因为没有足够资金承担全部的高速公路项目，所以将政府支出重点聚焦到外面的轨道路是讲得通的。显然，它和北环路的重建都成为国家的首要任务。

尽管如此，历史却教给我们更多。在伦敦或者其他城市，深思这个问题及其解决方案的人们，他们的情绪已经有了深刻的变化。阿伯克龙比和布坎南的这一代采取城市秩序的规划概念：哈特的有凝聚力的规划模式。稍后的一代将其窄化为技术问题评估和随之而来的基于重大投资的技术解决方案：哈特的因素模式。但是他们在重要方面都是相似的，即非常困难地规划解决方案，并需要对主要的城市问题进行投资。并且反过来，他们都面临一个根本的替代性的规划模式——对一个更加灵活的系统的需求，在这个系统中，政策通过不断地改变观点逐步形成，而且最重要的是关注社区。这里，在哈特的扩散模式中，很难做大范围的改变；规划的过程是重复的，且要花费时间。这可能是最深远的变化，影响英国规划超过一代人，它的影响远远超过伦敦的环形路，伦敦第三机场方案就是一个例子。

奇怪的讽刺在于所有的支持者仍然声称他们首要关注的是普通伦敦市民的生活质量。对于什么构成了好的生活，他们的愿景是非常不同的，在某种程度上这代表着一种时代精神。20 世纪 60 年代，好的未来生活包括在不停的移动中，以便在一个更广泛的范围内选择工作、教育娱乐和社会生活。20 世纪 70 年代早期，好的未来生活是几乎相反的生活：在一个小的、有界的、面对面的社区。这些解释实际上唤起了布莱克关于神（Deity）的另一种愿景：

> 你所看见的基督，乃是我眼中最大的敌人。你所见的基督有像你一样的鹰钩鼻；我的基督却有一个像我一样的翘鼻子。

而且毫无疑问，不久之后，一个新的时代精神将会产生一个新的愿景，也许就是旧的愿景的复兴。

第四章　英法协和式飞机

每天早上 11 点 15 分，以及每周有五天的早上 9 点 15 分，都会有一架外形独特，甚至是怪异的飞机停在伦敦希思罗机场两条平行主跑道的一条上，准备起飞前往纽约。其他客机中的旅客、旅行车中的乘客，还有在滑行飞机队列中的乘客，都好奇地盯着它，他们常常感到惊奇。这架飞机最奇异的特征在于它的尺寸，它细小苗条，在越来越占据世界航空公司主导地位的新一代巨型喷气式飞机面前显得渺小。它是英国航空公司的协和式飞机，是该公司五架中的一架，也是世界上仅有的投入飞行的九架之一。

由于它获利很高，其他人并不总是怀着好奇或欣喜看待这件事。在雷丁大学怀特纳茨校区，讲座和研讨会因人称"协和式停止"的巨大噪声而暂停。对于成百上千个工作、居住在其航线下方的人来说，这架超音速飞机的咆哮和它启动时发出的古怪响声已经成了它的独特信号。

这还只是协和式飞机亚音速飞行的情况。当它达到 5.5 万英尺的巡航高度——比普通飞机高许多，它就以每小时 1 350 英里的超音速飞行，是声音传播速度的两倍；此时，它开始产生特殊的超音速音爆。在大西洋中部，唯一能听到它的声音的是偶尔经过的货船或远洋客轮上的船员。遥远的世界另一头，有其他一些人——印度尼西亚的农民、澳大利亚内陆的原住居民和牧羊人，也会听到这种响声，他们就在协和式飞机往返伦敦和墨尔本的航线下；印度政府目前还不允许飞机超音速飞行。

回到伦敦，董事会和国家机关中的很多人对协和式飞机的发展同样感兴趣。其中包括英国航空公司的董事会。该公司对协和式飞机的经营在 1977 年亏损了 1 700 万英镑；也包括政府官员，他们正在急切地考虑认为他们应该直接补贴协和式飞机的建议。

英国一份独立的政府中央政策评估小组的报告指出，协和式飞机是一场商业灾难。1962 年后的 16 年，在花费了 1.5 亿~1.7 亿英镑的评估研究成本和开发成本，并预计售出 400 架的情况下，只生产了 16 架协和式飞机，而只有 9 架售出。它们都被卖给了英国和法国的国有航空公司，两国政府的账单共计约达 20 亿英镑。到了 1978 年底,进一步销售的可能性显得越来越渺茫。英国费尔顿工厂停止了生产,并且不大可能重新恢复。

这两国政府为何会冒险投资这个技术? 它们对成本和销售收入的预期是怎样的? 收入能抵消多少成本? 在推进项目的关键决策中,飞机噪声的影响问题被忽视了多少? 为什么当成本上升前景堪忧时,英国政府没能退出? 这些都是不断被争论、被历史记述的问题。有半打优秀的书带着彻底的批判眼光细致讲述了协和式飞机的故事,从某种意义上来说,已经没有必要再次重复了,除非是出于使其适合于一般的规划灾难模式的需要。所以,为了提炼出决策过程中至关重要的因素,我们在这个案例中将同样借鉴先前研究的自由叙述风格。

1956~1962 年: 立项之前

故事发生在 1956 年,供应部部长建立了完全由空运利益方组成(当时的供应部、民用航空运输部门、飞机制造商、发动机公司加上航空公司)的超音速运输飞机委员会,来检测超音速飞机的技术可行性,并承担一些在全面设计研究能够被承包前所需的基础研究(适度投资 70 万英镑)。重要的是,委员会中没有财政部代表。在这个关键的考虑可能性的初始决策背后,能确定的是有两股力量。一是随着世界首款喷气式客机"彗星"式客机的坠毁、美国在垄断第一代大型喷气式飞机的生产中的成功,以及政府对超音速轰炸机项目的取缔,英国航空工业步履蹒跚。二是这家位于法恩伯勒的皇家航空研究院,它在世界航空发展中的技术声誉遭到美国卓越的军事资源的威胁,是法恩伯勒敦促英国去超越美国并开发世界上首架商用超音速客机。

该委员会的报告于 1959 年发布。可想而知,它认为英国航空工业应该开始两种全新的超音速客机的设计:一种是远程的,能够搭载 150 名乘客,以 1.8 马赫(1 370 英里/小时)的速度直飞往返于伦敦和纽约。另一种是稍慢的,能够搭载 100 名乘客的短程飞机。远程飞机的预计成本,包括所有研究和开发,直至完成一个供测试的模型和其他 5 架飞机,共计 7 800 万~9 500 万英镑。到 1970 年,全世界对这种飞机的需求量预计会达到 500 架。这份报告没有公开,但是声称曾见过它并与其作者交谈的《星期日泰晤士报》的记者说法恩伯勒已经有了简要的轮廓。尽管内阁在 1959 年驳回了基于这份报告的提案,但奥布里·琼斯(Aubrey Jones),这位 1957~1959 年的供应部部长依然坚持该项目。而自始至终,财政部都不被允许对其做详细的评估。

对此,有一个完美的理由:财政部曾经有过参与投机性航空项目的经历,它会竭尽全力反对此项超音速客机发展计划。1971 年,财政部代表出现在了下议院支出委员会面前，他在回顾从 1945 年起的整个故事时总结说："人们记得在军事航空领域的成本上升程度相当大，人们必须一直对此持怀疑态度……因为要做这些事情非常困难，最开始做的预算，那些非财政部做的预算，往往是错误的。"他说："过去很长一段时间，在这个领域曾有过过度乐观的事情……议案很明显是极度乐观的。"这只适用于航空，包括民用和军用航空，"这超出了目前的工艺水平"，但这在很大程度上包括了协和式飞机。那么财政部就必须了解它的前景，同样，飞机的支持者应该知道财政部的观点。

那么，他们事实上决定支持财政部也就不足为奇。实现研发全新超音速客机的显而易见的方法是寻求与其他国家共同发展，这样一来，不管愿不愿意，英国政府都会保持忠诚。显然，法国是合作伙伴：它拥有规模小但是不断进步的工业，研发了幻影军用飞机和快帆短途喷气客机。而且法国同样对超音速飞机的发展感兴趣，相反美国的制造商们就不感兴趣，他们太执着于第一代亚音速喷气机了。后来，在下议院支出委员会面前，奥布里·琼斯（Aubrey Jones）非常坦诚地说：

> "我很清楚，即使像我这么一个财政部部长，在财政部那里也很难拿到钱。所以在 1959 年 6 月，我去了法国，利用巴黎航空展的机会向法国建议与英国合作研发协和式飞机。我就是这样开始的。回想起来，我必须承认我的部门和我自身完全没有相关知识，完全没有尝试估计潜在市场的规模。"

这之后不久，在 1959 年 9 月，供应部委任布里斯托尔航空公司和霍克·西德利公司进行可行性研究，成本大约是 30 万英镑。3 个月后，受到航空部部长邓肯·桑兹的鼓励，布里斯托尔合并维克斯-阿姆斯特朗和英国电气飞机公司组建了英国飞机公司，桑兹将之视为英国建设能与美国竞争的强大工业的至关重要的一步。之后不久，政府解释说，作为这项协议的一部分，增加的政府支持应该给予民用航空项目。据此，在 1960 年 10 月，英国宇航公司获得 35 万英镑的设计研究项目，承担研发载客量为 120 人，速度为 2.2 马赫的飞机。它的成果产生于 1961 年 8 月，1962 年又进行了一次修订。从始至终，超音速运输飞机委员会这份热情撰写的报告在航空部内几经碰壁，而财政部明显地只给出尽可能少的信息。这份于 1962 年 10 月提交的，被描述为"比草图好不到哪儿去"的 20 页的报告和修订文件被证明是至关重要的。很显然，在其基础上，英法两国政府在 1962 年 11 月 29 日签署了一份超音速飞机协议。预计的研发费用是 1.5 亿~1.7 亿英镑。令人惊讶的是，这笔费用被公平地分配，没有限制、没有审查条款和取消条款。由来自两个国家的政府官员组成的长期的协和协调委员会来监督这项研究。参与这项研究的英国公司包括英国宇航公司和为其提供引擎的劳斯莱斯公司；法国那边包括南方航空公司和斯奈克玛公司。

对这个协议，不断地有后续调查，最重要的调查是下议院预算委员会在协议签署后一年做出的。该委员会一直没有得到满意答复的最重要的一个方面就是正规的财政部的参与，或者说是这种参与的缺失。针对质疑，财政部国防政策和材料部门的领导派克（Peck）先生回应说：

> "我们有一个清晰的轮廓，认为在特定的情况下这项项目在经济上是可行的。但是，就这个项目而言，鉴于我确定委员会已经意识到这中间有极大的不确定性，说财政部确定这个项目在经济上百分之百可行是莽撞的……我们对未来的假设和机遇的态度可能比其他人，如航空部里的人更悲观。"

面对这种情况，下议院预算委员会主席不得不承认："我必须说，所有这些认为缺乏财政部权威参与的言论完全是对事情缺乏了解的。"

报告发布一年后，预算委员会尽了它的力，它承认在 1962 年 5 月，财政部采取了主动措施，成立了一个独立的政府官员组成的委员会来确保该项目得到评估，该委员会处于航空部的主持之下，但是由财政部代理。进一步，这个下属委员会确保了财政评定，然而，即使提供证据的政府官员并不能准确地说明这些是什么，但明显他们表达了很大的怀疑。

预算委员会总结说："很明显，1.5 亿~1.7 亿英镑的预算是很投机的，它是基于公司自己的计算。"财政部预计这个预算会被突破："因此很明显地，英国政府与法国政府一起履行这一约束性承诺，去发展这个对可能的成本没有精确认识的项目。"更明显的是，财政部并没有参与该项目，只是流于形式。财政部没有参与协议的准备和签署，在协议框架下成立的委员会中也没有代表来监督项目的进行，尽管法国有。而且，150~200 架的飞机销售收入能够抵消成本的假设同样是投机性的。因为无法确保那样的销售订单能够实现。"毫无疑问"，预算委员会总结说，"你们的委员会不能理解在协议筹备之前，英国财政部无法顺利与法国财政部取得联络，无法积极参与到协议的筹备之中，以及无法参与政府官员委员会"。这说明这项协议制约了政府部门的行为，让议会承诺给一个没有详细说明回报情况的项目一笔不确定的巨大支出，财政部应该为其没能履行管理财政收入的义务而给出解释，并且未来财政部应当在联合委员会中有代表席位，应当与法国财政部保持一个具体的、正式的关系，在航空账户部门具体预算的制约下，共同发挥对财政项目的监督作用。

当然，从某种程度上来说，这忽略了真正的重点。很久之后，我们才通过泄露的消息得知，从 1957 年起，每当供应部申请研发经费时，财政部都在各个阶段上屡次试图终止这个项目。1962 年夏天，它在特别委员会上与航空部对抗，以求审查预算，但是它缺乏航空方面的专业知识，又没有充分利用自己的专家。这场斗争持续至 1962 年 11 月间的两次内阁会议，以航空部部长埃默里的胜利告终，达成的协议（很可能是错的）认为如果英国退出，那么法国将独自继续进行项目。

财政部在这期间就介入项目做了最后的努力，它发现项目中不存在中断条款，但埃默里说服财政部相信把法国纳入协议中来是有必要的。这让财政部在下议院小组委员会面前非常尴尬。

当然，在内阁的决定背后有两个主要的、紧密相关的政治因素。一些像桑兹这样的部长被英国需要一个这样规模的项目来保持有竞争力的航空工业的说法说服了，这个说法在 1963 年就在下议院小组委员会面前被强调了。由于英国无法独自达成这个目标，与法国合作就是必不可少的了。但这还有更长远、更大的吸引力：1962 年时，英国迫切需要法国的支持来帮助其打入共同市场。这反映出哈罗德·麦克米兰（Harold Macmillan）首相在 1960 年底进入欧洲的愿望。技术合作仿佛是解决这两个问题的显而易见的方法。但十分讽刺的是，在 1962 年 11 月协议达成仅仅一个月后，1963 年 1 月 14 日，戴高乐总统禁止了英国的加入。作为一个大手笔的政治表态，英国的协议签署最终没有获得任何好处，但它几乎马上就显示出其高昂的代价。

成本和喧闹：反对者的成长

当然，这项协议从一开始就不乏批评的声音，当时的一位内阁部长，以诺·鲍威尔（Enoch Powell）在之后说："1.5 亿英镑投入一个即便是长期来看也会失败的项目中，一根给法国的橄榄枝，毕竟这能帮我们进入共同市场……你用一头松露猎犬去找松露，用一头猎狐犬去找狐狸。你想要一个政治结果的时候就使用政客，想要商业结果的时候就使用商人。"在协议签署前两周的一次上议院辩论中，塔拉·布拉巴赞简洁的反对在日后得到了更多的支持。他引用了航空部部长的话，"天空在用金手指召唤我们"，并尖刻地评论道，"我的主啊，他把我们引向当铺老板的三个黄铜球"。他正确地预见到，相较于波音 707 200 万英镑的造价，600 万英镑一架的新飞机将使民航部门永远赤字，也不能够吸引新的客源。所谓时间节省被大大高估了，因为地面交通仍然会耗费大量时间。最大的问题是噪声和超音速音爆："从政治的角度，我无法想象有哪个拉票手段能比在冬夜打破两到三条街的所有窗户更好的了，因为那样的话人们就会真切感激科技的益处了。"他预言性地总结道："我们在猜测——我们并不知道。我不介意猜测，但你们是在拿纳税人的钱做猜测。你们想造这个机器，那么祝你们好运！我只是遗憾，当它完成的时候我没有资格说一句'我早告诉过你们'，因为人们不会听我的。"

下议院委员会 1963 年的判断吸引了大量注意力和新的批评，1965 年，公众账目委员会对可观察到的上升成本评论说："你们的委员会……注意到了财政部对成本预算大幅上升的解释，但他们怀疑这份估值的价值，因为它是如此地充满推测，以至于几乎失去了作为评估最终成本的指标的价值。"公众账目委员会注意到,对于一个纯粹的英国项目来说,在签署协议的时候,项目还没有发展到应该有一个发展协议的阶段:项目还处在设计的中间阶段,要到 1964 年 5 月设计才会达到要求。即便到那时,也不能保证飞机能够完成从伦敦到纽约的飞行。航空部常任秘书同意,即使到那时部长们也不会就这样一个国内项目达成共识。

在这时,成本估算已经开始上升(表 11),从那时起就没有停止过稳步上涨。离基于 1.5 亿~1.7 亿英镑预算签署的协议仅仅过去 10 年,到 1973 年 6 月,成本已经上升到了 10.65 亿英镑,上升了 6 或 7 倍。下议院委员会的细节分析显示,这里面只有 1/3 可以归因于通货膨胀,另外有 20% 是因为修订了预算,也就是说,一开始的预算是错的。但是有超过 1/3 是缘于"追加的发展任务",这意味着要重新设计飞机,因为起初的设计不符合要求了。这其中最重要的是增加引擎推力和机翼面积,以此确保合格并安全地横跨大西洋,加上达到噪声认证要求的需要,还有重要的一点是,在 1968 年发现飞机无法满足有效载荷需求后所做的改良,包括对机身、机翼和引擎喷嘴的大改动。在 1969~1971 年,仅仅是英国飞机公司的预算就增加了 1 亿多英镑,从 1.24 亿上升到 2.27 亿英镑。引擎的成本在 1968~1973 年的上升也差不多,从 1.23 亿上升到 2.31 亿英镑。对于成本上升的问题,贸易和工业部的航空与运输秘书长桑顿先生非常诚实地回答说:

> "在我看来,这个问题基本上不是协和式飞机这样一个极端高科技的项目独有的。也就是说,当我们研发这个项目的时候,我们把现有的机身和引擎制造工艺水平推到了极限——但我们在高精度加工的处理上存在困难,这些小误差的积累和我们未知的程度,让整件事情成了人们能想到的最投机的项目。显然人们会由于一些因素增加预算,但如果在这种假设情形下问我那些因素是什么,我真的不能确定。"

表 11   1962~1973 年协和式飞机成本预算(单位:百万英镑)

预算日期	预算成本	英国部分	比上期预算增加					
			共计	经济变化	计划下滑量	预算修正	新增发展任务	其他
1962 年 11 月	150~170	75~85	—	—	—	—	—	—
1964 年 7 月	275	140	105	18	—	47	40	—
1966 年 6 月	450	250	175	34	—	38	103	—
1969 年 5 月	730	340	280	107	—	57	115	—
1972 年 5 月	970	480	240	83	26	22	70	39
1973 年 6 月	1 065	525	95	65	20	10	—	—
到 1973 年	数量		895	307	46	175	328	39
共计	百分比/%		100.0	34.3	5.1	19.6	36.6	4.4

资料来源:G.B. H.C. Committee Public Accounts(1973),Appendix z, vii, xii

译者注:由于舍入修约,数据存在误差

事实上，这两个特点确实是一个事物截然相反的两面，桑顿解释说，问题在于我们要设计的是一架商用超音速飞机，这完全是一个误差设计问题。按照最初的设计，整架飞机的重量是 170 吨，结构的重量是 70 吨，由于每英里要消耗大量燃料，剩下 90 吨都是燃料。这就只剩下 10 吨可用来载重了（乘客和行李）。如果出于某个原因需要修改，结构重量增加 1%意味着损失 7%的载重量，燃料增加半吨意味着损失 5%的载重量。所以对结构或引擎表现的不断修正给载重，也即飞机的商业前景带来的是灾难性的影响。

委员会总结道："如果事先所做的预算基本上是错的，那至少应该引起一些对政府制定新预算的方法的批评性怀疑。"同时他还提道："……在整个项目过程中，契约的安排有明显的缺陷，尤其是他们缺乏适当的经济和效率上的激励，并且将合作者置于无风险的境地。"

直到 1968 年，合约才被建立在成本加成的基础上。在那之后，计划变得复杂了，因为成本增加导致了公司的利润下降——除非公司能说服政府部门接受增加额外的支出来提高利润率，那样的话利润能重新开始上涨。工厂也会因此有积极性去进行改良，并提高利润。但讽刺的是，委员会成员重复了他们的前任在 1967 年做出的对公司利润的批评，那时他们曾对激励协议的缓慢进展表示失望。

在那时，也存在着广泛的针对协和式飞机的噪声和音爆问题的反对运动。伦德伯格是这场运动中孤独的先驱，他在 1961 年的蒙特利尔会议上反对所有超音速飞机。1967 年起，他的想法被英国的一位老师，理查德·维格斯（Richard Wiggs）发扬，他成立了反协和计划。这个计划正好在公众开始反对高科技项目和污染的时候出现，所以他在媒体上大获成功。官方测验显示协和式飞机在其亚音速噪声水平上和波音 707、DC8 等第一代喷气机很相近。尽管有些人怀疑这个数据。但不容怀疑的是，音爆问题在长途洲际飞行中会很严重，这个问题在英国到澳大利亚，或北美到南美的航行中是必然的。因此，当它在 1976 年 1 月投入商用后，协和式飞机被禁止在欧洲上空进行超音速飞行。

在 1962 年做出决定（在实际上还要早得多）的时候，噪声问题已经被充分认识到了。有证据表明，在 1956 年科技咨询委员会成立后不久，委员们就开始担心这个问题。到 1960 年 5 月，正在渴望引擎生产协议的劳斯莱斯引擎公司提出了一份长文件，指出了一个矛盾：出于飞机性能的考虑，最好使用传统涡轮喷气发动机；而出于静音的考虑，最好使用双路式涡轮喷气发动机。劳斯莱斯建议协和式飞机的引擎设计成 100 PNdB（噪声分贝感知度，最广为人知的噪声测度标准），新一代亚音速飞机采用的也是这一标准。但是这些想法被英国飞机公司布里斯托尔分部将现有的奥林帕斯引擎"平民化"的宣传击败了，这个引擎本来是为 TSR-2 超音速轰炸机研发的，成本在 1 200 万英镑。但现在，要花费将近 5 亿英镑去发展奥林帕斯引擎以求达到协和式飞机的要求。

退出的失败

重点在于，警告灯很早就开始闪烁了。在 1964 年，下议院支出委员会的第一次主要调查就完成了，并且产生了一份极具批判性的报告。短短两年间，项目经费已经从 1.5 亿~1.7 亿英镑逐步上升到了 2.75 亿英镑。噪声和音爆问题已经众所周知。问题在于，1962 年的那份缺少退出条款的协议在多大程度上限制了后来英国政府的单方面退出。

这只是 1964 年时即将上任的工党政府面对的问题，人们也期望工党能提高本国的技术能力，但这只是他们怀疑的一项技术。这是英国进入共同市场的一揽子计划的一部分，但有很多党内人员（部长们）反对。显然有两个备选方案：一个是 TSR-2 超音速轰炸机，它的成本已经从开始的 9 000 万英镑上升到接近最终的 6.5 亿英镑；另一个就是协和式飞机。在通过复审之后，1964 年 10 月，内阁向法国政府表示他们"迫切地想要重审"协和计划。

但随之他们面临法律咨询，因为协议没有退出条款，法国政府可以向国际法院起诉，索要 1 亿英镑的赔偿，这个数额是已经承诺过的。这就相当于送给法国一件礼物，让他们继续完成这项计划。另外，在国际法庭面前表现出对严肃的国际协议的不敬这对英国政府来说是一种明明白白的差辱。而且还有一个更长远的因素。在 1965 年 1~4 月，工党停用了三架威信军用飞机，即 P-1154、HS681 和 TSR-2。这意味着航空工业的工会会担心就业问题。作为布里斯托的议员，安东尼·威基伍德·本恩（Anthony Wedgwood Benn）显然对这种压力很敏感。因此，1965 年 1 月内阁改变主意，从各方面来说都不意外。协和计划暂且被保留了。

关于这次转变，之后产生了很多困惑，下议院的保守派发言人声称，最初的协议在成本达到一定程度的情况下其实是有提供复审的可能的。工党政府声称曾通过了这一条款。无论 1965 年 1 月发生了什么情况，政府认为那都是没有选择的。

但之后似乎出现了选择的机会，1966 年 7 月，出现了新一轮公众舆论抨击这个项目。1967 年 7 月，下议院公众账目委员会的报告评论说英国飞机公司实际上被允许决定如何在何时、在何地以正常的利润率使用政府发展资金。它被成本加成和价格商定这种没有经济激励机制的协议阻止了。在那之前一年多，英国飞机公司就很清楚地表明其没有意愿将自己的钱投入飞机的研发或生产当中，预计的总成本已经达到了 4.5 亿英镑。波音公司在 1965 年 4 月宣布其将生产有 300~400 个座位的 747 大型飞机，这会带来新的销售威胁。而音爆问题开始在大众媒体上越来越多地出现。

就在这一紧要关头，政府采用了每 6 个月对项目进行一次定期复审的政策，用自 1967 年任科技部部长并承担英国方面在该计划上的责任的安东尼的话来说，这个计划"在最精打细算的花费中生存，在花费、未来投资、可能的回报、可能的销售量和引进外汇的成本上，都是精细计算的"。在 1967~1979 年，从没出现过终止计划的真正机会，尽管 1968 年的重新设计产生了 1969 年让人吃惊的高达 7.3 亿英镑的新预算。这笔费用的英国部分由新的产业重组公司承担，实际上它以商业利息率（但只承担国债风险）借了 1.25 亿英镑给英国飞机公司，另外还有 2 500 万英镑以政府作为担保人的商业银行贷款。显然到这时，英法两国的原型机都已经投入使用。而且对于投入了那么多的政府来说，似乎已经没有选择，只能将计划进行到底。而且，很不幸，就成本而言，还远着呢。

销售的失败

随着空中原型机的使用，现在的首要问题是销售收入能够弥补多少成本。令人惊讶的是，直到 1968 年都没有确定的对销售量的预测。那一年，负责监督项目的联合委员会收到了一份来自英国飞机公司的报告，报告暗示说即使禁止飞机超音速飞越大陆，最小的销售预计也有 200~250 架。这个预测数据显然到 1972 年还在使用，尽管在这三年中发生了两个重大的变化。

首先是，波音 747 飞机以及与此并行的美国的类似道格拉茨 DCIO 和洛克希德三星这样的竞争型大型喷气机项目的发展。波音 747 在 1970 年进入了常规服务，它大大降低了每英里每人长途飞行的成本。因此，是波音 747 成为 707 的继承者，而不是协和式飞机。同时，因为新飞机已经比之前一批飞机更早完成了分期付款，也因为交通流量增长率的总体下滑，还有一部分因为总体供大于求，加上刚性价格政策，飞机的利润开始下滑。美国泛美航空公司，在 1962~1966 年创造了 2.09 亿美元的利润，而在 1966~1970 年却亏损了 1.52 亿美元，并在 1970 年 1 月 7 日拒绝了其有关协和式飞机的八份续约中的一份，这使得世界其他航空公司的信心受挫。1973 年，美国泛美航空公司和美国环球航空公司拒绝了它们全部的续约——这是买卖的实际性的停止。

这些航空公司所做的计算作为商业机密被保护起来。预算说在 1968 年制造飞机要花费 1 000 万英镑，但在 1971 年被揭示要 1 300 万英镑，到 1972 年又上升到了 1 800 万~2 300 万英镑，这是波音 747 飞机成本的两倍。而且，虽然协和式飞机的速度让它比 707 飞机[1]的运输能力大了一倍，但飞行的成本也大了一倍。因此，每架协和式飞机每英里的飞行成本是波音 747 飞机的两倍。由于商人们飞越大西洋的时间约束，也由于协和式飞机要在 3 500 英里的高度进行空中加油，它相对

---

① 应是波音 747 飞机。

于亚音速飞机的优势就大大削弱了。因此，这个数字对协和式飞机不利。而英国飞机公司就面临一个问题，如果英国航空公司和法国航空公司买了协和式飞机，那么其他航空公司也会买。当然，它们没有买，只是虚张声势而已。尽管在1973年航空公司有74架这种飞机的需求，但当这些被取消之后，就只剩下来自两家国有航空公司的9架订单了。

因此，实际上没有可能偿还研究和开发成本了。一份法国官方报告说，要想偿还研究和开发成本，起码要售出300架飞机，这比任何预计的可能销售量都多。这时的英国政府似乎仍然抱着希望能售出60~90架，补偿20%~30%的成本。爱德华兹（Edwards）在1972年预计在对航空公司的销售补贴中还有隐性损失，加上这些航空公司在经营协和式飞机时的亏损，外界的专家普遍认为另外还有2亿英镑或更多的开发成本被掩盖掉了。但那时的关键问题是飞机在未来是否能偿还直接的生产成本。下议院委员会成员在这一点上持怀疑态度，他们认为，英国航空公司在1972年为它买的5架协和式飞机支付的2 100万英镑，几乎肯定不够支付生产成本。

在这件事上，所有的计算都是落后于时代的。因为订购协和式飞机的就只有英国航空公司和法国航空公司两家国有航空公司。加上两架试航后被取消的飞机，英国航空公司有5架，法国航空公司有4架。在1973年订单被取消之后，留下了5架飞机没有卖出去，而且这些飞机似乎很难再找到买者，除非英国政府买走，就像航空公司已经有的那些一样，并且通过协和式飞机租赁公司去经营它们。英国政府是顶着巨大的压力这么做的，因为1977年英国航空公司在协和式飞机的经营中损失了1 700万英镑。但是协和式飞机的这笔账被付清了，归根结底，是纳税人付清了这笔账。

讽刺的是，几乎可以肯定，最严厉的批评者的预测被证明是正确的。如果目前是以亏损的荒谬方式来维持飞机生产，它会让两国政府在任何阶段取消项目，以此省下能省下的钱。而假设法国坚持继续项目，就像中央政策审查人员在他们给政府的建议中指出的，成本无论如何会以赔偿形式支付，所以退出没有意义。

协和式飞机的教训

到1978年，第16架也就是最后一架协和式飞机离开布里斯托郊外的费尔顿工厂，整个项目的花费，包括最后的研发成本和生产费用，上升到了大约20亿英镑。这是史上代价最高的商业错误之一——也许就是最高的。问题在于要找出这个严重的错误是在何时、如何犯下的。

很容易看出最严重的问题是1962年协议的签署，从很多方面来看，这都是个惊人的事件。政府间达成了一个捆绑性的、没有（或很少）提供退出或复议机会的协议，在对其性能规范甚至没有一个基本概念的情况下，去研发一种全新的飞机。结果就是不可能有适当的成本预算，最后，仅仅研发成本就超出了最初预算的十倍还多——或销售预期，这甚至在六年后才被考虑。在这场坎坷的签约中，财政部的严正保留意见看起来被无视了。唯一合理的解释就是当时的英国政府被欺骗了。英国政府相信那个协议及其包含的赌博是其进入欧洲所要付出的代价。但在这点上它是错的，因为戴高乐总统很可能早就打定主意了。

但这有些太简单了。如果不是在六年间不间断地游说（包括政府中直接负责的部门和飞机制造者们），这项协议的问题将会更早显现。它的方法是建立一个预算含糊的委员会，委托他们设计一些预算稍微可靠点的研究，直到出现一个貌似合理的计划。用彼得·莱文（Peter Levin）的话来说，这是拥护一个项目或政策的阶段；用公务员的腔调说，这是一个真正在实施的阶段。从那时起一直到政府做出承诺，这是最重要的一步。但是，鉴于好的策略时机，如1962年英国对错过欧洲之船的害怕，即使是一份极度不全面的、草草准备的简短说明也会让人信服。

即使在1962年之后，退出是否可能或明智的问题仍然存在。人们总是争论，如果现在退出，那么这场经济补贴就失败了，而且谁都没有得到补贴的实际利益。就算是1964年时就退出这个计划，那个时候项目的预估成本就已经让人们不想退出了。它对英国政府来说是件超值的事。英国历届政府的心态极像是一个在拉斯维加斯的赌徒，想要扳回他上一局的损失。这样的希望几乎总是会落空的——协和式飞机也不例外。

问题仍然是什么是合理的战略。奇怪的是，祖克曼研发管理控制委员会（Zuckerman Committee on the Management and Control of Research and Development）在1961年已经提供了一个答案：在决定达成一个完备的发展协议前，应该对每一个主要项目做项目研究。这种研究会细致地考察在发展一个要满足特定需求的系统时的科学技术问题，形成一个包括表明后续生产成本的设计、发展和花费的计划。一份项目督导组在1969年的报告显示，在大部分情况下祖克曼研发管理控制委员会的报告中提到的这种项目研究没有细致地进行；在很多项目中，企业刻意满足于过度乐观的预算，航空部也不情愿去纠正它们；但即使进行了足够深度的项目研究，预算仍然会受广泛的误差的影响。据此，督导组建议进行一个两阶段的调查：在两年时间里当花费总研发成本的大约15%时，应该有第一次充分的、综合的研发生产成本预测；经过一段时间，在对成本进行细致的改良之后，将产生第二个预测。这肯定需要航空部技术部门里更加训练有素、更富有经验的人，加上一个新记录成本的系统。

当然，政府内部知道一些关于成本预测的问题——而且是在1962年之前。1969年督导组报告了一个1958年的调查，这份调查似乎没有公开，其由一个经营性研究团队进行，该团队进行过上百个项目研究，并且找到了一个 2.8 倍，最多 5 倍或更多倍于初始预算的平均成本。它总结说除了通货膨胀，主要的原因是操作要求的改变、缺乏对研究和开发任务的适当定义、所有必要工作的承包方所做的评估不完全。再加上财政部 1971 年承认说从 1945 年民航发展"呈现出相当让人失望的情况"，并且在 20 世纪 60 年代早期，项目"明显且疯狂地"过度乐观。在 1962 年，一些控制措施似乎本应该是可能的，但却没有实施。这不一定是因为最后的政治考虑高估了经济评估。

至于更宽泛的政策，1965 年，飞机工业调查委员会的报告提出了一系列重要的指导方针，由于英国工业的生产水平比美国低，它暗示说问题在于很难偿还研发成本——在两个国家中，研发成本貌似较其他制造业承担了更大的资产负债率。它还发现英国工业的商业记录令人失望，它需要大量的政府支持——总成本的 30%~50%。尽管有一些关于政府持续性资助的规则，它也应该减少到与其他工业标准水平相差不多的水平。这不仅仅要求和其他国家合作，也要求集中力量于发展成本与预期市场相符的项目上，特别是民航部门应该着力于拥有广阔市场前景的项目。虽然不可能制定严谨的规则，委员会还是认为总体来说应遵守中短期、中小规模、易于设计的原则。需要更深入的市场调查来避免过去频繁发生的对销售和英国市场规模的过度乐观，则航空部市场调查部门需要更加强大。一般来说，制造商应该做好准备投入 50%的启动成本（虽然像协和式飞机这样的项目是特例）。对于主要的民航飞机，与欧洲的合作总的来说是必要的。

这听起来几乎是一个对付任何除了协和计划之外的事情的秘诀（事实上，这听起来像是参与欧洲空中客车项目合作的方法，但英国政府在 1969 年拒绝了，这个项目在 20 世纪 70 年代成了欧洲杰出的几个项目之一）。但是，有人会说，普洛登委员会得益于在与协和合作的最初阶段就拥有后见之明，问题必然还是在于这样好的意图的陈述是否足够。

在协和式飞机的故事中，让人印象最深刻的是确实存在某种形式的协和式飞机游说团，而且至少在那时，游说团联合了会负责给他们协议的商业飞机制造商和行政人员，这两者都看到了在边缘技术上发展一个新项目是令人兴奋且能带来名望的。制造商还看到了获得巨大利润的可能性——并且，鉴于有契约的安排，他们能够成功创造必然存在的利润。他们的背后是痴迷于同样愿景的有威望的英国政客。对他们来说，"要么超音速飞机，要么一无所有"。就像 1960 年间航空部部长桑兹（Duncan Sandys）下属的政务次官里彭所称："如果我们不做这个项目，我们不如放弃，然后给游客送英国国旗。"最终，会有一份闪耀的奖赏，或看起来闪耀，那就是共同市场的入场券。

所有这些事情中，最惊人的是似乎没有人对飞机的商业可能性感兴趣。事实上，在那时相关政府部门内部并没有市场调查的相关知识，预算被很简单地编造。

因为事实是所有利益相关者都是出于威望而想要造这架飞机，完全没有动因去考虑世俗的市场事务。唯一可能会考虑的人——财政部，却完全缺乏信息，因为里彭等政府官员认为他们"狭隘的记账方法"是错误的。值得注意的是，当一个领导性的制造商被问及为什么这个行业从没考虑过发展一种大型商业飞机来与美国的波音 747 竞争时，他的答案是那样很"无趣"。而当法恩伯勒在 20 世纪 60 年代早期评估欧洲空中客车项目时，他的结论是这种飞机没有市场。这肯定是英国政府灾难性地退出空中客车项目的原因之一。

这是一场大型的赌博，并且导致了巨大的损失。因为几乎可以肯定，一份以波音 747 的可能发展和世界航空经济的相关改变为背景，对于协和客机的发展未来加以冷静评估的报告在 1960 年就可以完成，告诉我们商业上成功的可能基本不存在。但是没有人做出这样的评估。

现在政府的决策过程更加合理了总是好的，有两个例子可以证明可能是这样的。美国的超音速运输机，比协和式飞机更大更快的竞争对手，也是出于声望原因仓促做出决定的产物，那是 1963 年 6 月，在泛美宣布选择协和式飞机之后，肯尼迪政府，无视专家委员会成本预算的危险做出的决定。它同样得到一个四面楚歌的政府——尼克松政府在国家威信和保护就业方面的辩护。但它最终在 1971 年 3 月被参议院投票终止了，他们拒绝提供必要的拨款。在英国，政府在 1978 年宣布劳斯莱斯会为新型波音 757 中短程飞机提供发动机，757 是更成功的 727 飞机的继承者，这也是寻求重回欧洲空中客车计划的举措。最后，英国似乎进入了这个能挣钱的"无趣"、传统的飞机行业。或许，协和项目的经历终究还是有其价值的。

第五章　圣弗朗西斯科（旧金山）的湾区快速交通系统

　　圣弗朗西斯科（旧金山）的湾区快速交通系统有着众多的赞赏者，特别是那些在一整年的旅游旺季中总是挤满城市街头的初来乍到的游客。对他们中的许多人来说，长达 71 英里的湾区快速交通系统在所有方面都符合其心目中一个城市快速交通系统所应该有的样子，同时也是美国绝大部分的大城市所不具备的一个范例。车站的风格沉静而优雅，设计有各色马赛克花纹的墙体；列车极其安静，配备有空调，铺设着地毯；列车的控制系统是自动化的，能轻易地将列车提速至预设的 80 英里/小时；而售票系统则是计算机化的，借由一张简单的塑料条带，在旅途中的乘客就能在其票额花完之前以借记的方式付款，其间很少有直接的人为干预。这些都给那些游客留下了很好的印象。对他们来说，同休斯敦航天中心的壮举相比，似乎湾区的快速交通才是现代美国的技术奇迹。

　　然而，湾区快速交通也遭受了很多批评，特别是在湾区 410 万个居民之中。这些批评富有依据且传播甚广。他们提出，事实上，在 1976 年湾区快速交通的运载量仅仅是当初做出建设这一系统的重大决策时所预期的 51%，而且高额的运营损失（1975~1976 年为 4000 万美元）使得每个乘客对票务利润的贡献要低于相应的纳税支出；此外，这一系统仍困扰于技术问题，令其比肩太空时代的技术难有用武之地；最后，在结束加利福尼亚人长久以来对小汽车的挚爱方面，这一系统几乎可以说是完全失败了。

　　最为重要的是，支持者和批评者们对于能从湾区快速交通中所能学习的经验有着不同的看法。美国其他的城市（华盛顿、亚特兰大）已经决定效仿湾区快速交通的建设。另外一些城市（洛杉矶、丹佛）则在这一问题上争论已久，但最终还是未能就推动轨道工程达成一致或是令公众接受。而包括富有影响力的交通部（华盛顿）专家在内，许多专家认为湾区快速交通对于这些城市而言，是必须避免的惨痛的现实教训。

　　无论这些城市的争论结果如何，就本章来说，湾区快速交通无疑是一个大规划灾难。它有着明显值得批评的缺陷，并且很显然它也未能达到当初的预期。如果当时湾区的市民能预见真正的未来，那么几乎可以肯定的是，他们会即刻否决整个湾区的快速交通提议。然而，在1959~1962年的关键性决策中，他们所能依据的信息是严重不足的。

因而，在这一章中，我们将跟随这些关键性的决策。首先，按照时间顺序加以检视。其次，观察20世纪70年代的实际结果，我们会看到这一实际结果在多大程度上偏离预期，而决策者们又将如何对这些结果做出反应。最后，我们会尝试以不同的决策理论解释这些事实的成因，总结促成建设湾区快速交通系统决策的动力。

湾区快速交通的决策：委托阶段

关于湾区快速交通历史的事实并无什么争议，实际上由于被无数当地人详细记述，这些历史事实已经广为人知。最早是1949年加利福尼亚州立法机关通过法案批准建设湾区快速交通区，1951年的法案则批准为这一区域建立湾区快速交通地带，并授权其进行一项基础性研究，这份正式报告应支持全面的倾向研究。出于这一目的，立法机关于1953年批准了一项贷款以配套地方基金。

于是，在1953年的8月，这一新的委员会委派四个竞争者中的一个——帕森斯-布林克霍夫-霍尔-麦克唐纳公司（Parsons, Brinckerhoff, Hall and Macdonald 或 G. B. G. M. Ltd，中文也常称为柏诚集团）——在1956年前来开展研究并完成报告。委员会提给咨询公司的基本问题有如下四个：①是否需要城际快速交通？②如果需要的话，那么线路和服务范围该如何？③哪种类型的设施最能满足这一地区的需要？④成本合理吗？咨询公司于1956年1月提交的报告尝试在逻辑上回答上述问题，但不同问题的解答有着不同的详细和准确程度。

（1）需要。也许并不令人惊讶，咨询公司得出的结论是需要。但是有趣的是，这一结论是咨询公司根据其所认为的最首要的问题而做出的，即人口的增长和汽车的普及导致了更为严重的拥挤，而这反过来又会威胁现有城市中心和副中心作为就业、商业和文化集聚中心的地位。因而，从一开始，提出这一系统的主要目的就在于利用其维持湾区当时的空间结构。

（2）路线。从逻辑上而言，回答完上个问题后就轮到这个问题了。这一系统最早设计长123英里，通过建设湾底隧道的方式连接当时的中心，特别是圣弗朗西斯科（旧金山）和奥克兰两个主要的中心城市。

（3）特征。虽然这一报告确实考察了从公共汽车到单轨铁路等一系列的技术，但是咨询公司依照其传统（它也曾经是20世纪初纽约地铁建设最早的咨询公司）还是在报告中表达了对负载性列车（supported train，传统的在铁轨上运行的列车）的青睐。

（4）成本。在这个问题上，咨询公司的结论最模糊。通过艰苦测算，它确实得出了至少58 600万美元加上13 000万美元上浮区间的成本预期。而且，它也很直率地报告称，每年的收益将难以满足至少3 300万~3 800万美元的补贴需求。但是除了在概述中之外，它就再也未提及这一判断，而且它的最终结论也接近于一种修辞性的表述："我们不怀疑湾区的市民能够负担快速交通，但我们严重质疑他们能否忍受没有快速交通的情境。"帕森斯-布林克霍夫公司的报告则对这一提案给予了技术上的认可，增强了其可信度甚至是权威性。这样获取政治支持就成为至关重要的第一步。不过从这时候开始，就需要通过协商来消除一系列的障碍了。

第一，由于明确需要公共补助，故而就必须寻求一个能提供补助的可接受的方案。1956年3月，一份由斯坦福研究所（Stanford Research Institute）出台的报告提出了征收财产税（这一新系统的服务区域内可设置更高的税率）和销售税以及在当时圣弗朗西斯科（旧金山）和奥克兰之间的桥梁上收取过桥费的建议。

第二，需要设立一个承建这一系统的机构。斯坦福报告认为设立一个公共机构比较合适，而在1957年的夏天，立法机构通过了一个法案，解散快速交通委员会，并创建了自1957年9月11日始就永具效力的圣弗朗西斯科（旧金山）湾区快速交通区。它的职权范围包括了圣弗朗西斯科（旧金山）、湾区西侧的马林（Marin）和圣马特奥（San Mateo）以及湾区东侧的阿拉梅达（Alameda）和康特拉科斯塔（Contra Costa）5个县，每个县均可自愿退出，另外，如果愿意的话，更远些的县也可以加入。最重要的是，该区可以同时通过发行债券（上限为资产估值的15%）及征收财产税的方式来筹措资金。此外，发行只能以收益支付的收益债券，征收一般性管理、维护和运行的特殊税也是被允许的。而以最后一种方式筹措的资金被立即用到了新区的一般性支出中。

第三，需要整合公众意见。在1956年及之后的年份里，湾区的主要报纸毫无掩饰地表达对设立圣弗朗西斯科（旧金山）湾区快速交通区的热衷，并始终致力于说服立法机构设立圣弗朗西斯科（旧金山）湾区快速交通区。然而，来自州参议员中代表高速公路利益集团的反对声也同时存在。最后，在1959年，位于首府萨克拉门托的立法机构批准只要选民同意发行最少5亿美元的债券，那么就会从湾区过桥费库存中拨出大约1.15亿美元用于建设圣弗朗西斯科（旧金山）和奥克兰之间的水下隧道。与此同时，出现了第一个象征着麻烦的迹象：在1959年4月出台了工程细节设计的委任联合工程集团［包括帕森斯-布林克霍夫-奎德-道格拉斯（Parsons, Brinckerhoff, Quade and Douglas）公司，之前咨询公司的新名字，再加上都铎（Tudor）工程公司和柏克德（Bechtel）公司］报告称，到1961年5月整个工程将耗费13亿美元，比原先的预期要高出6 000万美元，比立法机构允许的要高出 4 000 万美元。立法机构对这一问题的反应相当有趣：在历经了萨克拉门托的大量的争吵和博弈后，立法机构在 1961 年 4 月，批准只要支持率超过 60%就可以发行债券，而依照加利福尼亚法律的惯例，这一门槛通常是 2/3。这一点十分关键，第一，预期的支持率也许能超过 60%，但是不及 2/3；第二，如果到 1962 年 11 月，这都未能通过，那么 1959 年推出过桥费的计划也会付诸东流。

从这时候开始，就是同时间的赛跑了。在 1961 年 12 月，圣马特奥县退出了，而在列车能否在金门大桥下运行的技术可能性发生激烈争论后，马林县也于 1962 年 5 月退出，从一方面来讲这很复杂，不过从另外一方面而言，却又是简单的。这留下了一个长达 75 英里的遭截断的系统，估计将要花费 9.232 亿美元用于固定基础设施。其中 1.327 亿美元将用于跨湾隧道，资金来源于过桥费，剩下的则将通过发行 7.920 亿美元的债券来筹集。此外，预计为 0.712 亿美元的车辆成本则将会通过带有收益承诺的收益债券来筹集。

接下来的第一步是要获得剩下 3 个县 [圣弗朗西斯科（旧金山）、阿拉梅达和康特拉科斯塔] 的县议会对该计划的官方支持。圣弗朗西斯科（旧金山）已经同意，阿拉梅达（包括奥克兰）也勉强同意了。在对游移不定的议员施加了足够压力后，康特拉科斯塔也于 1962 年 7 月通过。此后，一个市民委员会成立以说服市民为这一提案投赞成票。在商业领域，尤其是主要的商会和湾区议会表现出了极大热情，一些大公司对公关进行了资助，而且对此也未出现真正的反对声。最后，在 11 月上旬，《旧金山纪事报》和《旧金山晚报》两家圣弗朗西斯科（旧金山）的日报发出了支持之声。在 1962 年 11 月 6 日，提案以 61%的支持率通过。虽然圣弗朗西斯科（旧金山）的支持率接近 67%，不过阿拉梅达的仅仅刚过 60%，而康特拉科斯塔的则低于 55%。对于那些确保表决不再使用 2/3 规则及那些提议加和三个县投票结果的人，这一结果证明他们是很明智的。现在，或是不久，湾区快速交通就要投入运营了。

事实上，几乎是在通过后的不久，圣弗朗西斯科（旧金山）湾区快速交通区就又要应对由湾区快速交通向咨询公司发起的一个主张债券发行表决以及工程服务契约均无效的法律诉讼。虽然圣弗朗西斯科（旧金山）湾区快速交通区最后获胜，但后来它也发表声明说由于通货膨胀的关系，这一诉讼致使建设成本额外增加了 1 200 万~1 500 万美元。

湾区快速交通的建造：1962~1974 年

债券发行三个星期后，在没有询问其他竞争者出价的情况下，湾区快速交通雇用了帕森斯-布林克霍夫-都铎-伯克德（原帕森斯-布林克霍夫）联合财团作为咨询公司。公民诉讼团体同样对这一举措提出了质疑，虽然审判结果认为其完全合法，但这也确实显示出湾区快速交通的指导者实际上没有其他的选择，因为他们几乎没有任何的工程专业知识，因而也无法直接雇用所需要的职工。此外，同咨询公司间的财政协议（同样被判并未违法）规定其报酬将以固定比例的建设成本来计算，这就令他们没有受到减少开支的激励。

以债券发行之前咨询公司出台的报告为基础，利用新兴实际上是未知技术来开发湾区快速交通的决策就已经做出。车辆将会采用轻便构造，而且将会由计算机化的自动铁路控制系统控制而非人工来控制。正如《财富》杂志所论述的，这就需要一个在现有技术水平上的巨大飞跃，而不仅仅是像从 DC-3 到 747 的升级那样。进一步讲，就必须要大量地应用那些还未被证明可行的技术。伯克说航天工程师之间有着一项共识，就是如果一项工程应用的新技术超过了 10%，那么就会出现许多问题。湾区快速交通新技术的比例要比这高出很多，实际上，它几乎是一个 100% 的新系统。

湾区快速交通的指导者按照定义可以说是未知领域的新手，因而他们将这一工作全部抛给了咨询公司，让他们来管理设计与采购。同样地，咨询公司又进一步雇用了合适的公司来有效地设计和建造装备。没人负责监管被航天工程师称之为系统工程的事务，即预测将新技术整合进一个系统中时会出现的问题。进一步地，既然技术是全新的，故而，无论是湾区快速交通还是其咨询者都不能准确地描述他们所想要的。相反，他们提供了描述性能的详细规格：系统所需实现的目的。因此，列车控制系统就应该实现"对列车状态的自动且连续的监测"，列车重量须轻于 62 000 磅[①]，并且能每秒加速 3 千米/小时。剩下的就是要让制造商设计出能满足这些技术规格的东西了。再次引用《财富》的比喻，如果说纽约地铁当局会具体地提出要求说不只是需要一个苹果而是一个又红又美味的苹果，那么湾区快速交通就仅仅只会提出说要一个可口的水果，而这具体意味着什么问题就要留给栽培者了。

在实际中，咨询公司发现传统的铁路制造商没有能力满足这种类型的技术要求，他们已经没有进行技术创新的习惯了。所以他们召集了航天设备制造商来提供车辆和控制系统，具体而言，罗尔公司（Rohr）提供车辆，西屋公司（Westinghouse）提供控制系统。其中一个问题在于，罗尔公司在之前几乎没有任何处理铁路运行问题的经验。他们不得不从零开始。

可预测到的相关结果有三种：一是新装备在实际中会产生各种问题，其中一些问题会很严重。二是装备设计的时间，尤其是在能够真正投入运营之前要比预

---

① 1 磅 ≈ 0.454 千克。

期的长。三是运营成本增加。

最大的问题来自控制系统。在世界其他地方，这种系统已经被用于快速交通系统，如在 1968~1969 年开始运营的英国的维多利亚地铁线。虽然在对湾区快速交通进行投标的供应商之中确实有富有经验的竞争者，但是咨询公司却在 1967年 10 月选择了全新的西屋系统（这点尚未证实）。然而，这一系统一经使用，就出现了"幽灵列车"的问题，即轨道在没有列车的情况下，它却报告称轨道被占用。后来发现这是由于探测箱过热，通过替换部件这一问题最后得到了解决。此外，更为严重的问题在于这一系统无法探测那些因动力耗尽而停下的车辆。出于这一原因，负责发放批准证明的加利福尼亚公共设施委员会拒绝通过这一系统，从而令圣弗朗西斯科（旧金山）的湾区快速交通不得不于 1972 年配备人工分组控制的陈旧系统后才投入运营，比起太空时代，这一系统显然更适合应用在乔治·斯蒂芬森设计的斯托克顿（Stockton）和达灵顿（Darlington）铁路（老旧的铁路）。虽然在实际中，上述缺陷只会在极其特殊和少见的条件下才会造成危险，然而恼人的是，即使是到了 1976 年 11 月，这一系统仍未按最初的计划运行：在那时，最早定下的 90 秒的间隔时间以及 45 英里/小时的平均速度遭到了抛弃，最高时速也从 80 英里/小时降低到了 70 英里/小时。

车辆的轻便则是另外一个主要问题。即使是在 1975 年，即开始运营 3 年后，在一天中仍有 40% 的设备无法运转；在 1977 年的前 5 个月，平均每天都会发生20 起故障。发动机、电子元件、刹车系统、车门控制及空调，到处都有成堆的故障。其中的大部分问题不能直接归咎于主要承包商罗尔——它们是零件的问题，但罗尔作为控制和协调分包商，因经验的匮乏，更加剧了这些问题。

作为一个主要原因，这些控制问题严重延后了系统的完成时间。在 1962 年咨询公司的报告中，这一系统预计要在 1969 年 1 月 1 号前完成 4/5，并在 1971 年 1月 1 号完工。实际上，湾区东段在 1972 年 9 月才开始提供服务，而跨湾隧道更是拖到了 1974 年 10 月。这最后一个区段的延迟主要是因为自动列车控制系统的问题，这一系统对设计时速为 80 英里/小时、长达 7 英里的湾底区段尤为关键。需要设计一个复杂而广泛的备用系统来防止车辆失联的问题，而即使是到了投入运营的时候，这一问题也未得到完满的解决。

这些延误和修改会花费资金。在开发控制系统期间，至少有 114 项修改命令被提出，使得协定的成本由 2 620 万美元增加到了 3 580 万美元。然后在 1973 年，湾区快速交通和西屋公司不得不协商为备用控制系统再签订一份价值 130 万美元的契约。1973 年 1 月，一份由参议院调查组出台的报告要求对列车和控制系统做进一步的修改，而其估计成本达 500 万美元。

因此，总成本急剧地增加了。在 1965 年，湾区快速交通就已经宣称系统成本将超过预估值，而在 1966 年 7 月它给出了 9.41 亿美元的（成本）修订额，比 1962

年的估计值要高出 1.5 亿美元，其中跨湾隧道的成本修订额比起 1962 年高出了 4 120 万美元，达到了 1.799 亿美元。通过提高通行费收入的限制可以轻松地填补后者的资金缺口，然而对于基础系统而言，这就要更困难一些。1967 年，一份发行额外债券的提议遭到了反对，到了 4 月，出现了另外一个提议：提高过桥费并利用州卡车税。这同样未能获得立法机构的通过，在 1967 年 7 月，湾区快速交通宣告冻结未来建设。到了 1968 年的春夏期间，通过额外收费、额外税收及结合二者等种种其他措施来资助湾区快速交通都失败了。最后，在经过了艰苦的斗争后，立法机构在 1969 年 3 月 27 日通过了一项法案——允许在 3 县范围内征收 0.5 美分的额外销售税，用于发行 1.5 亿美元的债券。

到 1971 年 1 月，湾区快速交通的总成本已经增加至 13.672 亿美元，其中一般义务债券负责 7.92 亿美元，销售税 1.5 亿美元，过桥费基金 1.8 亿美元，联邦政府拨款 12.5 万美元。在 1974 年 10 月湾区快速交通长达 71 英里的全线系统投入运营之后，计算得到的最后的总成本为 16 亿美元。只有到了这个时候，才可能对系统的实际绩效进行评价。

湾区快速交通的运营

幸运的是，湾区快速交通的进程得到了湾区快速交通影响项目这一大型监测研究的检验，这一项目由联邦交通部以及住房和城市发展部资助，具体则主要由都市交通委员会（Metropolitan Transportation Commission）委任的咨询公司进行。尽管最终的评估尚需若干年才能出炉，但 1976~1977 年已经有足够可获得的证据来给出较为明确的评判。事实上，评判的结果相当令人失望。

1962 年的咨询报告是做出建设湾区快速交通（尤其是决定 1962 年 11 月表决发行债券）这一关键决定所依据的文件。其中就包括了可同真实情况对比的对交通的预测，始终应牢记无论是频率还是可靠性方面，1976 年和 1977 年的湾区快速交通都未能达成最初的设计目标。韦伯的研究显示，同 1962 年时对 1975 年的预测相比，1976 年真实的交通量为预测的 51%：真实值为平均每个工作日 131 370 名乘客，预测值则为 258 496 名乘客。进一步地，虽然 1962 年的报告预期 61% 的乘客会从汽车出行中分流过来，但实际上这样做的只有 35%：真实值 4.4 万人，预测值 15.7 万人。这些人为高速公路腾出了空余的承载量。韦伯总结道，湾区快速交通同时带来了汽车和公共交通跨湾出行量的增加。对于整个湾区，湾区快速交通对交通的影响微乎其微以致无法检测。由于这个原因，交通量和拥堵水平始终保持在湾区快速交通建成前的状态，而随着汽车使用量的增长，预计二者在未来都会上涨。实际上，在湾区快速交通的跨湾出行者中，有一半来自公共汽车，因而，公共汽车的持续运营就受到了严重影响。

1962 年的报告预测，总体上到 1975~1976 年，湾区快速交通将能产生 1 100 万美元的营业盈余。然而根据 1975~1976 年的原始数据，真实情况却是 4 030 万美元的亏损。1974 年，立法机构通过临时征收额外 0.5 美分的销售税以作为应急措施，靠此湾区快速交通才得以运营下去。在 1976 年，这一措施又被延续到了 1978 年，而在 1977 年通过的一个法案则将这一机制永久地制度化了。1977~1978 年的车票收入预期能达到运营成本的 35%。车票收入每增长 1 美元，纳税人以各种方式做出的贡献增加 2 美元。

韦伯的分析显示（1975~1976 年）只有 11%的投资及 37%的运营成本是来自受惠者的，具体来说，投资成本由驾车者所支付的过桥费来承担（通过提高对圣弗朗西斯科（旧金山）—奥克兰大桥双层甲板的利用，车主们以付过桥费的形式得到了更多的路面空间），运营成本由车票来承担。剩下的成本由湾区快速交通地区的 3 个县分摊。由于收益的主要来源是财产和销售税（本质上二者均为递减税），故而，韦伯和其他评论者认为主要负担落在了穷人身上，然而交通出行调查显示主要的获益者，即乘客们中有很大比例来自高收入阶层。韦伯简洁地概括道："穷人付钱，富人出行。"

考虑到湾区快速交通从一开始就是为那些来往于郊区与圣弗朗西斯科（旧金山）或奥克兰市区的白领通勤者所设计的，这可能就没那么令人惊讶了。更令人吃惊的是，根据伯克利一个经济学家群体的估计，现实中公共汽车和小汽车的花费都要少于湾区快速交通。其主要原因在于即使湾区快速交通完全达到了设计效能，伯克利的研究仍表明其运转的成本要高于公共汽车，甚至就人均水平而言其成本比小汽车可能还要高。

这些总结是经济学家基于成本的概念做出的。以范围更小的会计标准来看，考虑到湾区快速交通需要偿还年利率为 4.14%的借款，再加上运营成本，韦伯得出其每一趟行程的平均成本为 4.48 美元。因而，在平均票价为 72 美分的情况下，每趟行程的补贴就至少需要 3.76 美元。不可否认的是，湾区快速交通的成本之所以这么高，是因为这一地区堪称先驱，相对而言，从联邦政府得到的资助就较少，而那些 20 世纪 70 年代才开始建设的系统与华盛顿的关系则要更紧密一些。尽管湾区快速交通的运营强调自动化，但这同样反映出其显著的劳动密集特征。

事实上，同湾区其他交通系统一样，在 20 世纪 70 年代中期，湾区快速交通的运营成本的上升要快于通货膨胀。在 1975 年之前的两年内，湾区快速交通的运营成本上涨了 105%，而东湾公车局（区域公交公司）的成本则是在 5 年间上涨 104%，在相同的 5 年内，圣弗朗西斯科（旧金山）市地方铁路系统的成本只上涨了 46%。尽管湾区快速交通的运营高度自动化，但人力成本仍占到了总成本的 67%，另外两个系统的比例在 85%~86%。三个系统的运营成本虽然上涨，然而其票价基本保持不变。尽管对于湾区快速交通而言，在 1975~1976 年票价收入仅仅是成本的 31.8%，不过东湾交通局（AC Transit）的比例甚至还要低些，圣弗朗西斯科（旧金山）市地方铁路系统也仅仅高出一点。可以预见在 20 世纪 70 年代中期，这三个系统均处于亏损运营的状态，而且预期在 70 年代末期，情况还将恶化。事实上到了 1979~1980 年，这三个系统的五年累计赤字达到 2.337 万亿美元，其中湾区快速交通就占到了 1.734 万亿美元。因而可以认为湾区快速交通不仅未能自给自足，同时也拖累了现存的其他系统。它不仅未能吸引众多的汽车驾驶者，相反还分流了公交乘坐者，可以说它将整个的湾区公共交通系统置于危险之中。

正如韦伯所总结的：

> 关于湾区快速交通，最值得注意的一点是其极高的成本。它的实际成本要远远高出任何人所预期的以及通常所能理解的。低水平的资助（预期的 50%）使得高昂的资金成本（预期的 150%）加上高昂的运营成本（预期的 475%）的影响更为复杂，令单程成本达到了公共交通的两倍，与一辆标准美国汽车相比也要高出 50%。在车票收入仅仅占管理机构支出成本的 1/3 水平的背景下，乘客享受到了甚至比公共汽车和汽车补贴更为实惠的通勤价格，不过其数目却只有预期的一半。

回顾性分析：什么出错了？

所以，无论从何种合理标准来看，湾区快速交通都被证明是一个规划灾难。那么问题就在于错误究竟在哪里，又是怎么发生的呢？凭借带有一定程度后见之明的历史回顾，也许可以勾勒出（事情发展的）大略。

首先，湾区快速交通被设想能够遏制住私人汽车使用的大潮。很明显，它失败了，只承担了当地 2.5% 的出行量，高峰时段也只有 5%。韦伯强调基本的原因仅仅在于它没有很好地满足湾区居民的需求。这些居民关心的是门到门（door-to-door）的出行时间，而湾区快速交通的规划者却被湾区快速交通本身的乘坐时间迷惑了。他们选择了一个铁路系统，创建的格局令大部分居民无法通过步行到达。由于他们必须使用公交或者汽车才能到达湾区快速交通站点，大部分人就会想到他们也许可以继续使用这些出行方式。在伯克利一份关于用户态度的调查中，59%的人说不可能将湾区快速交通用于工作通勤，其中 86% 的人提出这是因为湾区快速交通离他们的居住地或工作地太远了。韦伯总结道："私人汽车之所以对通勤者有着这么大的吸引力，是在于汽车门到门、不等候、无换乘的特点消除了等候时间，而并非其速度最快。对于使用汽车的通勤者而言，湾区快速交通恰恰牺牲了他们最看重的而提供了相反的特质。"

　　透过这最初的错误，可以认知到要解决的问题。这一问题并不出自潜在乘客的视角（尽管只有他们的观点才是重要的），而是从规划师的困惑的方面来看待的，后者反过来又从运营者的视角来看待这一问题。1956 年咨询公司的报告清楚地显示：它们相信对于通勤者而言，长距离的运输速度远远比接运时间重要，然而对此，它们却没有直接的证据，并且很清楚的，它们错了。世界范围内的后续研究已经结论性地证明相较移动发生的时间，人们对等候和换乘时间要看重得多，即使是在交通拥堵、移动缓慢的情况下。

　　与此相关的是湾区快速交通在留住汽车通勤者方面的无能，即使最开始它成功吸引了他们。由于居住在这一系统附近的人太少，湾区快速交通的总体影响也很小。而对于这点，似乎湾区快速交通的规划者怀有一种相当不合情理的信念：他们认为在长期内，这一系统能够通过某种方式促使湾区的居住和工作格局发生改变。实际上，1956 年的关键性报告明确提到，湾区快速交通将会促进适宜地区的大型核心商业区的发展。这一预想忽略了那时湾区居民均匀地分布在一个广阔区域，而且其居住地长期处于扩展状态的事实。除非利用公交或小汽车进行换乘，这些人中的大部分都无法直接到达这一系统，而结果正如我们所见，人们事实上发现这一系统的意义不大。

　　实际上，如果加利福尼亚人选择的是欧洲式而非加利福尼亚式的居住格局，这一系统是可以起作用的。1962 年出自相同咨询公司的报告似乎也提到，事实上，这可能确实会发生。根据这份报告，兴建湾区快速交通主要的益处可能并不在于交通方面，而是在于维持城市中心、提高房产价值、遏制城市蔓延、营造更好的就业环境及提供便利的社会、文化和娱乐设施等方面。而实际上，在接下来的债券发行票决中，选民们却并没有发现事情会以这样的方式发展。如果他们感受到了的话，他们就可能会投反对票了。然而，对于其他的关键参与者而言，这可能已经相当重要了。

　　作为早期规划报告的编写者，最早的工程咨询公司即其中的第一个群体，它们提出了区域发展的"正确"格局，宣称发展快速交通有利于形成这一格局，并早早地将这二者置于公共利益的名义下。这样做的后果是规划者忽视了湾区人们切身认识到了小汽车的优点，故而他们喜爱小汽车的理由可谓充分且理性。咨询公司却认定这些态势可以发生改变，但却没有提供任何实证方面的理由。

　　公平地对待咨询公司——规划者集团是重要的。建立了湾区快速交通区的加利福尼亚在 1949 年法案中已经对铁路方案做了详细说明。而在 1975 年，交通部的结论认为在 20 世纪 50 年代及 60 年代早期，不可能甄选出足够数目的能在关键时刻对铁路概念提出严重质疑的专家。那时公交乘客正在流向小汽车。一个"有市场的"的系统必须是基于铁路的。低资本密集系统的概念尚未提出。1956 年的咨询公司报告为怀着纯粹热情的公众、新闻界、专业界和加利福尼亚立法机构所接受。在 1951~1957 年的整个时期，显然没有人提出过一个湾区快速交通概念的严格替代品。事实上，既然这些咨询公司支持铁路的倾向众所周知，那么对它们的委任也许就已经提前表明了对铁路概念的接受。

第二个关键参与者群体由那些有影响力的人组成，特别是圣弗朗西斯科（旧金山）和奥克兰的商业界人士，他们看到了咨询公司所承诺的新发展格局的真正裨益，尤其是在强化主要商业中心方面。这些人在整个 20 世纪 50 年代的湾区议会、1961~1962 年的布莱斯-泽勒巴克委员会（Blyth-Zellerbach Committee，一个商业领袖的组织，成员与湾区议会有很大的重叠）以及快速交通公民组织（受商业利益集团的资助，尤其是银行和建筑商等期望能从债券事务中获益的集团）中都有着很大影响力。这些联系相当紧密且稳固，而且互联性也很高（表 12）。尽管有着这样的证据，方（K. M. Fong）在其关于此话题的论文中，仍质疑这些利益集团是否无时无刻均在通过某种形式的共谋来建设湾区快速交通。商业领袖们并没有那么明显地为其公司利益站队。相反，同咨询公司和公众一样，他们将他们的活动视作一般公共利益的一部分：对湾区商业有益的事物对湾区也是有益的。同交通部一样，方也总结认为，规划者、政治领袖、报纸作者等所有人均对快速交通怀有同样的看法："以 20 世纪 70 年代交通规划者的偏好来评判 50 年代和 60 年代早期的决策是不公平的。"

第三个关键群体是选民，特别是那些参与 1962 年 11 月债券议题票决的人。这里，有一份关于真实计票结果的统计分析表明反对意见集中于局部地区，尤其是位于康特拉科斯塔县东部的那些无法直接从湾区快速交通获益的社区。但是辨析支持的理由却是困难的，这一态度相当普遍。首先可以肯定的是，贫困群体与此没有显示回归效应。地理因素差异也没有清楚地彰显对湾区快速交通态度上的差异。然而，必须牢记的是，这一议题非常普遍地被认为是关乎交通拥堵的，湾区快速交通是以额外 40 条高速公路线路的替代方案的身份来呈现的，选民们可能将它看成了一种可将其他人的（而不是自己的）汽车清出高速公路的方式。

此后在 1969 年关于提升销售税的关键而激烈的票决中，州立法者成为关键参与者。然而在那个时候，湾区快速交通已被视为一种既成事实，那么仅有的问题就在于如何筹集完成系统所需的 1.83 亿美元资金，是应通过销售税还是应通过以某种方式所征收的汽车税？尽管湾区的领导们并不喜欢销售税，但是由于汽车税反对者的反对意愿更强，他们最终还是选择征收消费税。这些反对者包括了公路游说团体（原因很明显）和里根州长（一方面出于保守的财政政策，另一方面出于他希望提供给选民一个会兴建一座脱离于现行过桥费之外的新大桥的愿景）。当然，那时没有人考虑到不同收入阶层与地区居民间的公平问题，销售税是困难和复杂情形下所达成的政治权宜之计的产物。

表 12　湾区快速交通：关键行为者的交互示意

参与者	工程界				银行界							工业界		
	帕森斯、布林克霍夫、奎德和道格拉斯	都铎工程公司	柏克德公司	凯撒工业	美国银行	美国信托	克罗克国民银行	美国富国银行	布莱斯、伊士曼、迪里恩公司（后来是布莱斯公司）	伯利恒钢铁	凯撒工业	加利福尼亚标准石油	太平洋燃气与电力	西屋
个人参与者														
小史蒂芬·D. 柏克德			X				X							
威廉姆·韦斯特			X				X							
利兰·凯撒				X										
莫蒂默·弗雷哈克						X								
青德里克·B. 莫理斯					X									
卡尔·F. 温特								X						
马文·路易斯														
约翰·C. 贝克特									X					
克莱尔·W. 麦克劳德														
舍伍德·斯旺														
小亚瑟·J. 多兰														
阿德里安·福克					X									
阿兰马斯·K. 布朗恩														
托马斯·A. 罗德尔														
H. L. 卡明斯														
集团参与者														
湾区议会（资助方）	X													
快速交通公民金融集团（资助方）	X	X	X	X	X	X			X	X	X	X	X	X
被接受的湾区捷运交通合同	X	X	X	X	X				X	X	X		X	X

续表

参与者	研究界	公共事务与管理界		劳工界	与湾区快速交通相关的活动					
	斯坦福研究所	县议会	商会	工会	湾区议会, 1945	湾区快速交通委员会, 1949	湾区议会公共轨道交通委员会, 1950	湾区快速交通委员会, 1957	湾区快速交通区, 1957	快速交通公民团体, 1962
个人参与者										
小史蒂芬·D. 柏克德	X				X					
威廉姆·韦斯特										X
利兰·凯撒										
莫蒂默·弗雷哈克			X				X			X
肯德里克 B. 莫理斯							X			X
卡尔·F. 温特							X			X
马文·路易斯		X				X		X		
约翰·C. 贝克特								X	X	
克莱尔·W. 麦克劳德								X	X	
舍伍德·野旺								X	X	
小亚瑟·J. 多兰								X	X	
阿德里安·福克						X				
阿兰·K. 布朗恩			X		X	X		X		
托马斯·A. 罗德尔			X		X			X		X
H. L. 卡明斯				X	X			X		
集团参与者										
湾区议会（资助方）										
快速交通公民金融集团（资助方）				X						
被接受的湾区捷运交通合同	X									

注：X 指有这一项；此表仅作说明性的列举，并未作彻底的检视

资料来源：都市交通委员会（Metropolitan Transportation Commission）（1975），42

　　实际上，大部分湾区快速交通历史评论者似乎都同意商人、媒体人和选民等在讨论湾区快速交通决策时有着狭隘的认识，而这限制了实际决策制定过程。技术规划过程既没有设置正式的目标，也没有调查替代方案，而且直到 1961 年也没有进行过正式的评估。像利用海湾大桥（Bay Bridge）下层甲板现有的铁路轨道（1958 年起闲置）等明显的替选方案虽然有被考虑到，但最后还是放弃了。无论如何，那时没有人提出诸如在高速公路上保留公交线路等其他替代方案。圣弗朗西斯科（旧金山）在交通拥堵及反对兴建高速公路方面冠绝全国和全球，而这一问题正是在这二者相结合的语境下被看待的。公共咨询和参与机制是脆弱的，尽管最终受益的会是商业利益集团，但也没有人真正地反抗它们。这些商业领袖们一旦进入了湾区快速交通理事会，其对快速交通的概念就变得那么坚定，以至于在债券票决结果出来后，他们相当乐意将规划工作全盘托付给咨询公司，甚至到了愿意支付一定比例的成本作为费用的地步。

　　这转而可以为理事会对成本显著上涨的容忍态度提供部分的解释。实际上，比起其他一些可供比较的大型公共工程，湾区快速交通在此方面的记录还要更好些。实质发生的上涨（1971 年至 40%）主要源于以下三点：第一，在典型工程契约中对可能发生的意外事件的估计不足（实际只设置了 10%）；第二，不切实际的建造计划没有考虑到 20 世纪 60 年代早期当地社区的反对意见（伯克利拒绝了高架结构，并通过投票决定发行地方债券以将其境内的区段地下化）；第三，也是最重要的一点，是越南战争引发的通货膨胀。虽然原先的估计也设定了每年 3% 的通货膨胀率，然而建设期间，圣弗朗西斯科（旧金山）湾区的真实数值却是 6.5%，这略高于美国 20 个主要城市的平均水平。所有这些原因对 20 世纪 60~70 年代的主要市政工程项目而言，都是很典型的，尤其是那些行业状态尚不确定的项目。

　　因而，湾区的专家们对出错之处有着相当一致的观点。在必须做出决策的关键时刻，即 20 世纪 50~60 年代，技术专家、政客、媒体人、一般大众等几乎每一个人都对问题有着相同的认知。它被视作交通拥堵方面的问题。出行方面需要私家车以外的替代方案，而轨道快速交通被严肃地加以考虑了。一些统计结果显示，一些司机会从其小汽车中分流过来，从而保证了系统的可行性。然而没有人曾清楚地考虑过这是否真的可行。类似地，成本估算也在缺乏基本质疑的情况下被接受了。最后就变成了所有人似乎都想要提出一种摆脱严重现实问题的方法，故而他们就愿意相信那些预测。因为这一渴望，质疑声的到来大大延迟了，对新系统的评价也是几乎完美。进一步地，由于只有运用全新的技术才能实现所需要的奇迹，湾区自己也冒着风险进行了大量的研究和开发试验。也许，只有揭露了所涉及不确定性的真实内涵，这一地区的选民们才会放弃那样的赌博行为。然而，甚至没有人关注评估工作。

湾区快速交通的经验：关于美国快速交通的争论

在一个几乎可以说是轨道快速交通理想试验之所的大都市区，以关键性标准来看，湾区快速交通却可以说是失败了。圣弗朗西斯科（旧金山）湾区的格局极其不寻常：城区围绕海湾呈现出"圈饼"式形状，而从水面隆起的山峦形成了另外一个阻隔，使得居住区呈现为不连续的内陆地区；这些条件造就了适合轨道快速交通建设的独特环境，使得低至水面以下或是穿越山脉的长途运输变得可行。进一步地，圣弗朗西斯科（旧金山）的中心商务区已显示了其非凡的韧性，大部分的办公楼均开发于此；城市居民（当然，只是湾区总人口的一小部分）则偏爱欧洲式的、接近市中心、中等密度的联排住宅，这与 20 世纪 70 年代以低密度蔓延和衰落的中心为典型特征的大部分美国大都市区形成了鲜明对比。

尽管如此，在 20 世纪 60 年代末和 70 年代，许多适宜发展快速交通的典型地区对投资快速交通是否明智展开了讨论，其中一些地区建立了基金。其他地区犹豫许久，但如今都搁置了。有越来越多的证据表明，在所有这些地区的决策中，湾区快速交通的经验是其中最重要的因素之一。

隐藏在这些争论背后的关键性的新背景是联邦政府对公共交通的参与，这是一个精巧的可以用于考察规划基本元素的例子。1964 年的城市公共交通工具法案建立了一个联邦政府拨款用于与地方资金相配套的项目。然后在 1968 年，交通部下成立了城市公共交通管理局（Urban Mass Transportation Administration，UMTA）。1970 年又通过了城市公共交通援助法案，计划在之后 12 年里投入至少 100 亿美元联邦层面的资金。到 1974 年 3 月底，城市公共交通管理局已经通过 394 项单独的建设补助金分配超过了 25 亿美元。这些与 20 世纪 60 年代早期的情况完全不同，那时湾区居民不得不自己承担湾区快速交通全部的研发成本。

1972~1990 年，在各都市区总计达 617 亿美元的计划资本开支中，至少 66%（410 亿美元）将会被投入轨道快速交通中。此外，由于这些轨道交通计划集中于九个最大的都市区，它们就享受到了基金中的最大份额：在此建设期间（1972~1990 年），平均每人 511 美元，而其他都市区的每人只有 230 美元。反过来看，这种高昂的支出反映出大部分基金都被投入了至少 1 600 英里的新铁路线上，大部分为快速交通（就是像湾区快速交通那种类型的城区短途铁路交通）。总投资中的很大一部分是为之前没有类似系统但已经纳入计划之中的五个城市服务的：华盛顿、洛杉矶、巴尔的摩、底特律和亚特兰大。而在这五个城市之中，湾区快速交通系统的影响是最大的。

华盛顿是一个已经做出决策的城市：其快速交通系统计划于 1976 年以迎接建城 200 周年，事实上，到了那年，它只象征性地完成了一段线路，不过到了 1977

年末，则在中心城区建成了一个更为完善的网络。在很多方面，华盛顿的经历与
湾区快速交通都很相似。1959 年的区域规划提出了平衡的一揽子计划，包括一个
248 英里长的高速公路网（其中大部分后来被放弃了）、一个快速公交系统和一个
33 英里长的有限的铁路系统（其中一半为地铁），这些都将由一个负有特殊任务
的联邦机构开发。国会相应地在 1960 年创建了国家首都运输局（National Capital
Transportation Agency，NCTA），负责研究快速交通，在 1962 年交付给总统的报
告中，这一机构建议建造一个 83 英里长、预计耗资 7.96 亿美元的系统。除了"改
善交通"这样模糊的表述外，无论是 1959 年还是 1962 年的报告都没有提出经过
正式考虑的规划目标，这一点是很重要的。此外，1962 年的规划对替选方案也没
进行充分的定量分析。不过在 1963 年，国家首都运输局卸下了建设高速公路的职
责，因而也就可以全身心地投入快速交通建设中；其 1962 年的规划在 1 年后为国
会所否决，不过在 1965 年它提出了一个建造 25 英里长、预计耗资 4.31 亿美元的
更为有限的系统计划，并得到了批准；据此，约翰逊总统于 1966 年批准成立了辖
区横跨三州的华盛顿都市区运输管理局（Washington Metropolitan Area Transit
Authority，WMATA）以代替国家首都运输局建设交通系统。这一机构转而又提交
了一份建造 98 英里系统的计划；到了 1968 年 11 月，在圣弗朗西斯科（旧金山）
湾区快速交通票决的 6 年后，华盛顿的选民以 71.4% 的赞成率同意发行债券。据
此，1969 年 12 月，建设开始了。

　　然而，从那时起，地铁就出于类似的原因陷入了像湾区快速交通那样的舆论
漩涡之中。由于建设的拖延及通货膨胀的影响，估算的成本从起初 250 万美元上
涨到了 800 万美元；同湾区快速交通一样，10% 的偶发性成本上涨限度被证明是
杯水车薪。此外，市区居民对完成的系统是否会牺牲他们来为郊区通勤者服务越
来越持怀疑态度。因而，到了 20 世纪 70 年代中期，问题就变成了是否要完成这
一系统，或是说是否要砍掉包含着 36 个站点的延长区段，这样做的话，预期乘客
和预期收入将会分别下降 26% 和 35%，而且还要冒着那些被排出服务区的人们采
取法律行动的风险。这一困境唯一的出路在于通过某种方式有追溯效力地争取额
外的联邦资金，或者是从高速公路基金中提取，但这样做的话，会引起作为参与
华盛顿都市区运输管理局的三州之一的弗吉尼亚州的反对。

　　亨利·贝恩（Henry Bain）教授对地铁持批判态度，并呼吁以湾区快速交通
为鉴削减工程。他这样写道：

　　　　除非一件事物能给人们带来极大的福祉，不然 500 万美元的投入
　　就太多了。我们的决策过程存在着问题，使得我们会在未曾正视过一
　　些基本事实的情况下——而这些事实引起了人们对一项行动的不同看
　　法，就投入数百万美元的资金用于研究和计划，以及数十亿美元的资

金用于项目和方案。

贝恩指出地铁的财政绩效需要依赖于每天 100 万人次的乘客量,这是湾区快速交通的 8 倍。但实际上会出现的问题却是相同的。郊区站点附近的人口太稀疏了,难以形成足够的客户量。如果可以的话,人们一旦坐上汽车就会继续一直坐到目的地。贝恩认为会出现与圣弗朗西斯科(旧金山)相同的现象:由于拥堵铁律(iron law of congestion)的存在,交通量会增加直至塞满可用的空间。

然而,贝恩确实也认识到了地铁有着一些不同于湾区快速交通的正面因素。华盛顿有着一个特别巨大和宽广的中心商务区,一天中长时间都处于交通拥堵状态〔相反,圣弗朗西斯科(旧金山)的中心商务区则是非常紧凑的,存在着很多的步行通勤〕。它同时也能很有效地为那些中心城区周围、分布面积仅 100 平方英里的低收入的市区居民提供服务。贝恩认为轨道交通系统应止步于此,郊区县的通勤应该由公交承担。1978 年,这一问题并未得到解决,但是事实证明,这一系统充斥着各种问题,不仅不可靠而且成本高昂。

佐治亚州的亚特兰大是另外一个采取了错误措施的城市。1971 年,该市居民投票通过了一个 60 英里长、耗资 13 亿美元的系统,同时决定改善公交系统,其中一些包括有预留的公交专用道。像在圣弗朗西斯科(旧金山)一样,此处的本土商业利益集团认为这一计划将巩固亚特兰大作为美国最强劲的地区增长中心之一的地位,因而给予了大力支持。委任的咨询公司同样也是帕森斯、布林克霍夫、都铎和柏克德。但是由于建设的延误(部分是源于联邦政府坚持进行环境影响评估),当这一系统从 1975 年开始建设时,其预算成本已经从 13 亿美元(1971 年)上涨到了 20 亿美元。虽然亚特兰大都市区域交通局(Metropolitan Atlanta Regional Transit Authority,MARTA)已经收到了 2 亿美元的资金拨款,加上 6 亿美元的自主资本基金,总计达现有委托基金的 10%左右,但是这些再加上 20%的地方基金也仅仅能够用于支付建设 13.7 英里的系统。同时,亚特兰大都市区域交通局还肩负着维持亏损日益严重的亚特兰大交通系统(Atlanta Transit System)的职责。因而,亚特兰大的交通计划进退两难。它必须从华盛顿或是州政府申要更多的资金,或是更加地依赖递减销售税。如果这些工作无一完成的话,车费就必须提高,这就有悖于 1971 年这一提议之所以能赢得广泛公众支持的基础。正如技术评估处(Office of Technology Assessment)在 1976 年所总结的:"如果城市公共交通管理局的政策仍有效,而且州和地方层面的基金均不可用,那么亚特兰大的交通系统会远远不同于其最初所设想的样子。"

这些线索共同指向了城市公共交通管理局的角色。实际上,在 1976 年,城市公共交通管理局回绝了科罗拉多州丹佛市一个极具雄心的提案。这一系统是一种个人快速交通系统,乘客们在复杂的计算机技术的帮助下,驾驶小型汽车前往其期望的目的地。在西弗吉尼亚的摩根敦，当地州立大学的各分散校区试用了这一系统的原型，起先该系统被技术缺陷困扰，不过如今正广为推广。另外一个系统被位于得克萨斯的巨大的达拉斯–沃思堡（Dallas-Fort Worth）机场运营，如果能充分开发其所服务的区域，将比纽约市更大。这些原型都尚未成为一个合适的个人快速交通系统，而且开发所需技术的可行性也尚存疑问，这无疑也是城市公共交通管理局回绝丹佛市的提案而青睐一个更为稳健的公交计划的原因之一。

这一决定也许是象征性的，因为丹佛是美国西部最大的几个都市区之一，自1945年就已经经历了其主要增长阶段，这也就意味着它已处于一个小汽车大量普及的阶段，正形成一个去中心、蔓延式的格局。其他的例子，如亚利桑那州的菲尼克斯、犹他州的盐湖城和加利福尼亚州的圣迭戈。然而，最极端的例子当属位于加利福尼亚州西南部，有着1000万人口和1万平方英里的超大城市洛杉矶。同样是在这里，诞生了一次摇摆不定的关于快速交通最大的争论。

洛杉矶以超大高速公路城市而闻名于世，尽管其400英里长的系统现今已受到美国其他主要城市的挑战。较少为人所知的是它曾有过世界上最长的快速交通系统：太平洋电车（Pacific Electric Railway），在20世纪20年代的巅峰时期这一系统拥有1 114英里铁轨，4 000辆车辆，每年运送1.06亿人次乘客。20世纪20年代之后，由于实际上没有人尝试去挽救这一系统，故而随着汽车的普及，它逐渐淡出。然而这并非是缺乏研究和计划的缘故。在1925年、1933年、1939年、1945年、1947~1948年及1959~1960年，均有公开发表的报告提出雄心勃勃的改善现有系统或是建造新地铁的计划。然而所有这些都不了了之，而最后一班太平洋电车运营到了20世纪50年代末期。

1959~1960年由科弗代尔（Coverdale）和科尔皮兹（Colpitts）咨询公司出台的一系列报告建议优先开发四条服务城市中心的辐射状线路，然而，具体的财政分析认为除非利率低到离谱，否则将难以担负起这样的建设工程。然后，在1968年，咨询公司进一步的报告提出，可以先建设一个89英里长、包括5条线路的系统作为整个300英里交通网络的第一阶段。同之前的规划相比，实际上是同之前所有的规划一样，这一系统将会穿过中心商务区。但是最后，这一地区的选民在1968年11月的一个债券发行票决中否决了这一计划。

然而，这绝对无法阻止快速交通的支持者们。到1971年，洛杉矶市的城市规划部门都在致力于提出一个相似的系统。然后在1973年，出台1968年报告的南加利福尼亚快速交通区（Southern California Rapid Transit Disitrict，SCRTD）提出了一个将耗资70亿美元的系统，其资金筹措需要联邦的援助再加上一个主要的债券发行（1975年为1.48亿美元，到1999年上涨到了一年3亿美元以支撑这一系统）。70亿美元中至少会有66亿美元的资金用于快速交通，包括116英里长的"固定导轨"（如铁轨）和6条交通繁忙的走廊。建议修建另外两条走廊的公交专用道的预计成本则略高于 2.5 亿美元。到长达 12 年的建设期末，即 1986 年，整个系统运营的年亏损额会达到 2.87 亿美元，这一缺口将由发行债券、提高 0.75% 的销售税及公路基金来填补。

然而到了第二年，事实证明这一系统过于保守了。在同当地政府协商后，南加利福尼亚快速交通区公布了一个新计划，建议最终修建成 242 英里长的交通网络，其中单单原来的 145 英里就预计将耗资 80 亿~100 亿美元，引述一名洛杉矶规划师的简要概括，这将是人类历史上最大的公共工程项目。然而事实上，它真的只是 1968 年及之前就已经流传开来的计划的另外一个版本。

尽管 1974 年的报告清楚地阐述到 1981 年不久后就需要更多大规模的资金支持，不过当时最为紧迫的资金问题还是需要提高 0.5 美分的销售税来启动运营。于 1974 年 11 月举行民意投票的提议得到了各方的大力支持，包括 5 县中 4 个的议会、托马斯·布拉德利（Thomas Bradley）市长、《洛杉矶时报》和主要广播电台、妇女选民联盟、商会和南加利福尼亚汽车俱乐部，甚至还有塞拉俱乐部。然而，同 1968 年一样，提案以 56.7%：43.3% 的结果再一次失败了。洛杉矶的支持率为 54%，康普顿郊区的工人阶层达到 71%，甚至贝弗利希尔斯的居民（他们几乎不会频繁地享用到这一系统）也达到了 61%。但是远离计划线路地区的蓝领选民们拉低了整个比例。

马库塞（Marcuse）和其他一些人认为他们是对的。计划的系统将只能吸收所有通勤中的 6%~8%，而且其中很多将会来自公交系统；只有 3.5% 会来自私人汽车〔今天，洛杉矶公共交通使用者的比例要远远低于圣弗朗西斯科（旧金山）、华盛顿、波士顿、芝加哥、费城或是纽约〕。由于城市的进一步疏散，交通走廊沿线的人口实际上一直处于下降状态，因而，到了 1973 年，已经没有交通走廊符合可支撑轨道交通运营的高峰期 2 万频次/小时（通勤）的门槛标准了。这一系统将会产生巨大的税负，这一负担主要会落在穷人身上，然而，由于这些人的居住地远离线路，工作地也在中心区之外，他们能得到的收益微乎其微（事实上，大部分居民都不能直接获益）。这一系统将损失掉一些低收入的职位的人。研究人员已经计算得出，洛杉矶现行的税务格局是在压榨公交乘客的基础上，令汽车使用者极大地获益。但是如果这一点成立，那么新的快速交通将会加剧这一不平等态势，马库塞和其他一些人也持这样的看法。实际上马库塞这么说道，（这一系统的）资金成本已经足以为城市中的每个家庭购置一辆本田思域了。

面对这样的结果，快速交通方面的利益集团拒绝放弃。1975 年，他们带着一个简单的"起始线路"的概念卷土重来，预计长度 53 英里，到 1994 年的投资和运营的成本预计 45 270 亿美元。此外，还需要推行 1974 年已被投票否决掉的销售税改革。同时，在这一计划通过之前，工作的重点将一直聚集在现有的高速公路上的钻石线路（diamond lanes，保留的公交专用道）。到 1979 年，沿圣塔莫尼卡高速公路的一条公交专用道已经被抛弃掉，兴建一条沿威尔希尔的"起始路线"再次进入了考虑范围。

因而，到了这个时候，事情暂告一段落，虽然无疑不会平静太久。洛杉矶的传奇故事令人惊叹地诠释了什么才是在一个已经宣称不需要的地区售卖轨道快速交通的尝试。技术评估处清楚总结出了一个原因：南加利福尼亚快速交通区对快速交通抱有很大的热情，而它所寻求支持的地区对平等待遇的追求却必然会导致过于激进的计划。由于南加利福尼亚快速交通区没有来自洛杉矶市的代表，它就可能会忽略出行主要为短途行程的城市居民的真正需求（令那些认为洛杉矶是一个汽车出行城市的人感到奇怪的是，洛杉矶居民平均的上班行程较短，其中50%的人不到6.5英里）。立法委任再加上湾区快速交通系统的委托制令南加利福尼亚快速交通区难以完成对所有模式的评估，尽管联邦城市公共交通管理局一直鼓励它这么做。类似地，尽管南加利福尼亚快速交通区自己的研究表明60英里左右的铁路就已经很好了，但是仍被建议建造一个145英里长的系统，并在之后计划扩展为240英里。最后的预算规模无疑吓到了选民们，并最终导致了1974年票决的失败。

一些经验

湾区快速交通的经验在某个层面上可以说是相当清楚的，然而在另一个层面上却又并非如此。

第一，易于凭借后见之明。早在1949年，即立法机构刚刚相继设立了两个实体机构，并且委任其探究快速交通的需求和向公众公开这一情况的时候，湾区快速交通就变得有可能，甚至是很有可能实现。从那时开始，相关的实践就成了一种公关（准确来说，华盛顿和洛杉矶发生的情况也是如此，而且令人瞩目的是，只有后者的选民们抵制了提议）。

第二，在湾区快速交通及其他类似计划的支持力量中可以见到相当的政治力量。然而，将其视作市区商业利益集团别有用心的阴谋却又太肤浅了。许多希望被认为是思想独立的人，也将城市中心商务区的未来与城市大部分居民的未来等同了起来。城市中心及出行至此的人们的角色受到了过多的重视，而那些有着其他需求的大部分的居民和劳动者们则被置于背景中。只有公众观点普遍发生了扭曲才有可能会出现这种情况。而这可能是源于对交通拥堵问题及汽车普及副作用的一种普遍的担忧情绪。因而，轨道交通看起来就成了一个极其有效的、可创造出奇迹的方案，然而，却没有人会停下脚步想想它到底能在多大程度上解决问题。

第三，与以上相关的是，对于成本和技术问题的质疑普遍存在着延后。项目的建造过程始终设想着咨询公司那些极其乐观的时间表都能毫无困难地实现，也不会出现会令计划拖延的技术障碍，而通货膨胀率也将处于温和状态。显然没有人愿意唱黑脸，去对这些幼稚的想法提出一些质疑。

第四，也许也是最奇怪的，存在着这样一种观点，新技术的到来会改变已经建立的行为格局，即长期依赖汽车的加利福尼亚的郊区居民，会转身投向一种他们所认为的与传统公共交通大为不同的新的交通形式。甚至更为出奇的是，随着时间的推移，新技术会令其抛弃对低密度的独栋住宅的偏好而在交通站点附近形成密度更高的居住区。然而对于此，却并未有行为研究方面的实际证据。再一次，这代表的似乎是达成政治意愿的一种形式。

然而，所谓后见之明也有着马后炮的嫌疑。做出这些决策的人有着时代和文化局限性。他们的行为是对汽车的普及、烟雾的威胁及无休止地兴建高速公路的危害等一系列可以观察到但未能解决的问题的反应。可供选择的解决方案看起来非常之少：传统的公共交通明显不受欢迎，只有一个技术和资本密集型的方案似乎才有足够的希望。那么，在对此的回应中，怀揣着幼稚的想法也就不足为奇了。

这是公平的，然而，这也确实对未来有所启示。我们需要一些大体上能在未来避免犯下相同错误的方法（实际上，有证据显示在美国和其他地方，政府介入最合适的程度是引进更为系统和严谨的系统评估方法）。显然，这样的方法将至少包括三个要素：其一，问题的本质须进行更具批判性的分析；其二，须系统化地尝试探讨尽可能多的解决方案；其三，须根据过去积累的经验批判性地评估时序安排和成本。在本书最后，我们将回到这些原则上，并进行更为细致的探讨。

第六章　悉尼歌剧院

　　悉尼歌剧院属于那种建成后立即成为流行符号的建筑。悉尼歌剧院就是[①]悉尼，就像大本钟就是伦敦、雄狮凯旋门就是巴黎、帝国大厦就是纽约。因此，我们可以说它让这座城市置于世界伟大城市的某种心理地图之上。而且，即使当地居民和游客不认同其审美价值，也没人能质疑它是一幢著名的建筑。悉尼歌剧院，无论是在清新凉爽的日出之时，还是在夜晚大港口水面反光的映衬下，它那不平常的帆船形结构都是让人无法忘却的景象。另外，尽管有不同意的声音，但有许多人，包括专业建筑师和批评家，都认为它是 20 世纪的伟大建筑之一。

　　然而，尽管悉尼歌剧院是建筑上的一大胜利，但它无疑也是一个计划灾难。相对于本书中与其他地方的其他项目的强大竞争来说，某种程度上，它在完成时间的延迟和成本增加上创造了世界纪录。一开始，在 1957 年，成本估计是 700 万澳元，到 1963 年 1 月完成。事实上，到 1973 年 10 月完工时，总共花费了 1.02 亿澳元。同时，为了避免更多的延期和成本上升，其总体内部设计不得不进行了修改。这样一来，它甚至不像它首要的存在意义那样——作为大歌剧院发挥作用。这是一个特别的故事，包括了典型的不充分成本估计、工程设计的主要问题和不充分的技术控制。我们团队的账户可以在澳大利亚资料库中随意提取这一事件的全部文件。

开始：竞争和承诺

　　便利朗角（Bennelong Point）如同是澳大利亚的普利茅斯岩（Plymouth Rock）。它是包围悉尼海湾的两个角之一，菲利浦（Phillips）船长在 1788 年于此地登陆（另外，也是海港大桥的一端，海港大桥是悉尼的另一标志）。不奇怪人们会想当然地认为这是一个放置文化纪念碑式建筑的合理地点。尤金·古森斯（Eugene Goossens）便是其中一位，他是新南威尔士州立音乐学校的主管和悉尼交响乐团

---

① 指的是"代表"的意思。

的常住指挥。他从 1947 年开始就为一座能配得上大都市的歌剧院和音乐厅而奔走。另一位是约翰·约瑟夫·卡希尔（John Joseph Cahill），20 世纪 50 年代新南威尔士的工党首相，他将其视为一个显示巨大创造力姿态的政治机会。

因此，在 1954 年 11 月，一个考虑如何建造歌剧院的委员会成立了。它建议，对于这样一个享有声望的建筑来说，应该进行国际招标。政府接受了这一建议。1955 年 9 月，政府宣布，将建造一个能容纳 3 000~3 500 人的大厅，为大型歌剧、交响音乐会、大合唱、芭蕾和大型会议提供场地，以及一个 1 200 座的稍小的厅，用来举办戏剧、小型歌剧、室内音乐表演、小型音乐会独奏会。其国际评审团的成员包括来自美国的埃罗·沙里宁（Eero Saarinen），来自英国的莱斯利·马丁（Leslie Martin）、亨利·阿什沃斯（Henry Ashworth）和来自澳大利亚的科布登·帕克斯（Cobden Parkes）。

1957 年 1 月，卡希尔宣布，在 233 个竞标方案中，评审团选择了相对不那么为人所知的 38 岁丹麦建筑师约恩·乌松（Jorn Utzon，又译为约恩·伍重），他提交了一个极其不寻常的设计，它由两组互相连接并排的混凝土薄壳或者说半穹顶组成。评审员评论说：

> 这个设计的图纸简单到有点像示意图的那样粗略的程度了。然而，经过我们对这些图纸的反复研究，我们相信这些图纸提出了一个能够成为世界伟大建筑的歌剧院的概念。我们将这个计划视为最新颖最具创造性的方案。因为它的独创性，它当然会是一个具有争议性的设计。但是，我们对它的优点完全有信心。

在该计划的结构工程师奥雅纳看来，图纸很"粗略"的说法几乎是个不充分的陈述：

> 支持这样一个几乎不包含任何细节或任何结构可行性上的信心的计划显然需要莫大的勇气。如果评审团成员中有一位工程师的话，我们可能就会失去一幢世界性的伟大建筑——但我怀疑它受到了当时在建筑师中盛行的对万能的贝壳结构的信心的支持。

另一个基本因素是成本的考虑。评审团的报告中称在最后的选择名单中要求所有方案提供成本预算，而实际上乌松的方案是最经济的。奥雅纳在随后的评论中说："我相信，这个 350 万英镑的预算是一些不幸的估算师被迫在几小时内制定出来的。这当然是不可能的。"

所以需要注意的是，这个方案是在评审团缺乏对结构稳固性和最终成本的硬性证据就得出评判的情况下获胜的。据说，当时沙里宁以他的威望，说服他的评审员同行选择一个冒险的方案。无论结果如何，他们离开时留给了新南威士州在不确定中做决策的大问题。

但那时，至少有些政客倾向于冒险。有人说卡希尔很清楚最初的 700 万澳元（表 13）的预算太乐观了。但他用这一预算在冷淡的工党党团会议上通过了这一项目，会议于 1958 年以 24 票对 17 票的小差距接受了这个项目。接受的一个原因是，在 1959 年 3 月的选举即将到来时，他们需要在选区中放置一个振奋人心的项目，争取选民支持，以此对抗卡希尔政治生涯中的强大对手，其反对党国家党。修正后的 980 万澳元的预算是一个测量公司做出的，同样是在乌松所拥有的那些信息的基础上做出的，卡希尔不顾乌松和工程师们的建议，用这个预算推进了项目的启动。于是，1959 年 1 月，在结构和屋顶设计好之前，一份有关地基的合约就已经执行了。1960 年，新南威尔士议会通过了悉尼歌剧院项目，同意由免税的州彩票来筹集 976 万澳元（包括 10%的意外开支）的预算——这是 1958 年卡希尔在他自己的政党、1959 年在其选区中推行的计划的一个重要部分。因此，在仓促的承诺下，新南威尔士政府和民众着手这项工程。讽刺的是，这一年，卡希尔去世了。

表 13　悉尼歌剧院：成本和时间预算

预算时间	成本预算/百万澳元	预计完成时间
1957 年 1 月	7.20	1963 年 1 月
1959 年 1 月	9.76	
1961 年 10 月	17.94	
1962 年 8 月	25.00	1965 年初
1964 年 6 月	34.80	1967 年 3 月
1965 年 8 月	49.40	
1968 年 9 月	85.00	截至 1972 年
1971 年 11 月	93.00	
1972 年 3 月	99.50	
1974 年 5 月	102.00[*]	1973 年 10 月[*]

注：*实际数字

资料来源：M. Baume, The Sydney Opera House Affair（Melbourne, 1967）；J. Yeomans, The Other Taj Mahal: What Happened to the Sydney Opera House（Camberwell, Vic., 1973），and Sydney Morning Herald, Various Dates, 1969-74）

1960~1966 年：寻求结构方案

1959 年，在基金会的支持下开始工作时，仍然有两个基础的技术问题需要解决。较小（但仍然是本质上）的一个问题是舞台布景的移动。乌松的设计将两个礼堂并排放在一起，在有限的空间里极大地简化了行人和车辆流动，但代价便是在大歌剧厅中不能有大歌剧演出不可或缺的副舞台。乌松通过将塔桥藏在穹顶的两翼中来解决这个问题，穹顶可以用来垂直移动布景。这个问题交给一家专业工程公司解决。

更大的问题是如何支撑贝壳，让它强大得足够抵抗狂风。会有这个问题是由于贝壳不平常的形状，就像一位澳大利亚作家所说，那就像"一只大象站在它的两只前腿上"。这当然是结构工程师的任务，而合情合理的是，1957 年成立的致力于监管建筑设计的咨询委员会决定将奥雅纳的公司引入项目，这家公司在这种工作上是欧洲最有经验的。因此，建造建筑的实际结构的两步——基础，以及船帆和墩墙——就由奥雅纳接手了，而乌松只负责第三步的喷镀和路面铺设。奥雅纳又进一步开始直接对新南威尔士州政府负责。由于乌松没有监管过任何比中型房屋项目更大的项目的经验，让奥雅纳实际上成为副主管，自然就是必要的了，他们分别有声学、电气工程、机械工程、暖通、空调系统和灯光系统方面的咨询专家。这本身就使得副咨询师的咨询费用是否可以从政府为主咨询师提供的经费中提取变得不确定。

随着设计工作的进行，越来越多的难题出现了。大量工作不得不进行改进或废弃。到 1965 年，单单奥雅纳公司在这项工作上就总共花费了 37 万工时。问题的根源在于，一直无法为贝壳顶找到一个合适的解决方法，还有所有分包商的相互关系。就像奥雅纳自己说的：

> "……这项工作中出现的大部分改动——它们数量巨大——都是因为客户的要求而出现了新的设计考虑、意外的困难，特别是其他热学专家、剧场技术人员或声学专家等的工作和结构设计互相抵触。这些'交易'间的相互依赖让他们任何一方都不可能带着一个简短的对事件的认识大纲展开工作——每一方的大纲都必须在试错的过程中逐渐建立。这是核心难点。如果每一方只是寻找一个技术解决方案，这件事就不会这么难，但每一种可能的解决方案都会产生建筑上或审美上的影响，并且所有简单的解决方案都可能与目标不符。有时，唯一让人满意的答案就是在吸收新要求的基础上全部从头再来。"

有时确实是这样的。工程的第一阶段是建筑基础及其上部混凝土箱的建设。该部分在 1959 年 2 月被承包出去，要求在 1961 年 2 月完成，因为预计整个建筑要在 1963 年 1 月完成，尽管乌松显然从来不认同这些时间点。第一项承包工程在只有一个大概的工程量清单，却没有乌松的图纸的情况下开始了。原本图纸该在几个月后完成，但实际上大大延迟了，所以产生了大量的错误。1961 年建造的大部分基础不得不在 1963 年拆除，因为贝壳的设计发生了改变。第一阶段比日程安排晚了近两年才最终完成，花费了最初预算的 280 万澳元的两倍。

在奥雅纳的 5 年工作之后，屋顶的设计最终在 1962 年完成。第二阶段的工作也在这一年的 10 月，在成本加成的基础上被承包给一个澳大利亚承包商（Hornibrook有限公司）。这项工程直到 1967 年才完成。奥雅纳负责结合承包商和工程测量员的情况制定这项工程的时间表。在这一时期中，乌松和奥雅纳关系恶化到了某种程度，1963 年，他们不再有任何现场沟通。乌松拒绝接受奥雅纳的建议，他似乎相信奥雅纳正在试图从他那里接管第三阶段的工程（喷镀和道路铺设）。争论集中在了喷镀天花板的设计上，乌松想用预加工的胶合板组件，而奥雅纳认为那不现实。最后，在部长对报告的要求下，奥雅纳于 1966 年 1 月递交了一份他个人意见的说明。

在这期间问题恶化了。执行委员会，一个临时团体，缺乏必要的资源来评估设计上的细节，也不能给这样一个重大项目提供所需的适当的客户。1960 年通过法案以来，它扮演的仅仅是政府顾问的角色，是合法客户。但它还是给出了关于发布款项的重要建议，并且从 1963 年开始，这变成了一种危机。在 1962 年 3 月，乌松告诉执行委员会他预计在 1963 年 3 月完成第三阶段的细节图纸，但是在约定时间的两年半之后，图纸依然没有完成的迹象。

1966~1973 年：后乌松时代

同时，在 1965 年 5 月，长期执政的新南威尔士州工党政府被由罗宾·阿德金（Robin Adkin）领导的自由党-国家党联合政府推翻了。在选举中，剧院成本的上升和完工的延期自然成了主要的争议。这时政府从执行委员会那里接过了付款权，并将它交给了公共工程部部长——戴维·修斯（Davis Hughes），他曾是第一阶段工程的工程师，这便是对乌松的最后摊牌。在 1966 年 2 月底，在奥雅纳的屋顶报告的刺激下，他向他的同事所在的州政府的工程费用部门的未经支付的问题屈服了。十天后，他得到了设计建筑师的妥协信函——但是是在新南威尔士政府首席建筑师 E. H. 法默（E. H. Farmer）领导的，包括彼得·霍尔*、D. S. 利特尔莫尔（D. S. Littlemore）和莱昂内尔·托德（Lionel Todd）在内的层级制度中。乌松自然拒绝，并且在这件事上消失了，这不可避免地又触发了进一步的论战，批评他的人说他寻求设计完美的歌剧院，不考虑费用、时间或其他因素；他的辩护者声称他受挫于合适的认识大纲的缺乏以及政府拒绝为他的设计提供检测设施。

不管怎样，新建筑师们马上发现他们自己正置身于新一场争议的中心。似乎他们直接违背了认识大纲，去建造一间容量为 2 800 座的歌剧厅，而乌松曾告诉他的声学顾问克里默教授，歌剧院的总容量为 2 600。在 1966 年 6 月，歌剧院的主要用户——澳大利亚广播公司交响乐团提出了其对歌剧厅的要求。它将有 2 800

---

*　一位澳大利亚顶尖建筑师；与英国国家剧院的导演或本书作者都没有关系

个座位，加上比乌松设计的更长的混响时间、一个三倍于乌松的设计的排练厅，以及一大堆新建筑师团队们发现几乎不可能满足的细节要求。在与问题周旋了六个月后，他们想到了一个极端的解决方法。在咨询了座位及管理专家后，他们建议完全颠覆乌松的原始设计。原本设计 2 800 座的主厅，将专供音乐会使用，因此可以省下布景空间，可以作为排练室和广播室，并且能扩大作为电影院和室内音乐厅的小厅。原本那个较小的礼堂就成为有 1 500 个座位的歌剧厅。由于最初设计的大歌剧厅只有 1 904 个座位，这个全新的设计大大扩充了容量。

大礼堂：从 1 904 个座位到 2 800 个座位

小礼堂：从 1 150 个座位到 1 500 个座位

小电影院：从 350 个座位到 600~700 个座位

总计：从 3 554 个座位到 6 550 个座位

这是一个经济的解决方案，并且因为能够达到必要的混响时间，它能满足音乐会的需要。但它意味着要拆除大部分精细的舞台机械设备，将舞台布景垂直移动到大礼堂里，安装这些设备就已经花费了 270 万澳元。这也意味着歌剧厅再也无法满足它初始的功能，去承办一出像米兰斯卡兰歌剧团演出的完整的大歌剧，因为无法安装舞台布景。结果，就是一场以澳大利亚广播公司为代表的音乐厅游说团和以伊丽莎白剧院集团及歌剧院集团为代表的歌剧利益者之间的激烈争论，澳大利亚的建筑师们倒向歌剧一方。最后，在 1967 年 3 月，新南威尔士内阁接受了公共工程部部长的建议，修改继续执行。在这之后一年，详细的认识大纲才完成，随后在容量上又有轻微的改变，新设计意味着移除舞台台口和大型钢制舞台塔。

就像表 13 显示的，成本的上升主要就发生在这个时候，现在的花费，8 500 万澳元，已经超过了最初预算的十倍。建筑的新完工时间推迟到了 1972 年底。于是 1969 年 3 月，新南威尔士州议会通过了一项继续发行价值总额 8 500 万澳元的彩票的法案。但是据透露，到 1972 年 3 月，成本已经上升到了 9 950 万澳元，其中多达 1 120 万澳元是不可预测的建筑业中的上升成本。

悉尼歌剧院在 1973 年 10 月 20 日正式开放。半年后，1974 年 5 月，公共工程部部长宣布了最终账单：1.02 亿澳元。这些资金中 930 万澳元来自彩票，其余的费用由州财政部通过过渡性融资（临时贷款）来支付，以后期继续发行彩票的方式来偿还。这栋建筑开放时没有停车设施，而建设这些设施还要再耗费相当于 1969 年的 700 万澳元的费用。政府对此的态度是观望——不管怎样，这是可以理解的。

事实证明歌剧院不仅造价昂贵，运营费用也很大。在 1974 年其开业的一周年时，它的运营费用就飙升到每年 600 万澳元，其中超过一半是工作人员的工资。就像一位政治家所说，乌松设计了一幢人员密集的建筑。这些支出中只有 1/3 来自剧院收入，剩下的 400 万澳元不得不从政府补贴中支取，这些补贴仍然是通过彩票筹集的。但由于工资成本推动的通货膨胀在澳大利亚非常严重，到 1975 年费用会上升到 750 万澳元，歌剧院的租金将会上升到每周 7000 澳元。这也许会促使票价上升到每场 10 澳元以上，阻碍销售，甚至导致澳大利亚歌剧团寻找其他更便宜的演出场馆。因此，很讽刺的是，这些威胁使得歌剧厅发挥其设计之初的主要功能的费用太过巨大。但毫无疑问，问题的一部分在于，最终确定歌剧厅容量为 1400 座的新设计使它成了世界上最小的歌剧厅（除了像格莱德堡歌剧院那样的专业场馆）。

一个相反的观点认为这并没有多大关系。因为彩票销售点广泛流行，歌剧院的建造实际上只花费了新南威尔士州纳税人非常小的一部分钱。大部分的运营费用能够通过这种方式来支付的可能性始终存在。因此，澳大利亚人中普遍存在的博彩热能够为小部分澳大利亚人的文化需求买单。平民主义政客在这个论点上能走多远，还有待观察。

回顾性判定

有时候，澳大利亚人似乎对悉尼歌剧院有很多看法。当然，几乎没有任何公共工程比它拥有更多争议。但是，达成共识的某些关键点确实有可能会出现。

歌剧院在成本上升上创造了一些纪录。在这件事上，某些关键因素显得至关重要。当时的政府致力于为了政治原因而推动一个有威望的工程，价格的考虑被放在第二位。因此，评审员们被鼓励从设计的优点来评判。虽然评审团确实做了成本计算，但那只是最初步的，只是基于设计的新颖性和复杂性。要估计这样一个设计的成本，按理来说，即使不是不可能的，也是极其困难的。即使乐观地看，几乎忽视正常的意外开支补助也是不合适的。奥雅纳的评论或许是意见：

> ……我们想要建造的是乌松的歌剧院，而不是这种不上不下的半成品。没有人知道歌剧院会花费那样一笔钱，而且从一开始就会花费那样一笔钱，即使是个大约的数目……如果一开始人们就知道这个事实，可能就不会建造歌剧院了。但事实是没有人知道，客户和民众都完全被第一个所谓的预算误导了。这些都是使得这个奇迹变为可能的不寻常的情况。

这可能有点虚假成分，那些最想得到这一歌剧院的人肯定清楚在项目之初政治平衡是多么微妙。就像奥雅纳自己承认的："……在我看来，如果事实不是在卡希尔做总理期间确定的，那么这项工程可能根本不会推进下去。而且，没有人确切知道卡希尔和他的政党是否会在 1959 年 3 月的竞选中连任。"

所以经过深思熟虑，第一阶段的工程的开展是为了许下一个承诺，一个即便国家党上台，也无法轻易违背的承诺。曾有人说在那时卡希尔对预算的真实性是拿不准的。修斯后来估计，这个草率的开始让整个工程后来走走停停，拆除错误的结构，因此增加了 1 200 万澳元的费用。但也许这拯救了歌剧院——如果有足够的时间做出更冷静的评估，政治承诺就可能不复存在。

另一个关键点是首席专家的个人因素。乌松是个完美主义者，可以理解他将这个设计看作他的杰作。毫无疑问，他拒绝为了时间或费用而妥协。因为他没有经验，所以责任在他和奥雅纳之间平摊。这导致了他们在技术细节上的冲突，这最终导致了乌松的离开。最终升级为辞职的关键的分歧点是关于费用的支付。乌松拒绝在拿到报酬之前提供任何图纸，而政府拒绝在看到图纸之前支付报酬。当第三阶段的图纸终于在乌松离开 4 个月后的 1966 年 5 月完成时，新的建筑团队发现没有一张图上标明了房间的尺寸、确定了材料或画出了建筑构件。这背后是对使用者需求的一无所知，包括像音响效果、设备和餐饮供给这样的重要技术标准。这导致了未来最主要的使用者在设计工作的 9 年后拒绝按计划安顿在这里。

这种情况的一种解释可能就仅仅是长线的交流。乌松在竞标结果公布的六个月后第一次到访悉尼，此后他一直在丹麦工作，直到 1963 年才搬到悉尼，这期间他偶尔到伦敦与奥雅纳见面或到悉尼施工现场。主要的工程设计工作是在奥雅纳伦敦的工作室完成的，这里集中了大部分必要的专家和专业知识。因此，在与客户们保持定期的交流上可能存在不足，而客户们对这样的建筑的要求是非常苛刻的。这一切都因为执行委员会的临时角色和它们后来对细节监管的缺失而恶化了，他们甚至都没有注意到乌松在座位容量计划上的偏差。

如果在这样一件事上责备是合适的话，那么最后归咎于谁，在某些程度上取决于个人偏好。阴谋论适用于某些政客的角色。但阴谋能成功只是因为在这样的项目中，成本和时间的不确定性是不可避免的。如果新南威尔士的政府和民众希望在更严格的成本控制下建造一座歌剧院，他们就会接受更简单更传统的设计方案。但实际上，他们向专家屈服了，而且他们肯定觉得他们不得不尊重已经做出的裁决。鉴于此，他们必须进行下去，至少在最近几年里必须要这样。他们要采用乌松的一套工作方法，也包括他对完美的不懈追求和对将细节委派给别人处理的不情愿。

最后一点，在于梅尔文·韦伯的问题［这个问题最初是问圣弗朗西斯科（旧金山）湾区快速交通系统］——谁付费？谁受益？由谁来决定？在悉尼歌剧院的案例中，是投机者在付费，而一小部分主要来自悉尼上层社会的人士受益。尽管经济学家认为对于所有悉尼人和前来参观歌剧院的游客来说，他们能够得到一笔精神收入。讽刺的是，那些做决策的人是政客，他们的背后是选民，选民在高度民主的社会中选择建设这一精英工程。而那些 1958~1959 年做出的决定在 1965~1966 年回头来看，可能会被驳回。但是，有可能到 1979 年，这一决策又会被肯定。

第七章 两个近乎灾难的案例：加利福尼亚州的新校园和英国国家图书馆

也许使用两个决策制定过程的案例研究来结束本书第一部分是有用的，这两个案例在相当长的时间里被认为是规划灾难，但在后来的人们看来却是相对成功的规划案例。20 世纪 60 年代的加利福尼亚州的大学和高等教育学院的新校园规划及建设案例，向我们讲述了一套规划体系成为国家争议焦点，并且在一段时间内几乎要被废除的故事。然而在 20 世纪 70 年代后期，这项规划渡过难关，尽管招致批评，但是结果证实这项规划的投资预测大致是正确的。另一个是新的英国国家图书馆规划的案例，这项规划在英国国内引起人们对一个相对较窄的议题展开激烈讨论：新的英国国家图书馆在伦敦市中心的正确位置。它表明政府部门在面对日益剧增的反对意见时是怎样坚持自己的最初决策，以及一旦政府部门改变了它的决策，那些基于各种意图和目标的反对改变的力量是如何瓦解的。

因此，本章研究可以提供积极的观点，从而一扫前述章节带给大家的忧郁印象。但是本章最有趣的地方或许在于一个规划灾难如何转变成成功的规划，因为在本书最初构思时，这两种规划案例都位于规划灾难名单之列。

加利福尼亚州的新校园项目

加利福尼亚州的新校园项目是一个规划博弈的例子，因为它在人们看来很容易变成一个规划灾难，事实上，在 20 世纪 60 年代后期，人们将这个项目视为潜在的规划灾难例子。但是在实践中，在 1975 年的最初规划期的末期，新的校园已经实现了规划者们设想的作用，这表明这个项目是成功的。在这项简短的研究中，首先，我们需要了解规划制定者的意图；其次，要了解在整个事件过程中，哪些因素的威胁在一段时间内令规划者感到不安；最后，我们需要根据实际的记录来研究这项规划是基于怎样的预测进行的。

总体规划及其前身：1957~1960 年

新校园项目是加利福尼亚州整个高等教育体系更大蓝图的一部分，这项蓝图计划在 1960 年发布并且对早期规划进行了必要的具体化。但是这项计划只有在第二次世界大战后加利福尼亚州人口，特别是学龄儿童人口爆炸性增长的背景下才能为人们所理解。在 1957~1958 年到 1974~1975 年这段时间，负责总体规划的联络委员会（Liaison Committee）预测加利福尼亚州的中学毕业生人数将增加 175%，从 123 800 人上升到 341 400 人。如果这些学生的教育需求得到完全满足，那么它将给加利福尼亚州的高等教育界带来非常大的压力。加利福尼亚大学需要将新生的招生人数增加 227%，州立学院需要增加 330%的新生指标，初级学院需要增加 135%的新生指标。并且研究生的招生人数也会出现类似的增加。

这些预测基于加利福尼亚州的人口生育和迁徙事实以及两者之间的关系。加利福尼亚州的人口出生率在 1940~1959 年增长了 210%，这是整个国家的人口出生率增长和大规模的年轻人移民该州的结果。在 1960 年出生的婴儿将在 1978 年成为大学新生。因此，至少在 1975 年，我们就能了解影响加利福尼亚州学生数量预测的最重要因素。其中唯一复杂的因素是未来时间内迁入加利福尼亚州的有小孩的成人数量。但是我们可以大胆假设这些迁入成人的增长率大致与 1945~1960 年这段时间的增长率相同。

面对加利福尼亚州学生数量的挑战，加利福尼亚州联络委员会制定了相关对策。其中最重要的部分是如何将有高等教育需求的学生分流到加利福尼亚州三大主要的公立高等教育部门。第一个主要部门是 1868 年建立在伯克利的加利福尼亚大学，这所学校到 1955 年为止有两个一般校区（general campus）和四个专门校区（special campus），容纳近 5 万名学生。第二个主要部门是加利福尼亚州的州立学院，它由 1857 年的教师培训机构发展而来，在 1935 年后它引入了更宽泛的课程；尽管这个教育系统的招生标准比那些大学更加灵活，但是其在 1948~1959 年，招生人数还是增加了一倍。第三个主要部门是初级学院，它由 1907 年的 1~2 年的继续教育发展起来，后来被加利福尼亚州以外的许多其他州模仿。这三个主要部门相互竞争学生生源，反过来加利福尼亚州的学生也在为能进入这三大高等教育部门而展开竞争。加利福尼亚大学和州立学院担心初级学院会提供 3~4 年的课程项目，所以加利福尼亚州联络委员会面临修订高等教育的入学标准的问题，它需要开发计划以确定三大高等教育部门的最终学生人数并确定计划实施方案。

联络委员会提出一套严格且意义深远的提案来解决问题，它认为三个主要的高等教育部门彼此承担的角色有所不同，并且每个部门都可以在相应的领域内追求卓越。初级学院将被继续限定为开设为期两年的课程项目（即一直到 14 年级或者 20 以上的年级），但是可以为那些需要转到其他学习阶段的学生开设大学课程。州立学院通过开设学士和硕士学位课程，专注于文科和职业教育及教师培训；同时可以和州立大学联合开展博士学位课程教育。加利福尼亚大学具有与州立学院相同的功能，有权独立培养或与州立学院签订协议联合培养博士；它是加利福尼亚州首要的研究机构。加利福尼亚大学招收全州排名在前 12% 的高中毕业生，州立学院招收全州排名前 1/3 的高中毕业生。到 1975 年，5 万名学生将从加利福尼亚大学和州立学院分流到初级学院去；为了应对额外的负荷，初级学院应该得到州政府额外的援助，从而可以保证覆盖全州的高中学生。在未来，加利福尼亚州将成立一个协调委员会来管理高等教育，其管理范围将覆盖这三大主要高等教育部门，职能包括检查预算、对三大教育部门进行功能分化和对高等教育进行计划发展。

但是，研究报告也显示加利福尼亚大学和州立学院都需要进行大规模的扩建。因为即使是实施了高等教育转移计划，加利福尼亚大学的总的招生人数预计将增加到 135%，州立学院的总招生人数将增加到 208%。联络委员会指出早在三年前，它就认识到加利福尼亚州的大学需要进行扩招，并且得出结论：将加利福尼亚州任一所大学的容纳学生数扩招到超过 2.5 万名，由此带来的设施费用足以建设一所新的大学校园——而新建校园看起来是更好的解决方案。它们还发现到 20 世纪 70 年代，加利福尼亚大学伯克利分校和洛杉矶分校的扩招所需的成本超过新建校园的费用，为了减轻扩招的压力，有必要在这些学校附近建新的校园。对于加利福尼亚大学伯克利分校来说，可以在圣何塞以南的圣克拉谷附近地区建新校区；而对于加利福尼亚大学洛杉矶分校来说，可以在大洛杉矶以东南地区建新校园，并且将拉霍亚专门校区（位于加利福尼亚州南端靠近圣迭戈市）扩建为一般校区。

1960 年，加利福尼亚州联络委员会详细地修改了这些原则，并且对它们进行进一步延伸。加利福尼亚州的大学校园容纳的最大学生数是 2.75 万人（当时的加利福尼亚大学伯克利分校和加利福尼亚大学洛杉矶分校的容纳学生数），并且州立学院的最大容纳学生数是 2 万人（1.2 万人位于都市中心之外），初级学院的最大容纳人数是 6 000 人。位于洛杉矶东南部的拉霍亚和位于圣克拉谷地区的新校园建设不得晚于 1962 年，并且计划到 1975 年，拉霍亚校区的招生人数要达到 7 500 人，洛杉矶东南部校区的招生人数要达到 1.25 万人，其中 1 万人位于圣克拉谷地区；在 1965 年或者 1970 年，联络委员会需要进一步检查洛杉矶地区和圣华金谷地区的新校区建设方案。同样地，加利福尼亚州的学院新校区建设应该从 1965 年开始，建设地点位于洛杉矶国际机场附近和大洛杉矶东端附近的圣贝纳迪诺河畔地区；并且州政府需要进一步考虑在 1965 年和 1970 年，在圣弗朗西斯科（旧金山）湾区地区及洛杉矶、文图拉县和贝克斯菲尔德地区新建其他校园。然而，除非新校园的建设立即开始，否则新的大学和学院校园的建设应该在当地拥有足够多的初级学院时才能开始；同时，新的校园应该重点放在非新生教育项目上，除非当地有足够多初级学院为新生提供教育。

因此，加利福尼亚州的立法部门接受了总体规划，并且制定了加利福尼亚州未来 15 年清晰的公共高等教育发展蓝图。加利福尼亚大学和州立大学/学院都将通过建立新校园的方式进行扩张，前提是大量更具有初级发展潜质的学生能够被分流至初级学院。因此，加利福尼亚大学和州立大学/学院的增长应该限于它们自己可以独立正常运作的任务范围内。表 14 详细阐述了整个加利福尼亚州高等教育体系计划和实际招生人数对比情况。

表 14（1）　　加利福尼亚州高等教育（州公共部门）计划和实际学生：总结

项目		1960 年	1965 年	1970 年	1975 年/1976 年
总计	计划	224 750	338 100	535 500[②]	593 400
	实际	203 064	363 457[①]	552 669	630 839
加利福尼亚大学	计划	50 400	66 250	89 150	118 750
	实际	46 801	75 743	103 193	119 646
州立大学/州立学院	计划	58 600	98 950	145 200	180 650
	实际	56 480	98 400	166 876	183 077
社区大学/初级学院	计划	115 750	172 900	230 000	294 000
	实际	99 783	188 874	282 600	328 116

①实际汇总值应为 363 017；②实际汇总值应为 464 350

表 14（2）　　加利福尼亚州高等教育（州公共部门）计划和实际学生增长率百分数：总结

项目		1960~1965 年	1965~1970 年	1970~1975/1976 年
总计	计划	+50.4	+58.4	+10.8
	实际	+79.0	+52.1	+14.1
加利福尼亚大学	计划	+31.4	+34.6	+33.2
	实际	+61.8	+36.2	+15.9
州立大学/州立学院	计划	+68.9	+46.7	+24.4
	实际	+75.0	+68.8	+9.7
社区大学/初级学院	计划	+49.4	+33.0	+28.0
	实际	+89.1	+49.6	+16.1

资料来源：①加利福尼亚财政部门 1960a；②加利福尼亚财政部门 1960b—1977

总体规划完全符合加利福尼亚大学自身的想法，在 1957~1959 年，加利福尼亚大学的董事们已经着手将加利福尼亚大学戴维斯分校、圣巴巴拉分校、河畔分校和圣迭戈分校的专门校园调整为一般性校园，同时决定建设两个新的校园——一个位于大洛杉矶地区，另一个位于北中部海岸地区的圣克拉拉谷。到 1964 年，加利福尼亚大学伯克利分校已经有学生 27 400 人，而加利福尼亚大学洛杉矶分校有学生 23 700 人，所以他们建设新校园的意愿更加强烈。

　　表 15 是 1965 年大学发布的扩建和新校园建设的目标。加利福尼亚大学伯克利分校和洛杉矶分校保持它们 27 500 名学生的上限。圣巴巴拉和戴维斯专门校园到 1975 年的计划学生人数少于其最终设定的 15 000 名学生的目标；河畔校区达到其最终 10 000 人的目标；圣迭戈校区计划学生人数适当地增长了约 7 400 人，略微超过其最终设定目标人数 27 500 人的四分之一。这些设定的目标人数同样适用于新建的校园，但是到 1975 年只有一小部分新校园的扩招人数达到设定的目标人数。

表 15　加利福尼亚大学计划和实际学生人数：总结

项目		1960 年	1970 年	1975 年/1976 年
总计*	计划	—	95 250	113 550
	实际	78 441[①]	103 193[②]	108 522[③]
伯克利	计划	—	27 500	27 500
	实际	27 500	26 326	26 240
洛杉矶	计划	—	27 500	27 500
	实际	26 020	24 564	26 771
戴维斯	计划	—	10 700	13 775
	实际	8 384	12 173	14 592
圣巴巴拉	计划	—	11 175	13 925
	实际	9 887	13 186	13 992
圣迭戈	计划	—	4 500	7 425
	实际	1 350	5 174	8 772
欧文	计划	—	3 850	8 075
	实际	1 000	5 433	7 966
圣克鲁兹	计划	—	2 900	5 350
	实际	600	3 587	5 462
河畔	计划	—	7 125	10 000
	实际	3 800	5 602	7 966

* 统计不包括圣弗朗西斯科（旧金山）医学院

　　注：①原表中的数字为 78 441，各分校数据实际汇总值为 78 541；②原表中的数字为 103 193，各分校数据实际汇总值为 96 045；③原表中数字为 108 522，各分校数据实际汇总值为 111 761

　　资料来源：①加利福尼亚州财政部门 1960a；②加利福尼亚州财政部门 1960b—1977

　　至此，两个新校园的精确位置基本确定。在加利福尼亚州的北端，1959 年的一份咨询报告将选择范围限定在四个位置，到 1960 年，校董事会又将位置锁定在两个选择上：位于圣何塞以南 7 英里的阿尔马登谷，其具有离居民区较近的优势，以及位于圣克鲁兹以西的考威尔大牧场，因为其处于红树林之中，所以有得天独厚的自然区位优势。1961 年，校董事会决定在考威尔大牧场建新校园，到 1963

年，学校已经制订了一份在考威尔牧场新校园发展 15~20 个学院的计划。在洛杉矶东南的奥兰治郡区域，咨询专家提供了 23 个新校园地点并且推荐了欧文牧场，这片牧场原先被规划为容纳私人企业的新城；1959 年，校董事会采纳了建议并且在一年后购买了 1 000 英亩①的土地。这些费用是由欧文公司捐赠的，这家公司认识到大学新校园和新城同步发展的独特机会。按照总体规划的建议要求，圣克鲁兹和欧文校园都是在 1965 年秋季开始招收新生。

其间，州立学院也快速扩张，它按照总体规划的建议在 1963 年实施重组，建立了类似大学董事会式的受托委员会单一系统。这也带来了受托委员会与另一个新的主体——高等教育协调委员会之间的冲突。1967 年，受托委员会批准在圣弗朗西斯科（旧金山）湾区圣马特奥县和康特拉斯柯塔县新建校园；并且在 1968~1972 年，这些地方被买来进行新校园开发。但是高等教育协调委员会建议这些建设不要继续推进，它们的依据是至少到 20 世纪 90 年代末期前，现存的 19 个校园足以满足预测学生的需求，这份建议遭到强烈的挑战。这些争议使许多州立学院的教师和管理者感觉到他们只是二级机构，他们的任务是处理课业负担、教师薪水、公假、研究支持和差旅费用等问题，这促使大学的反对者们提议将部分或者全部州立学院的地位上升到与州立大学相同的位置。然而，1972 年仅有 14 所州立学院上升到与州立大学相同的地位。

20 世纪 60 年代的变化：高等教育系统处于危机中

然而，这一单一的事件只是对期望的基本变化的指示。到 1970 年，加利福尼亚州现时和未来的高等教育都与 1960 年的状况完全不同。在 1960 年，高等教育的基调是乐观和扩张，但是到 1970 年，其基调转变为严重的消极主义以及可能的持续性减少。

这种开始于 20 世纪 60 年代末期的情形的原因之一是人口，整个 60~70 年代，加利福尼亚州的人口出生率在下降。到 70 年代中期，官方的预测显示 18~24 岁的群体人数是增长的，但是在 80 年代其数量开始下降，并且到 90 年代后期才恢复到 1980 年的水平。同时，年龄在 15~18 岁的群体人数在 70 年代早期基本保持不变，并且据预测将从 1976 年开始下降；隐藏在背后的是，人们预期的 40 年代的"婴儿潮"的原因导致的 60 年代末期的人口出生率增长，被证实并未发生。此外，到 70 年代早期的净移民加利福尼亚州的人口仅为 60 年代中期的十分之一水平。因此，人们预测加利福尼亚州所有高校的招生人数将从 1980 年开始下降，除非这段时间加利福尼亚州人口发生戏剧性的增长，并且老年群体也接受高等教育。

---

① 1 英亩≈0.405 公顷。

　　同时，整个高等教育系统也正在经历财政危机。整个 20 世纪 50~60 年代的教育成本在上升。大学过去秉承的原则是获取尽可能多的预算并且立刻花完，所以它们未能预期到教育设施老化这个长期问题，同时没有足够的经费进行更新，并且高昂的研究生课程以及不可避免的教师薪金基准不断升高也带来成本的增加。总的来说，联邦政府对大学的投入从 1963~1964 年的 15%剧烈地下降为 1967~1968 年的 2%。由于各方面的原因，州政府也不愿意增加对大学额外的投入，这里面至少有其在政治上对学生激进主义反感的原因。在 1966~1967 年和 1969~1970 年四个学年，加利福尼亚大学的预算金额相比于需要扩招 20%的学生所需要的费用而言，在以平均每年 8.5%的百分比在下降。1970 年，州长里根成功地将加利福尼亚大学的预算费用削减到不超过 12%，保持与上一年相同的水平，而该州的消费价格水平增长 6%，预期就业人数增长 5%；同时立法机关以"纪律"原因，采取非常措施来否决大学和学院雇员相对州其他类型雇员有 5%生活成本调整费的方案。根据厄尔·凯特（Earl Cheit）的计算，到 1971 年，伯克利分校会陷入"财政困难机构"类别；那些因此被削减的学院会影响到必要的教学项目实施和一些教学项目的质量。到这时学生、学院比将上升；一个研究机构关闭了，其他七个研究机构的运作将缺少规律的预算；并且一些新的课程将会受到延期。在未来，就加利福尼亚大学伯克利分校和圣迭戈州立学院而言，凯特得出结论，整个 20 世纪 70 年代期间，这些学校一年的收入的增长不会超过 4.4%，这与之前预期的最低 6%增长之间有很大的差距。

　　所有这些背后是一个伤心的故事。1963 年对于加利福尼亚大学来说是黄金时代结束的一年，它的校长克拉克·科尔（Clark Kerr）有一篇著名的关于多科性大学的文章：一系列拥有共同名字、共同管理者和共同目的的社区及活动。科尔的文章体现的基本现实是大学控制着新的知识并且这些是经济和社会发展最重要的因素，同时，也可能是文化中最重要的单一要素。所以，大学正成为政府最重要的助手：1960 年，仅联邦政府就投入 15 亿美元到大学教育中——几乎全部投入国防、科技和健康三个领域，并且主要集中在东西部海岸的研究机构，显然科尔所在的大学也包括在内。然而仅仅四年后，科尔被校董事会解雇，其压力来自校董事会的成员之一的州长里根；到 1971 年，伯克利分校的工商管理教授凯特抱怨说大学和学院已经失去了保证它们可以获得联邦和州政府的支持的重要公共价值。

　　大学声望突然下降的现象乍一看难以相信。但是在此期间，由于越南战争的开始和扩大，大学传统的抗议活动开始于 1964 年的伯克利校园言论自由运动（Free Speech Movement），终止于 1970 年的暴力和爆炸事件，这加深了加利福尼亚州甚至美国社会的激进分子和保守分子之间的鸿沟。这个故事很好地解释了当代史并给出了学术解释评论。

　　1964~1965 年的伯克利校园言论自由运动在校园史上没有先例。最初其由一群积极分子发起，并使用令人迷惑的方式将校园和非校园议题联系起来，并且还使用了一些新的破坏手段。在大学的当局试图对这种现象做出反应时，学生们进一步发文证实学校是压迫阶级的一部分。但是要从 1964 年的伯克利分校身上分离出任何有别于过去的特征，来解释为什么言论自由运动发生在那个时间和那个地点，则是非常困难的；大学机构的庞大和官僚主义已经存在很长时间，它们过去是毫无反抗地服务于"国家需要"，并且后来的经验表明不同的管理风格之间几乎没有相关性。越南战争也不是此时的议题：反战活动首次记录于 1965 年 8 月，这是在言论自由运动结束的四个月之后。

　　但是，运动的后果是校园成了 1966 年埃蒙德·派特·布朗（Edmund Pat Brown）和里根的州长选举的关键性议题。在 1965 年 3 月的言论自由运动高潮期，科尔威胁要辞去其加利福尼亚大学校长的职务，这使他成为易受攻击的人物。在 1966 年 11 月，里根赢得州长选举，并领先布朗 100 万张选票，他提出的施政关键主题是建立政府主导的经济、法律和秩序，这些都是科尔所极力反对的。几乎是立刻地，1967 年 1 月 20 日，加利福尼亚大学校董事会在里根的主导下，以 14∶8 的结果解雇了科尔并且决定立即生效；解雇理由是科尔在 1964 年处理言论自由运动时不力并且在 1965 年提出辞去校长职务。伯克利市参议院立即谴责这是不计后果和秋后算账式的解雇，然后长达 8 年的斗争开始了。

　　科尔辞职后 11 天，里根提交了一份预算，这份预算提出将所有州部门的预算削减 10%，州立大学的预算削减 29%，所有州立学院系统的预算削减 28%。这样做的目的是迫使学校对加利福尼亚州的学生收取学费，但是校董事会在 2 月和 8 月的会议上对这种做法明确表示反对。尽管下一年度的预算比 1967 年有所增加，但是对于州立大学来说仍然有 3 100 万美元的缺口，对于州立学院来说有 2 500 万美元的缺口。11 月，里根推动州立学院管理理事会要求圣弗朗西斯科（旧金山）州立学院在困境中重新开放，该州立学院的校长史密斯提出辞职。到 11 月，里根公开提出警察将在必要时包围加利福尼亚州的校园。

　　回顾 1970 年的这些事件，总统事务委员会得出了校园学生运动的一些关键特征。一种新的青年文化——极度的理想主义、唯心主义及追求个体自由的思想，这些思想与大学的理念相冲突，正如垃圾中转站进入了精英世界；并且这些冲突有它自己的动态发展过程，因为思想和行动的螺旋带给激进分子的不安显然影响到事件的发展。激进主义者在大学里制造夸张的氛围，宣称大学本身也是一个压抑的机构。学生们接受这种观点因为他们感觉是被强制接受教育，他们过去的教育让他们还未完全适应更大组织中的生活，并且他们不能识别大学里的许多身份。因此，一个新校园的建立意味着"一个年轻的城市"发展，而并不是一所大学的建立。大学的董事会成员常常来自其他行业，他们对大学的工作流程知之甚少，因此，常常会做出不合实际的决策。

　　1968 年，理查德·尼克松（Richard Nixon）当选美国总统后，这种斗争具有了特殊的政治维度。越南战争爆发后，在 1970 年 4 月 29 日到 5 月 1 日，尼克松命令美国军队进入柬埔寨，镇压抗议并且向俄亥俄州的肯特州立学院学生开枪。时任卡内基高等教育委员会（Postsecondary Education Commission）主席的科尔在 1970 年 10 月报告说当时美国各高校对尼克松的政策的反应程度在美国高等教育史上前所未有。从 2 551 所大学和学院那里得到的回复表明，57%的学校对尼克松的政策持有组织的异议态度，21%的学校的正常教学活动中断。其中，最激烈的抗议行动发生在东北部和太平洋沿岸地区的学校。与此同时，总统自己的团队警告说异常空前的校园危机将"威胁到国家的生存"，因为它是自美国南北战争以来美国社会遭受的最严重的分裂危机。总统团队建议尼克松停止战争，但是这个请求被副总统斯皮罗·阿格纽（Spiro Agnew）以报告的形式立即拒绝了。

　　虽然现在人们对危机的解释各有不同，但是它们都有共同的线索。这些危机的发生是不同时代、不同个人理念和不同政治信仰的人们之间的政治性差异。①

对大学规划的影响

　　然而，生活仍在继续。即使是在最困难的 1968~1970 年，加利福尼亚州的大学仍然保持开放，教育学生，并且在大多数时间都在从事研究工作。1972 年后，越南战争结束，水门事件发生，尼克松下台。1974 年，民主党赢得加利福尼亚州州长选举，1976 年，一位民主党的总统入主白宫。但是，在此过程中，加利福尼亚州的决策制定者们看待未来的加利福尼亚州校园的方式发生了改变。

　　1970 年，在学生运动结束之前，加利福尼亚州的立法机关成立一个联合委员会来制定加利福尼亚州自 1960 年来的第一个总体规划。协调委员会通过与其选出的委员会协同工作，于 1972 年制定总体规划的指导意见。它继承了 1960 年确定的高等教育原则，并且几乎没有做修改，即使修改了，最少也要到下一年才生效，这些指导意见包括高等教育机构向合格的学生开放、教育系统的三方架构问题及学生的入学标准等。我们可以得出结论，即使整个 20 世纪 70 年代，人口出生率下降，但是人口对空间需求仍然保持前所未有的高水平。但是，考虑到高中毕业生的人数将开始下降，我们需要避免传统设施的过度供应。从协调委员会的报告中我们可以找出线索，1973 年的总体规划再次确定了开放式入学制、保持高等教育三大部门的不同角色及坚持各个部门的基本入学标准的原则。但是，我们有必要引入高等教育的第四个部门，我们称之为加利福尼亚州合作大学，它以英国的

①　译者注：原文此处有一段文字，本书中删除。

开放大学（Open University）为蓝本。这样的大学可以提供"可供选择的知识传输体系"，它明显地可以对现存的其他三种高等教育部门施加压力。否则，高等教育总体规划就会对加利福尼亚州的学生人数或者校园数量置若罔闻。但是，我们更建议取消高等教育总体规划，用一个新的高等教育委员会替代协调委员会，编制高等教育五年计划并且定期更新。

在实践中，高等教育委员会可以沿用其前身协调委员会已经制定好的政策。1969 年，协调委员会已经对建设新的大学校园表示怀疑，它提出可以对现有校园的晚上或者假期的使用进行充分利用，加上进一步扩建现有的校园及引导学生去正在发展中的校园等。1970 年，协调委员会拒绝了一个建设新的圣马特奥州立学院的提议，尽管之前它通过了要新建一所社区学院的决议。1971 年，协调委员会指出立法机关已经批准大学可以根据经济和灵活性原则在夜晚使用校园。1972 年，它建议高校管理董事会谨慎对待开设新的研究生或专业课程，因为考虑到 20 世纪 80 年代的课程需求会趋向平缓。所以到 1974 年末，当新的高等教育委员会宣布它坚信到 20 世纪 80~90 年代高校用地需求总量将下降时并不令人惊讶（表 14）。如果是那样的话，那么，在 20 世纪 90 年代前，加利福尼亚大学或者州立大学/学院将不需要建新的校园。

因此，自 1969 年开始，校园规划变得尤为谨慎。其中主要原因是人口变化这一艰难的现实；但是，毫无疑问，凄凉的财政状况也是迫使大学丧失建设新校园的自信的重要原因。

最终的问题想必是，假使 1960 年的规划者们能够预测现今的前途和命运的显著变化，那么他们还会对规划做出相同的解释吗？1968 年 A. G. 孔斯（A. G. Coons）已经指出，新校园的建设没有想象中那么容易。在 1967~1968 学年，即规划制定的八年后，两所新的校园加上圣迭戈校园总共学生人数只有 7 556 人。同样地，索诺玛和斯坦利斯诺斯州立学院在 1968~1969 学年的学生人数分别是 1 730 人和 1 090 人，并且明显地会继续缓慢增长。孔斯总结说："克拉克·科尔治下的加利福尼亚大学比其他学校走得太早和太快了，但是，它这么做是为了抢占与其他州立学院竞争的高地，它遵循的信条是每个大学，不管是旧的还是新的，都应该是一所一般的校园。"他辩称这样做的结果是可能并且是概率性地导致重复性，造成花费在每个学生身上的初始成本和单位成本太高。在这里，他的看法可能受到州立学院系统成员的愤恨心理的影响。但是，他给出了一些证据，如高等教育总体规划中给予每个学生的平均培养经费，州立大学显著地高于州立学院，但是在州立大学和州立学院中，又存在着规模较小的校园单位学生培养经费比规模较大的校园高的现象。

然而，事实是高校总体规划的制定者们也承认，校园越大其带来的成本将会越高，尽管他们没有足够的证据证明。因此，有一种方案是扩大其他一些学校的规模来容纳伯克利分校、洛杉矶分校及更大的州立学院校园中过剩的人口。但是，唯一的问题是必要的增长是否应该发生在学生数量较少的校园中，即增加校园中现有的学生数而不是新建一所学校。

因此，圣克鲁兹、欧文分校和新的州立学院校园对加利福尼亚州纳税人的花费会高于戴维斯、圣巴巴拉或者河畔分校的校区扩建所需的费用，但这也没有非常确定的证据。也许，整个规划中问题最多的是那些规模较小的州立学院，如贝克斯菲尔德州立学院（1976年学生数是3 055人）、多明戈斯山州立学院（6 696人）、圣贝纳迪诺州立学院（4 065人）、索诺玛州立学院（5 677人）和斯坦利斯诺斯州立学院（3 183人）。值得注意的是，这五个学校都是未提出要求具有与大学相同地位的州立学院。所以高等教育协调委员会及其后继者反对这些学校建设更多的校区也就不足为奇了。

但是最终，尽管高等教育总体规划已经显著地假设了各种可能的变化，但是表15清楚表明实际的学生数量不仅与那些高等教育主要部门的预测数量相接近，同时，它们也显著地与加利福尼亚大学的单个校区的数量相接近，其中只有河畔分校的学生数量低于预测。这表明在竞争激烈的旺盛需求系统中，那些最受欢迎的学校将成功地达到预期的招生目标，即使是在1965~1975年生源形势严峻的十年之后。

换言之，加利福尼亚大学在20世纪60~70年代早期面临严峻的政治压力。受一些事件的影响，一所有威望和受人欢迎的学术机构变成了加利福尼亚州高等教育的替罪羊。尽管如此，这些影响也是边缘性的，事实上，加利福尼亚大学获得的资源减少了；其发展一些新的课程项目会受到限制；教师的薪水低于北美大陆其他主要的大学。但是，这所大学勇敢地幸存下来，其与生俱来的名望使它战胜了暴风雨。此外，由于来自加利福尼亚州内外的学生不断上升的申请需求，加利福尼亚大学可以从大量的候选者中挑选优秀的生源。相对地，加利福尼亚州高等教育系统内的其他学校及其他有名望的大学在1975年后的发展可能比1960年差一些，尽管它们中的许多教职员可能不这样认为。

在同一时期的北美大陆和欧洲的其他地方，同样的故事也在上演。加利福尼亚大学的发展方式只是西方社会高等教育历史的缩影。在英国，政府在1965年后创立了一种新式平行的高等教育体系——理工学院，从而与大学进行竞争。各种资源从大学向理工学院转移，这是为了让后者从不断增长的学生需求中获取最大的份额。到20世纪70年代中期，英国高等教育这种所谓的双星系统实际上已经发展成三元的系统。由于人口出生率的下降严重影响了教师的需求，这种结果影响到了大学里一些课程项目的开展，许多大学开发新的通用学位课程，有些时候它们与理工学校合作开展，有些时候它们独立开展这些课程教育。值得注意的是，事情的结果与加利福尼亚州的状况非常相似：大学系统可以开设到博士学位的所有课程，理工学校系统只能开设到硕士学位的课程，学院教育系统只能开设到学士学位的课程，这些差异只是需求等级的差异。由于 20 世纪 70 年代末期的经济衰退，英国的大学场地供应整体过剩，国内大学到处有空闲的场地，教育部不得不减少其 20 世纪 90 年代的高等教育招生规模。

所有这一切都表明，在教育系统扩张时，只要潜在的学生感知到学校在标准和声望方面的差异，那么无论这是真实的、虚构的或是两者兼有，系统中最有声望的学校将从资源的绝对或相对减少中得以幸存。只要它们以与之前大致的规模和水平来维持其教学项目，事实上，不断上升的需求将创造激烈的竞争空间，这让它们在与其他学校竞争时提高声望。这对于那些希望减少大学权力和影响力的政客来说是绝妙的讽刺（不管他们是出于报复还是更高尚的平等主义动机）。

英国的国家图书馆

第二个故事与第一个故事有某些共同点，它也与教育相关（间接地），并且它也是政治斗争的主题。这个故事是要阐明必要的时间跨度，有时这对解决那些即便是非常小，但是确实具有明显技术特征的问题是必要的，不管怎样，这些问题具有根深蒂固的利益纠纷并会卷入不同的机构。

大英博物馆阅览室可能是世界上最著名的图书馆。在规模上，它具有 600 万册藏书，轻松超越美国华盛顿的国会图书馆或者莫斯科的列宁图书馆。但是，它只是作为欧洲文化历史的一部分，并且作为著名的地点来纪念那些欧洲大陆上受迫害的名人，其中著名的有卡尔·马克思（Karl Marx），他在这里完成了著名的《资本论》一书，并且成为英国学者研究的对象。可论证的是，正如英国在文学、人类学和社会科学方面对现代文化的贡献一样，大英博物馆阅览室是英国最重要的投资，特别是作为图书第一版权图书馆，它自动免费获得其藏书的版权。它毋庸置疑地帮助英国伦敦确立国际写作和出版中心的地位，直到很久以后，美国人才获得主导地位。其具有圆屋顶的阅览室中回荡的回声及在此出现过的种种奇人怪事，已经成为英国乃至世界的传奇。

在第二次世界大战期间，一枚炸弹击中了阅览室导致其缝隙处的破裂，并致使其临时关闭。这座图书馆于 1753 年由乔治二世创建，其最初是国王的私人图书馆，后来发展成为第一个国家图书馆，其阅览室于 1857 年建成[①]。更多的阅读空间于 1914 年博物馆扩建时开放给读者。然后，1926 年，大部分笨重的报纸收藏被搬到了距伦敦 12 英里的科林达地区。阅览室位于紧凑的多面向街地段，许多书架环绕在圆形的阅览室内，这个系统不能很好地应对一波波图书和期刊的到来。

---

① 译者注：原文此处有一段文字，本书中删除。

第二次世界大战后，图书界迎来了出版高潮，这意味着图书馆需要每年新增一个一英里半的书架。

在第二次世界大战中期，由阿伯克龙比和福肖（本书的伦敦道路规划中提到他们）制定的《大伦敦郡规划》提出了引人瞩目的解决方案。博物馆周围的布鲁姆斯伯里（Bloomsbury）将作为国家教育和研究区。其中很重要的一部分是伦敦大学立即向博物馆北侧再开发，这项进程在20世纪30年代已经开始，当时伦敦的地铁建造师查尔斯·霍顿（Charles Holden）提出其有争议的摩天楼发展计划。这项工程将与布鲁姆斯伯里的著名遗产格鲁吉亚花园广场的再开发项目协同展开。与之相匹配，在其南面的博物馆正前方的大罗素街和新牛津街的主干道之间，博物馆自身将通过大规模的重建项目进行延伸。作为阿伯克龙比规划的中心思想，整个区域将排除过境交通，并通过托特纳姆法院路主干道的边界、尤斯顿路、南安普顿街和新牛津街相互连接。

阿伯克龙比-福肖规划处于第二次世界大战即将结束，国家面临战后重建的背景下，所以方案受到人们的一致好评。它似乎提供了一个宏伟的蓝图来保留下旧伦敦最好的特点，并且巧妙地赋予其从未有过的秩序。无论如何，在战争中期，布鲁姆斯伯里大部分的地方都毁于德国人的炸弹，人们没有过多精力去思考规划的细节。第二次世界大战后，在1947年的城乡规划运动中，市政厅的新伦敦郡协调规划部的官方规划团队成员寻求对阿伯克龙比的观点给出官方的表达方式。他们于1951年发布了伦敦郡发展规划，旨在对博物馆前面7英亩的矩形地块进行大规模的再开发（以大罗素街、布鲁姆斯伯里广场、布鲁姆斯伯里路——新牛津街和科普特街为界线），从而对博物馆进行扩建，并创造新的图书馆空间。同一年，第一次民事评估预测购买项目用地需要花费200万英镑，其中只有5万英镑是1951~1952年所需要的，但是，正如《泰晤士报》指出的那样，尽管项目还很遥远，但吸引公众的注意力是很重要的，目前其吸引的公众注意力太低了。

但是这种观点不总是对的。以1952年的伦敦发展规划作为研究案例，当时土地所有者和使用者以及在协调反对意见的霍尔本商会（Holborn Chamber of Commerce）中对该规划的反对者不低于50人。反对者不是对博物馆空间使用提出异议，而是对图书馆必须建在现存的建筑物附近提出质疑。他们提出了两个备选地点——两个都位于辛顿区，并且两个地点都非常好且获取的价格便宜，其中一个位于伦敦南岸（最近被政府设计作为国家科学中心所在地），另一个位于布鲁姆斯伯里附近。英国旅游与度假协会辩称酒店住宿的损失将对伦敦的旅游贸易造成巨大影响，并且声称贸易委员会同意图书馆迁址修建的观点。乔治·艾伦和安文出版公司（George Allen & Unwin）对出版协会支持图书馆迁址扩建的观点表示质疑，认为这片区域因为与博物馆距离近，传统上都从事出版，所以应该保留其原有的特征。贝德福德房地产公司也表达反对观点，因为不管是博物馆还是伦敦大学搬到辛顿区都将改变这片区域的房地产属性。最终，当地的管理机构霍尔本行政委员会（Holborn Borough Council）正式与反对者结盟。

针对这种情形，博物馆的代表和郡议会辩称国家利益应该高于地方利益。将博物馆内的图书馆取消不仅对就业有害，特别地，还会伤害到文物研究。博物馆必须保留自己的图书馆，虽然这看起来是奢侈的，但这些干扰会随着时间的推移慢慢淡化。

也许我们可以预料，经过一段长时间的干扰，住房和地方政府事务大臣批准了博物馆这项再开发计划。在 1955 年 4 月，霍尔本行政委员会委员全体一致地通过了对该项决定的谴责决议，他们要求部长无限期搁置这项计划，因为考虑到这项计划对当地商业以及那些事实上不能被安置的居民的严重影响，这些被影响的居民人数预测在 1 000~1 500 人。后来，双方的多数派在 7 月一致通过一份决议，呼吁对项目开展独立的公众咨询。此时，这个决定由当地商会的大卫·埃克尔斯爵士（Sir David Eccles）宣布，然后工程部部长（直接负责博物馆开发的部门）指示郡议会选择三个邻近博物馆的地点中的一个，并且放弃了住房部选择的地点，转向开展公众咨询，用他们的话说叫作公众闹剧。《泰晤士报》有感于此事并发表社论：博物馆的整个工作流程紧密依赖于其与图书馆的邻近性；同时博物馆附近现在指定的几个地点没有适合国家图书馆选址的。适当地考虑所有这些影响，我们可以发现问题在于大型国家机构的利益应该优先考虑。

同样可以预见的是，部长采纳了《泰晤士报》的建议。但是，工程部部长向当地议员丽娜·杰格（Lena Jeger）女士保证，博物馆再开发项目在至少十年内不会开始，并且第二阶段将到 1975 年和之后再开始。

一段时间内，各方都保持了平静。但是在下议院得到杰格女士支持的霍尔本委员会（Holborn Council）对此并不满意。1961 年，他们再次呼吁开展进一步的公众咨询，并且宣称他们将竭尽全力地与博物馆规划进行斗争。他们认为图书馆的用地可以选择 2.5 英亩以下的地方。但是，不久之后，在 1962 年，他们不情愿地同意了开发计划。

此时，图书馆的建设决定正在日益接近。博物馆新任的主任和主要的图书管理员弗兰克·弗朗西斯（Frank Francis），在 1962 年的图书馆员会议上说 1955 年的决议只有 12 年的限制。不久，政府做出回应，在 1962 年 8 月（也许需要注意的是在节日期间），政府宣布任命马丁教授和科林·圣约翰·威尔森（Colin St John Wilson）为建造顾问，负责图书馆建造的场地开发和建筑物设计。马丁早期曾担任伦敦大学再开发项目中部分区域的顾问。然后在 11 月，政府部门颁布了《大英博物馆法案》，尤其宣布国家图书馆的藏书可以分布在不同地方。这不仅是允许在布鲁姆斯伯里花费 1 000 万英镑的代价开发新的图书馆，同时，它也允许在伦敦南岸地区花费 100 万英镑建造一个新的国家科学参考图书馆，根据政府 4 月通过的决议，一套藏品可以分散收藏在霍尔本的专利办公室和贝斯沃特的怀特利仓库。这种复杂的过程同样也可以发生在博物馆身上。政府有望在 12 月法案的二读上宣布伦敦南岸的建造计划将于 1963 年开始，并于 1966 年完成；位于布鲁姆斯伯里的建造计划将于 1965 年开工。

法案正式成为法律。1964 年，在大选期间，工程部部长里彭公开发布了其临时批准的马丁–威尔森图书馆建造计划。他们设计将建筑物组团环绕在空地周围，并且配备大量的地下停车场和服务点，其中一些场所是用来建造住房和商店的。此时，部长认为土地收购将在 20 世纪 70 年代早期完成以启动建筑物建造计划，并且这个项目将历时超过十年。选举结果是，珍妮·李（Jennie Lee）当选为艺术部部长，她倾向于对博物馆的主要设施进行扩建，图书馆建设的前景似乎变得更加光明。

但是，有点讽刺的是，一个新的重要的政治因素出现。1965 年 4 月 1 日，伦敦市进行重组，重组后伦敦市分为 1 个大伦敦议会和 28 个伦敦行政区。之前的霍尔本行政区与圣潘克拉斯和汉普斯特的行政区合并成新的伦敦卡姆登区。讽刺的是，尽管工党强烈反对伦敦重组，但是卡姆登区却成为工党的控制区并且他们需要立即处理霍尔本地区对图书馆建造计划的强烈反对问题。不同的是，作为非常强势的工党地方政府，他们与当地充满活力的议员杰格女士合作，卡姆登区的权力杠杆开始向新的工党政府倾斜。

历经两年多时间，1967 年 10 月 26 日，在下议院和上议院的同步陈述上，政府宣布由于卡姆登区的正式反对，将终止在布鲁姆斯伯里地区扩建博物馆的计划。自英国建立以来，很少有决议在短时间内招致大量谩骂。大英博物馆的受托人包括拉德克里夫勋爵（Lord Radcliffe）、埃克尔斯勋爵（Lord Eccles）、安南勋爵（Lord Annan）、肯尼斯·克拉克（Kenneth Clark）先生（现在是勋爵）及坎特伯雷大主教（Archbishop of Canterbury）立即宣布他们对国家教育和科学部部长帕特里克·戈登·沃克（Patrick Gordon Walker）先生的陈述内容表示愤怒，并且指出沃克先生的陈述没有经过公众咨询。《泰晤士报》首先站出来支持大英博物馆的受托人，并指出博物馆扩建计划是 1952 年通过的政策的一部分，并且公共建筑和工程部已经花费 200 万英镑购买了项目所需五分之三的土地。按照《泰晤士报》的观点，"愤怒"一词并不是最强烈的。结尾写道："这项愚蠢的决定将会使那些关心学习的人对现有的管理者表示绝望。"四天后，大英博物馆受托人主席拉德克里夫勋爵写信给《泰晤士报》证实他并没有收到政府部门的政策咨询请求。这封信仅陈述他后来会见教育部部长克罗斯兰德，提出大英博物馆受托人要作为代表与卡姆登的反对意见进行交涉，他们后来也真的这样做了，他总结说：

　　……在这种情况下，受托人按照法律规定只是对博物馆的行为负责，有些事情本不应该发生在我身上，这些事情包括博物馆受托人对博物馆扩建的意见被搁置不理，并且一项长期的计划被突然中止，理由是当地民众的反对。事实上，政府部门根本没有尝试去制订一项替代性方案，我们都知道这些工作都太有必要并且非常急切，但是政府部门一件也没有去做。

　　显然我的预期遭到篡改：但是鉴于公共管理部门呈现给我们的快速退化的标准，我认为我过时了。

这些文字所表现出的愤怒是明显的。大英博物馆的委托者们将他们自己视为政府的一部分，但是政府却认为他们是其他一伙希望开发新的博物馆场馆的人。此外，政府取消了一项很久以前经过公众咨询后做的决定，并且这个项目正处于后期阶段。另外，卡姆登政府辩称其前任多年来一直反对这项计划，然后就没有进一步回应了。

其间，拉德克里夫勋爵在另外一封信里向《泰晤士报》指出，问题变得更加扑朔迷离，因为在 6 月（应指 1967 年 6 月）大伦敦议会已经做出取消在伦敦南岸地区建设国家科学图书馆的计划。大英博物馆委托者们赞同南岸的建设计划，尽管这不是他们自己的选择，但是，它至少较为快速地解决由于场地限制，一件收藏品被分离放置在两个不适合的地方，一部分位于赞善里，一部分位于贝斯沃特。但是现在博物馆阅览室和科学收藏馆的计划都落空了。他结尾写道："委托人的主张认为，只有完整和统一的国家图书馆才能足够满足学者和公众的需求，而教育和科学部的主张我们不能理解。"

随后由著名的学者、社会学家、作家和图书馆员及出版商发起请愿活动，并由英国大学的 76 位代表者签名的请愿书递交给首相，要求政府改变主意。他们再次重申被废除的计划是唯一能满足图书馆和博物馆需求的，这份请愿书的提议被迅速而礼貌地拒绝了。12 月 14 日（应指 1967 年 12 月 14 日），上议院针对整个问题的争论非常激烈，但是政府仍然不肯让步——尽管拉德克里夫勋爵和埃克尔斯勋爵威胁说如果政府继续坚持其愚蠢的做法，理事会将被解散。在该计划实施受挫的阴影之外，政府在当年 10 月的公告还是表达出了一个积极的新想法。按照国务大臣的话说，"现有国家图书馆的发展方式是不同机构多年拼凑的结果"。

相应地，他提出设立一个小的独立的委员会来监督大英博物馆图书馆、国家中央图书馆、国家科技出借图书馆和科学博物馆图书馆的运作，观察从效率和经济角度考虑，这些机构是否需要引入统一的框架结构。因为人们对这项提议有广泛的争议，所以这个委员会中成员的名字没有立即宣布。然而，在 12 月（应指 1967 年 12 月）的上议院辩论中，郎福勋爵（Lord Longford）宣称这个委员会将由 F. S. 丹顿（F. S. Dainton）博士负责，他是诺丁汉大学的副校长，并且这个委员会将涵括学术、出版和商业人士。尽管政府保证，但是人们还是怀疑这个委员会被要求排除掉布鲁姆斯伯里，即使他们认为这里是正确的选择。

下一年的早期，政府和委员会发现其需要面对强大的民意要求将图书馆建在布鲁姆斯伯里。埃克尔斯勋爵在结束上议院辩论时宣称"我们是在用没有任何意义的语言管理国家"，他接替拉德克利夫勋爵担任大英博物馆理事会主席。他立即告诉报社，称丹顿委员会是没有作用的，但是它既然存在，受托委员会就要充分利用它。他仍然乐观地认为委员会客观的评价会让政府重新执行原先的计划，并希望政府和受托委员会之间能达成一项法案。

但是与此同时，大英博物馆理事会和政府都在关注丹顿委员会。1969 年，这个委员会的报告发表，这份报告建议对国家图书馆进行根本性的结构改变，但是它巧妙地避免了争议性议题。它呼吁在一座新建筑中修建一个新的国家参考图书馆，并且由一个独立于大英博物馆之外的全新的实体来管理。四个博物馆部门——印刷书、手稿、东方印刷书与手稿，以及印花与绘画需要划入新建的国家参考图书馆。国家科学和发明参考图书馆可以取代中央科学和专利收藏处，这个图书馆是整个国家图书馆组织的一部分，它不需要位于国家参考图书馆附近，但是需要位于伦敦市中心。但是，对于人们争议最激烈的位置问题，委员会巧妙地避开。布鲁姆斯伯里是工作和参观的好地方，满足一座国家图书服务中心的要求；但是由于"其他原因"，图书馆必须与博物馆分离，然后在伦敦市中心附近找一个地点，可以靠近布鲁姆斯伯里和奥德维奇（Aldwych），这是十分必要的。

丹顿的报告最令人感兴趣的不是其得出的结论，而是那些能或不能支撑其结论的详细证据。早期的报告显示绝大多数的读者不需要靠近古物，所以将它们分开放置对于读者整体来说其不便性相对较小。1969 年 4 月，只有 6% 的阅览室使用者去其他部门参观，并且只有 3% 的读者认为去其他部门参观是必要的，4 月，只有 4 位博物馆工作人员参观图书馆。然而，目前看来，学生和大学的教工是图书馆最大的单一使用群体，并且 2/3 的人员来自布鲁姆斯伯里-奥德维奇地区。真相是在这片区域的某个位置设立一个图书馆是非常必要的，但不是在这样一个有争议的位置。

这个结论显然足够可以动摇政府，并且那时卡姆登委员会（Camden Council）已经落入保守党手中。1970 年 4 月，政府颁布白皮书宣布其接受丹顿的主要建议，设立一个国家图书馆管理机构，并且整个综合图书馆设施包括新的国家科学图书馆终究需要建在布鲁姆斯伯里。这是一个显而易见的态度上的转变，它受到埃克尔斯勋爵的热情欢迎。这还只是个小惊喜，1970 年的选举后，新的保守党政府宣布一项高达 3 600 万英镑的补充决定来新建一座国家图书馆综合体，叫作国家图书馆，其包含大英博物馆图书馆、国家中央图书馆、国家科学和发明参考图书馆（将被更名为科学参考图书馆）以及英国全国书目公司，这些馆点都位于布鲁姆斯伯里（新组织的另一部分，即国家科技外借图书馆将继续位于约克郡威瑟比附近的波士顿斯帕馆），并且科林·圣约翰·威尔森是整个综合体的建造师。

白皮书说明这座新的综合体是大英博物馆和科学收藏馆所极其需要的，因为这两个地方都不堪重负。最新的调查表明两者都可以搬迁到布鲁姆斯伯里并且保持其所有著名的建筑物，特别是圣乔治大礼堂和布鲁姆斯伯里西广场。其总花费平均每年不超过 300 万英镑，并且持续 13 年以上，如果这项工作尽快开始，也许它们可以在国家图书馆投入使用之前向公众开放。白皮书总结说："如果议会批准这个项目，其结果将是创造独一无二的国家图书馆体系，并且在伦敦市中心将出现全欧洲最壮观的博物馆和图书馆综合体。"

值得注意的是，新的保守党政府中的主管艺术的部长负责介绍白皮书内容，而他正是埃克尔斯勋爵。这似乎是一场个人的胜利，并且是一个人多年梦想的实现。1972 年，议会对英国图书馆法案给出无保留的赞同，被征地的人们只是私下抱怨失去土地，这更加证实是埃克尔斯勋爵的胜利。

但是，作为一如既往的传奇故事，这种确定并不长久。在 1971 年的末期，一个不起眼的新闻标题宣布大伦敦议会和卡姆登委员会一致认为布鲁姆斯伯里不再是建造国家图书馆的合适场地，它们需要调查国王十字街（King's Cross）地区的适宜性。仅仅一年后，1973 年 5 月，因为政府削减费用，新的英国图书馆建造计划不得不延后一年。其间，反对派的抱怨声又一次响起，现在反对者的焦点集中在国王十字街才是国家图书馆合适的替代地点。到 1973 年 12 月，埃克尔斯勋爵以新的身份——新的英国图书馆管理局主席投入论战，此时预测的价格已经上升到 13 亿英镑，约是 1972 年 3 月报价的 3 倍。自然地，反对者们辩称国王十字街是相对便宜的；到 1974 年 1 月，卡姆登委员会加入反对者行列，它在宣传册中指责国家图书馆建在布鲁姆斯伯里是不合理的奢侈浪费，同时，它也是对社会和环境的灾难。到此时，正如昔日的霍尔本时期，卡姆登地区对立的两党与杰格女士联合起来。卡姆登委员会认为，在那个夏天讨论蔬菜和水果市场是从国王十字街还是考文特花园搬走才是可行的选择。

国王十字街是真正意义上的新要素。它是旧的萨默斯城货场所在地，坐落于圣潘克拉斯火车站正西，这里到处堆放着废弃的集装箱，并且尽头是煤炭交易市场。它的优势除了没有商业和居民安置问题外，还有其优越的可访问性。这里步行到三大主要铁路站点（圣潘克拉斯站、国王十字街站和尤思顿站）只要 10 分钟；附近有四条地下线（北方线、皮卡迪利线、市区/环线和维多利亚线），并且有许多公交路线。总之，它毫无疑问位于布鲁姆斯伯里-奥德维奇地区的边缘，并且与各个部分都有优越的连接性。国王十字街可以直接与博物馆的其他地区进行联系，其等于甚至超过布鲁姆斯伯里的优势。

12 月（应指 1973 年 12 月，哈罗德·威尔逊担任首相的前一年），即将上台的工党政府再次大变脸。面对持续的反对声音，它宣布图书馆综合体将最终建在国王十字街。同样引人瞩目的，新的艺术部部长休·詹金斯（Hugh Jenkins）的陈述犹如议会的回复，对不知疲倦的杰格女士问题进行回应。可以预见，英国图书馆委员会反复重申布鲁姆斯伯里是建造图书馆最方便的地方，并且将图书馆放在博物馆附近会带来"不可估价的益处"。但是，与1967年相比，这种反应奇怪地减弱了——可能是因为政府已经给出了清晰的解释，并且对1979~1980年的第一阶段发展的起步已经做好了充分的经济准备。

政府、英国图书馆委员会及大伦敦议会与卡姆登委员会、大伦敦议会与卡姆登区之间进行了紧密的磋商。1975年8月，各方达成一致意见。为了再一次回复杰格女士，休·詹金斯宣布政府满意萨默斯城能为图书馆建设提供合适的土地。为了买下这片土地，需要与土地所有者——英国铁路公司和国家货运公司进行谈判。详细的设计也将开始——1979~1980年，第一阶段的重点是建设大量的实体建筑。英国图书馆委员会遗憾地接受了决定，但是勇敢地表示"……规划和反规划的长故事的结束将对图书馆建造工程的延误减少到最小限度"。不用说，杰格女士肯定非常高兴。

1978年3月，教育和科学部部长雪莉·威廉姆斯（Shirley Williams）告诉民众第一阶段的建设将于下一年开始。这项工程将花费10年时间，并且以1977年中期的价格计算，将耗费约7400万英镑。第一阶段是建设国家科学和发明参考图书馆用房，假设工程的第二阶段和第三阶段将由未来的政府批准，那么总工程将直到20世纪末完成，并且预计花费1.64亿英镑。10英亩的场地将最终提供现有阅览室和科学图书馆总面积3倍的空间，其将容纳3500名读者、2500名员工和2500万本图书。这项设计由科林·圣约翰·威尔森在1978年3月发布，它具有梦幻般的设计，外围是红砖和巨大的悬石板吊顶，为邻近的圣潘克拉斯火车站映衬出哥特式幻想。它立即赢得了建筑圈内外人士的喝彩。

于是，经过30多年的传奇发展，不可思议的是，居然每个人都满意了。生态环境保护者保留了他们的布鲁姆斯伯里之角，居民可以安静地在此居住。书店和古玩店将继续吸引来博物馆游览的旅客，并且这些旅客的人数在逐年增加。图书馆的使用者获得了一个极好的建筑综合体，以及从伦敦各处乃至英国其他地方至此的便捷性。甚至是英国图书馆委员会，也为这个让每个人都等了很久的图书馆的立即开放感到欣慰。

从这些故事中我们学到的经验有些是显而易见的，有些却不是。一是当一种新的制度结构出现时，其阻碍力量的性质是在变化的，毫无疑问，1967年的政府的预期正是如此。尽管埃克尔斯勋爵保持着旧的博物馆受托人同新的委员会图书馆间的共同联系，但是他身负不同的身份就会有截然不同的职责。他最初的使命和责任是选择一个便捷的地点建造一个统一的图书馆综合体，而并非是一定要在布鲁姆斯伯里建造统一的博物馆综合体。因此，通过改变结构，政府在改变决策过程中的关键参数。二是 20 世纪 60 年代末期和 70 年代早期的价值观是不同的。在考文特花园向邻近地块扩建的计划惨败的情况下，政府和大伦敦议会开始考虑当地民众反对的意见，撤下一个大规模的重新开发计划，并且再也没有心思与民众发起类似的"战斗"。三是技术的变革，60 年代早期不可预料地释放出一个整体上可以为图书馆综合体建设提供理想场地的地块。这表明在关键决策中，有时我们需要等待不期而遇的状况发生。无论如何，显而易见的事实是整个旷日持久的传奇故事只是造成了建造计划的稍许延迟。50 年代中期，整个项目主要工作的预计启动日期是 1975 年或者更晚。讽刺的是，到 70 年代末期，即 1979 年，原先代表最迫切需要解决问题的图书馆阅览室，仍然被要求在现址上勉强用到 90 年代后期。

第二部分　分　　析

第八章 解 决 问 题

我们的案例研究已经从多个方面关注了现代世界的核心问题之一，即社会规划公共（或集体）物品产出的方式。这是相当重要的，因为对于大部分（如果不是全部的话）的发达工业国家而言，这些物品占所有物品和服务产出的比例相当大，而且处于稳定的增长中。学校、学院与大学，道路、机场与港口，陆军、海军与空军，医院与诊所，养老院与福利支票，所有这些，近些年来都促使公共支出大幅增长，在一些欧洲国家，增长幅度甚至不可思议地达到50%。造成这种上涨现象的原因之一（后面我们将详细讨论）在于，在真实的市场经济中生产者们可能产出了比人们所需要的更多的物品和服务。但是，一个更基本，也可能更有解释力的原因是随着人均收入的增加，许多人希望花费更多其增加的收入用在那些可能只有通过集体行动才能生产，或者是更适合通过集体行动来生产的物品之上。

公共物品及其供应

关于公共物品或者集体物品的概念尚存在着困惑：一些经济学家将其限定为那些必须通过集体方式才能生产的物品，另一些经济学家则将其扩展至通常由于必要或自愿的原因以集体方式生产的物品。本书中，作者将始终采用更为广泛的第二种定义：公共物品是指那些公众愿意购买但那些私人部门没有动机去提供的物品和服务。

更准确来说，公共物品可以包括以下三种类型。第一种为严格意义上的集体物品，即那些因不具备消费的排他性而无法进行市场交易的集体物品。"搭便车"问题存在于国防、公共健康、法律法规、城镇规划等诸多政府供给领域。第二种为由于信息不对称、垄断及高交易成本等多种市场缺陷而必须要通过公共部门提供的产品和服务。例如，即使是在一个人人都能平等地购买教育的世界，受到更好教育的父母会令其子女接触到更好的教育，从而造成社会不公平（可能也有害于经济发展），因而我们要提供公共教育。类似地，由于无所顾虑的私人垄断部门会大肆利用权力，因而，我们以公共垄断的形式提供水电。又因为（至少目前为止）尚不具备在不造成难以忍受的城市拥堵方面的相应技术，我们没有采取"随付随走"的道路收费方式。第三种是出于对社会和自然环境一般性品质的关注而提供的物品和服务，包括高等教育、博物馆、就业服务、政府对科研的支持及公共广播。

需注意到，尽管这三种中第一种必须以集体形式提供，然而剩下的两者或许可以（在一些地区和时代也曾经有过）由个人提供——公共和私人物品间的界限是不固定的。我们应该认识到这点很重要，许多评论宣称公共规划的缺陷是因为它尝试做的事情太多了。这些评论认为，如果协和式飞机或者悉尼歌剧院是由私人企业评估的话，那么它们将永远不会出现，因而人类的总体福利将会变得更大。虽然我们不一定要接受最终的价值评判，但是关于事实的评述，确实需要更为细致的审视。

无论如何，乍看之下这还是有些道理的。市场中做出误判的企业会遭受损失而最终破产，不过，它不断地接收着消费者偏好的信息。而对于集体物品的供应，公共部门不会面对这样的惩罚，不过，更重要的是，它们没有这样的相关信息流。正如我们所见，如果简单地问公众是否想要更多的某种服务，那么在没有一个价格系统的情况下他们无疑会说是的，而公共部门很可能会尝试满足他们的要求，因为它们没有不这么做的动因。在赫希曼的区分（指当一个组织的成员发现该组织的质量或构成数量在下降时，可以采取"退出"或"发声沟通"两种应对方式）中，面对着供给过度的服务，他们没有像市场消费者那样的"退出"选项，只能发声表达不以为然。

接下来的大部分章节将会致力于探讨这一问题的启示。但是这里，我们当然可以直接先列出一些。第一，目前尚无可能构想出足够的可操作的集体决策规则，因而对于公共物品的供给及其在私人和群体间的分配来说，就尚无清楚的经济准则。第二，对负外部性进行征税，或者对正外部性进行奖励，都相当困难，这大大加剧了这一问题在经济层面上的复杂性。第三，这些服务的生产者们不可避免地倾向于成为能够对生产的内容及产品的价格有着高度掌控力的垄断者。第四，一些消费者相当有组织化，他们可能会同生产者串通以获得远比经济最优水平更多的产品。第五，众所周知，投票已经被证明是决定集体财/集体物品数量和价格的一种较劣的机制。

实证和规范分析

解决这些问题一个明显的初始性方法（有人或许会认为太明显的方法也会是

毫无用处的，但他们没有抓住关键）是将实证陈述（positive statements）从规范陈述（normative statements）中区分出来，即从"应该是什么"的陈述中区分出"是什么"的陈述。如果这样做，我们将能发现，大部分的规范陈述都会对一些在这个并非完美的现实世界中应该或是不应该遵从的政策或决策制定的理想的理性模式展开预测。这些预测中的大部分均是从经济学和哲学的角度出发的，秉承自19世纪的实用主义。例如，在20世纪50~60年代，由运筹学研究者发展出的大部分的科学或系统性的规划方法即是如此。这类方法一般由一系列的逻辑步骤所构成。首先，审视现状以提炼出主要的问题。其次，设立各层次的目标，并将其编辑为易于操作的百分比形式。再次，提出满足目标的多种途径，通过成本和收益等一些同目标实现相关的常用标度来评价这些途径。一般还要计算各种行动步骤的概率，较常采用的是最大化净期望值（效用乘以概率），再将决策付诸实质行动加以实施。最后，持续地监视决策的实施，如果发现预期之外的结果，就须引入合适的修正。

实证分析也可能开始于一个理性视角。换句话说，实证分析假定决策主体均会尽其所能地遵从一些规范性的理性规则。同时兼具实证性和规范性的古典与非古典经济理论及其后续的派生理论，如系统理论等，就是基于理性分析的一个很好的例子。然而，很明显，问题旋即而至——一些行动者的行为难以用这种方法来解释。第一，理性模型假定信息完全，而这通常并不具备。例如，评估各结果的客观概率通常是不可能的，可以做到的极限是让决策者进行主观评估。第二，它假设所有的行动者有着相同的价值观，而这在复杂决策中几乎不可能。正如此后不久的研究所揭示的那样，价值和结果偏好通常处于冲突状态。第三，鉴于上一点，相当一部分行动者可能会认为其他群体的收益往往意味着其自身所在群体的损失，在这样的背景下，利益最大化就可能会成为一个无益的导向。第四，虽然一些目标可以量化，但同时也有一些并不能。第五，由于上一点，仅以资金价值等作为单一评价标度的目标函数的形式就不会存在共识。第六，理性模型中的决策参数在决策阶段中保持不变，然而变化性是真实世界的核心特征。在现实中，行动者对于其所见到的世界有着不同的认知和偏见。他们的价值观非常不同，部分是由其各异的个人经历所致，还有的则受包括对其供职机构的忠诚在内的群体或阶级关系影响。而且他们必须要努力适应不断变化的环境，其中决策因素将并非永远保持固定而使得决策稳定。

总之，理性实证分析者们已经提供了多种模型来解释观察到的事实。达尔和林德布卢姆建立的渐进模型（incremental model）假设，决策者任何时候的决策都只考虑增量替代及有限数目的替代方法。只有当解决方案变得现实时，或者说可以利用现有方法加以实现时才会得到考虑。没有清晰定义的问题，没有决策，问题永远不会得到"解决"。这种缺少明确形式或检验的"非正式问题"，对于规划而言是特殊的。然而，同时也可认为它过于简化了：它忽视了新社会价值的整合会带来社会变化与革新。总而言之，正确的分析模式应该是一种能将基本的情景决策从单项目决策中区分出来的混合视角。情景决策是通过根据个体行为者的目的对主要的可选方案进行基本的探讨来做出的；其间，细节可以适当省去。然后在基本决策的背景下做出逐步的增量决策。埃齐奥尼这样总结道：

> 民主政体对同时赢得许多彼此冲突族群的支持有着更高的需求，而这降低了其实施长期规划的能力，因此，它就必须要接受相对较高程度的渐进主义（尽管尚不及发展中国家）。民主政体倾向于先建立共识再有所行动，通常，最后的完成情况却达不到所需要的水平。

从这个模型中可以推出规划的概念：（规划）是对未来一系列行动决策的安排准备，旨在通过最优方式达成目标，以及从关于可能的新决策系列和目标的结果中吸取经验。这样，就可用实证分析来发展规范式的解决方案。

在本书的最后，我们将回到规范性理论。然而，在这之前，我们需要进一步探讨实证性理论是怎样解决这些问题的。这也许能提供一个更好的描述世界可能状态的理论，从而帮助理解世界现在是怎样的。尤其地，我们需要审视一下除了经济学家所倡导的基于理性模型的解释之外的替代理论。

替代解释：格雷厄姆·阿利森的三个模型

在格雷厄姆·阿利森（Graham Allison）于 1962 年古巴导弹危机期间所做的关于决策的经典研究中，他从三个角度审视了同一片段的历史事实，每一个角度都揭示了不同层面的事实。模型一，理性行动者范例（rational actor paradigm）。同我们刚刚考虑过的理性模型相当一致，它假设行为衍生自单一对象的选择，可以是一个国家或一个政府。这样的理性行动者有着单一系列的目的（即其效用函数）、单一系列的（行为）选项及单一系列的替代结果。通过分析其目的，陈列其选项，计算各选项的收益和成本，然后选择其中净收益最大的，行动者就得到了一个静态解。然而阿利森的研究令人信服地表明，若将这一模型应用于当时美国和苏联间的对抗中，它将难以解释许多观察到的行为。

因而，阿利森尝试应用另外的方法。模型二，组织进程范例（organizational process paradigm）。假定大部分的决策行为产生于组织内已经建立起的路径，这里的行动者将不会以团体的形式存在，而将是组织内个体的集合，其中政府领导处于最顶端。问题被分解为各个小问题，然后由受各种力量限制的个体所执行。集体视角下发展出的组织会形成稳定的认知和流程，因而其反应也就变得可预测了。

目标将主要聚焦于保持组织的健康并令其避免威胁。问题一旦出现，将按照标准流程一个接一个地进行处理，对不确定性将尽可能地避免。如果出现了未预期到的问题，则将根据传统经历以及行动者经受过的训练来寻找答案。剧烈的变化只会出现于人员调动或是整个组织崩溃等组织性危机事件中。如果组织中心做出了任何试图改善流程整合度的努力，那么要保持必要的流程持续监视和控制工作几乎是不可能的。这样，政府就是一个已经确立的组织集群，其中每一个组织都有着各自的目标和程序；变化是渐进且边缘性的，而长期规划会受到无视；如果问题的解决方案偏离现有的程序或是需要同其他竞争组织进行合作，那么它将不会被采取，事实上甚至不会被考虑。

然而阿利森提出，即使是这一种方案也无法描绘整个事实，因而他又使用了另外一种分析模式。模型三，政府（官僚）政治范例［governmental（bureaucratic）politics paradigm］，这一模型假定政府的决策是个体冲突、妥协和困惑的政治合力，其中各个个体的行为必须要从博弈的角度加以理解。这些博弈中的参与者都有各自的职位，他们可能是首领，或是首领的直属工作人员，或者是印第安人，或者是边缘的临时参与者（如立法者和出版人）。他们的认知和利益都很有限，尤其是关于组织的（回归模型二）。他们的利益由赌注所代表，并会为此形成自己的立场；其立场具体则受各种期限限制，并根据各种规则、危机或者政治行动设定。根据其权力每一个参与者都会对结果产生影响，而权力反过来又是源于议价优势（bargaining advantages）、技能以及对这些的使用意愿或者感知水平的结合。权力的投入必须要足够精明，否则会丧失名声进而失去权力。博弈将通过政府下放用于特殊事务的行动渠道进行。规则的设立则将根据宪法、法令、条例甚至文化，它们可能很清楚也可能很模糊。然后，行动就成为一种政治合力，政治成为决策机制，每一个参与者为了其所在国家、组织、群体或者个人的利益而奋斗。参与者的角色依据行动渠道而变化，这样首领们做出决策，而印第安人必须加以实行（不过也有可能做不到）；生成的大部分问题及其解决方案同样也源于印第安人。问题的解决方案通过对问题的即时反应生成；期限的存在会引发快速决策，并会制造出对这些决策抱有盲目信心的错误氛围。认知和期望因人而异；交流经常处于贫乏状态；在不同行动者抱有不同理解的模糊情况下，决策也能做出。

阿利森的三个模型提炼自社会学、心理学、政治学等的不同观点。以此为起点，现在我们可以批判性地看待理性-实证理论中的一些要素。

经济学家的解释和社会学家的解释

下面的事实已可作为一个具有批判性的出发点：理性分析/解释模式，即阿利森的模型一是建立在经济学中一些基本的哲学前提之上的。事实上的核心方法（不确定性估计及效用比较）是一种经济学技巧。相反，模型二则将目光转向了社会学和社会心理学。模型三则很清楚地同样聚焦于心理学，然而在表面上则表现为政治学。

这里我们可以注意到被丹尼尔·贝尔（Daniel Bell）和曼瑟·奥尔森（Mancur Olson）分别称为经济化模式和社会化模式间的基本差异。在经济化模式中，关注点总在于个体，其满足程度（效用）是成本和收益评估的单位。而在社会化模式中，关注点则在于社会中的个体。经济意义上的理想状态是资源分配达到帕累托最优，对于稀缺资源的最优利用也是如此。相对地，社会意义上的经典（或帕森斯）理想状态是完成社会的整合，从而形成一个有着共同规则、价值、群体联系和从属关系的社团；在这样的一个社会中，正式族群（包括压力集团）是特别有价值的。对于奥尔森而言，这两个模型在规范上是相互冲突的：一个经济导向的社会会有着强劲的动力但缺乏社会稳定性（如同现今很多的发展中国家），而一个（帕森斯）社会导向的国家稳定性很高但经济难有增长（也许如今的英国可作一例）。奥尔森强调这两种模式间的选择均是由政治体系做出的。在第十三章我们将回到规范性模型上来，并对这一区分做再一次的审视。

然而在这里，这为我们探讨实证模型提供了一个有用的视角。帕森斯学派的社会学家强调相互调整，相反，秉承马克思主义和新马克思主义的社会学家则强调群体间的冲突。这样，拉尔夫·达伦多夫（Ralf Dahrendorf）的模型告诉我们，社会时刻面对着变化，社会冲突普遍且永恒存在，各群体间相互约束；而且总是存在着主导和被主导的两个拟群（quasi-groups），而这两个群体会通过自组织成为有着明显利益的群体，继而为了保持或脱离现状而争斗。类似地，约翰·雷克斯（John Rex）也对社会的组织围绕着共同价值的观点提出质疑，他提出社会系统是嵌在一个冲突环境中的，其中不同群体，如一个统治阶层和一个从属阶层在争取正统性时有着不平等的权力。

我们可以说帕森斯社会学已可作为一种兼具实证与规范的替选模型的基础，不过冲突社会学肯定可以作为另外一些极其不同的替选模型的基础。两相对比，在理性经济模型中，个体间并不存在冲突；个体之间的竞争是存在的，但其最终能够使最广大的群体获得最大的利益。生产者相互竞争以争取利润，消费者相互竞争以获得实惠。他们相互调整着供需水平直到市场出清。相反，社会学理论将官僚政治视作其自身的终点。有一整群，尤其是匹兹堡卡内基·梅隆大学的那群由心理学家转型而来的社会组织分析人员已经发展出了一套关于组织内部冲突解决的一般性理论。正是这一群体，首先提出组织的运行方式是通过将目标分解为子目标，从而令个体和群体联系在一起。在这之后，他们又提出了企业行为理论，这一理论将企业视作一个冲突解决机构，它始终不停地分解，然后重组为带有暂时性组织目的且为特定问题或特定时段而生的联盟体。显然卡内基·梅隆大学的理论学家对阿利森的模型二和模型三均有所影响。

另外，博弈行为模型则吸纳了经济学家提出的理论，然而不同于理性经济模型，在运用时将这一理论同风险评估的试验性工作结合在一起。所以，重点同样在于个体而非组织；但是，行为结果在任何方面总是最优的假设已不复存在。事实上，由于博弈理论最开始的形式未能扩展至涵盖有多个博弈者参与，并且，其博弈结果对全体参与者可能更好也可能更坏（n 个人，非零和博弈），因而在应对这种类型问题上相当无力。然而，正如鲍尔（Bower）所论述的，这也许能用于不确定条件下描述多种复杂决策机制的非严格表述（non-rigorous formulations）之中。

结论也许可以提早做出了：仅凭其自身，这些方法中无一能帮助我们进行充分的理解。不过，也许它们中的每一个都能对一个折中理论的形成有所贡献，当然，这一理论仍有待发展。而本书的核心目标就是推进这一目的。

一个试验性的实证理论

也许此处可作一些初步的说明。决策产生于行动者间交互的复杂进程。这些人全部都认为自己是理性的，并且会在绝大部分的时间努力做出理性的行为；然而，他们对理性的认知却又是不同的。他们有着不一样的目标及不一样的实现目标的方式。其中一些，特别是那些资深的专业人员和官僚，长时间以来都受着理性模式的锻炼，尤其会努力尝试将这些运用于决策当中。另外一些，特别是政治家则会倾向于跟随更凭直觉的、有适应力的及零散化的方法。可以确定的最为重要的群体包括了以下一些：一是社团，或者更具体地说是社团里的那些成员，他们活跃于各种试图干预决策进程的正式或非正式的组织之中；二是被选举出的政治家，坐在办公室里的他们会屈服于各种事件的压力，并且必须要执行向选民许诺的特定政策，从而为下一轮选举争取筹码；三是专业和行政官僚，这些人负责管理政策，但一定会在政策成型的过程中扮演重要角色。所有这些大群体都可进一步细分为子群体（通常带有相互冲突目标的不同公民群体；政党及其内部的派系；官僚机构也有划分，如各部门及其内部各机关）；任意这些子群体的利益与更高群体间可能部分相一致，部分则有冲突。这些子群体及那些更高层级的群体在一定程度上都受已经建立的认知与程序的限制。群体或子群体的成员，甚至是个体，都致力于采取策略性的行为来争取那些被他们认为符合自身目的的事物。他们的力量有各种来源，包括法律和体制机关、名望、交易技巧及强烈的意愿。他们受到博弈规则的限制，在不同的社会它可能很严格（法律、固有的程序），也可能很多变（习惯）。由于任何结果都可被颠覆或是因弃用而消亡，所以也就不存在具备决定性的结果。故而决策的过程并不是离散的，而是一种相关行动的持续复合体的一部分；而无决策（non-decisions）可能和决策一样重要。

大部分的工作均完成于美国，因而这种折中理论很多都衍生自美国国情。而将其应用于其他国家，尤其是作为我们许多案例研究出处的英国，也许还需谨慎对待。正如肯尼斯·牛顿（Kenneth Newton）所指出的，同美国相比，英国更为集权，有着更强的国家背景；官僚和政党的作用也肯定更大，志愿组织的作用也许也是如此，压力集团扮演了一个极其重要的角色，其中大部分都是中产阶级，不过至少有一个（贸易联盟）并不是。在将这一理论应用于其他的正式政治结构时，我们需要重新对其加以阐释。

第九章 参与者：（Ⅰ）社区

理论上，人民拥有至高无上的权利；实际上，在大多数所谓的民主政治中，人民至多是半自主的，因为在政策制定和做出决定的过程中，他们的权利是由其他参与者所处的位置所限制的。他们至少部分上是与这些参与者有冲突的。为了理解这个过程，借鉴社会学中冲突学派的概念是有用的，这些在之前的章节已经简要概览过。

阶级是利益群体：达伦多夫的分析

我们需要一个更加灵活的冲突理论，这在达伦多夫那里能找到。就如我们已经看到的，对达伦多夫而言，改变和冲突是社会生活永久和普遍的特征，并且这些冲突在不同社会阶层之间发生。在有些学者的观点中，我们不会理解阶层：达伦多夫认为社会阶层是有共同利益的任何群体，存在于一个群体凌驾于另一个群体的社会中（达伦多夫称这种社会为强制协调协会）。一些阶层和群体，并没有意识到它们的共同利益，达伦多夫称之为拟群（quasi-groups）。一些已经意识到了，因此是有组织的，达伦多夫称它们是利益群体（interest groups）。不论是准群体还是利益群体，都是社会阶层，从定义上看，它们都会起冲突。[①]

在这个过程中，正如俗话所说，人民可以身兼数职。在工作日支持高速公路计划的公务员，可能会在傍晚反对一个地方机场的建议。但是通过不同的组织条件和设备，冲突可以被阻止或者减轻：这可以以技术手段实现（通信、模式化的招聘），并且独立于社会结构的心理条件可能在这个过程中起到作用。从某种程度上讲，如果不同种类的冲突可以剥离和分开，阶层冲突可以减轻；相反，如果冲突可以分组或者汇总，冲突格局将更加激烈。所以用达伦多夫的话来说就是：

> 在一个特定的社会，如果有 50 个协会，那么我们应该期待能够找到

[①] 译者注：本段删除一段文字。

100 个阶层，或者说是现有研究意义上的冲突群……当然，事实上，这种极度分散的冲突或者冲突群是很少的。实践证据表明，不同的冲突可能是，或者经常是叠加在给定的历史社会之上的，所以，许多可能的冲突降低为一些主要冲突。

因此，关于规划决定的任何一个争议，通过定义可知，从达伦多夫的意义看，已经存在两个阶层。一个关键性的问题是：这种冲突会不会和其他的冲突一起被忽略，形成一种基本冲突？因为那样的话，我们就有了激烈对抗的理由，环保部和保守主义者游说团之间关于高速公路的反复斗争就是一例。

阶层将如何形成？冲突如何发展？J. S. 科尔曼（J. S. Coleman）列出了五种事件引发的争议。第一，问题必须触及生活的一个重要方面，直接影响到个体的福利。就业、住房和教育是明显的例子。但是即使是这些，仍有其他更多的问题，在不同的时间对不同的群体可能都有不同的强度。

环境规划，我们案例研究的主体，是一个特别好的例子。有很强的证据表明它是收入弹性的公共产品，所以有钱人（或者群体，或者整个社会）比穷人需要得更多。然而在这里，第二点尤其相关：问题必须以不同的方式影响不同的社会成员。最极端的情况就是有些成员将受益，而其他成员损失（如高速公路有替代的线路）。不那么极端的情况就是所有成员都受益，但是一些成员比另一些成员受益多。第三，问题必须容易被公众行动影响。第四，事件可以由社区内部的关注而产生，或者也可以由一些外部机构产生。第五，问题可能会影响大量的不同领域。在这里，科尔曼表明，一些名义上的问题可能仅仅关注于处理个体或者群体的对立。一些冲突可能是实质性的问题（如经济问题），但是其他一些可能反映出不同的文化价值观和信仰。我们案例中的一些，如伦敦高速公路最终扩展到在大都市中的生活方式的基本问题。

干预的成本

另一种看问题的方法来自布坎南和戈登·塔洛克（Gordon Tullock）的干预成本的分析。在这个分析中，可以预期，任何个体采取任何形式的措施都会将外部成本强加给社区的其他成员——经典的负外部性的经济问题来源于个体只考虑他自己的成本和收益这样的事实。所以，社区要对一些人强加特定的条件使其做出有约束力的决定，如众所周知的多数原则。随着参与决策的个体数量不断增加，社区剩余成员的外部成本将会下降。如果社区要求对每件事情都达到全体一致，那就不存在外部成本。那为什么不是每个社区都坚持全体成员保持一致呢？这是因为，在任何有冲突的社会，达成一致的成本将会非常高。随着要求达成一致的社会成员的数量不断上升，一组成本（外部成本）下降而另一组成本（交易成本）就会上升。个体和社区都在寻求两者之和最低，而这将介于这两个极端之间；当我们来分析第二章的政治活动时，我们将会进一步审视这个问题。

与此同时，我们可以说这些都是先决条件：是否或何时它们会转变为实际的冲突取决于特定时间的特定条件。一些活动可能会获得支持，也可能存在一种普遍的怀疑氛围，在西方国家中，政府与更广泛的社区脱离，这可能允许一个反对派组织煽动处于被动的大多数人。从那以后，根据科尔曼的理论，冲突倾向于发展为一股动力。首先，特定的问题可能会转变为一般性的问题（在达伦多夫的模型中，是分组或者集聚的过程）。新的和不同的问题可能会出现，与原有问题不相关。一定程度上这可能是偶然的，一定程度上它可能是抵制调动新力量的一种设定（在马普林机场的议案中，到伦敦的地面交通的环境影响成为这样一个新问题）。一般来说，这些问题都有片面性，只允许一个方向的回应。接下来，不一致将会变成个人对抗。新的领导人将会出现，经常是没有领导经验的（伦敦的道路前住房运动，Homes before Roads）。社区组织卷入冲突中，尽管内外部的压力仍然保持中立。口碑传播将会补充或者取代媒体，而传媒被认为是有人背后操纵的或者是死板的。

总的来说，在科尔曼的结论中，某些种类的社区比另一些种类的社区更容易产生冲突。如果很多人认同当地社区，这样的社区出现的冲突会更少；同样地，存在大量地方组织群体的社区中发生的冲突也更少一些。一般来说，较低层级的社会经济团体更少参与冲突，但它们参与时却更难被约束。不同群体之间的联动机制也有助于引起争议；在那些缺乏这些东西的地方，如郊区的通勤，有相似利益的人们形成分离和孤立的群体，以至于冲突外部化到整个社会的水平。支持在瑟赖建伦敦第三机场的中产阶级居民，以及支持它的工会成员，提供了一个很好的例子。

政治改变的阶段

假如在一个社区存在矛盾：一些群体希望改变而另一些反对。那些希望改变的群体的策略是什么呢？巴克拉克（Bachrach）和巴拉兹（Baratz）在其关于政治权力的研究中指出，希望改变的群体必须在三个单独的阶段获胜，而他们的对手只需要在其中的一个阶段上阻止改变就能获胜。第一个阶段是问题识别（issue-recognition），改变需要面对强大的障碍；第二个阶段是下一段的决策制定；第三个阶段是实施。占主导地位群体的价值观根本不可能承认新问题。要产生像舍恩所谓的"好货币的想法"需要耗费时间。这些主导群体也许会宣称这些新问题在本质上是非法的，因为它们与社区价值或者一个主要价值（如个人自由）相冲突。

此外，在程序上或组织上存在着一些迈向决策阶段的障碍。正如塔洛克强调的，大多数新思想可能不受欢迎；对于少数人的想法，当成功的概率较低时，有必要采用远程的和间接的"传播福音"的策略。在这些情况下，最好的办法是试图使已经接受的大多数人的观点逐渐接近少数派的观点。20 世纪 60 年代早期或者中期技术方法的胜利、20 世纪 60 年代后期和 70 年代早期环境福音者对它的征服就是经典的案例，深刻影响了我们对案例的研究。

假设这第一个障碍清除了，下一个就是决策制定过程。通过定义，这涉及政治和官僚领域的小群体。这些群体成员对相关的因素和条件有特定的看法（我们会在后面的章节详细讲述）。他们的信息可能很不全。他们的正式角色、非正式的社会规则及个性都会限制他们的贡献。所有这些都表明变化的阻力巨大，就如我们用阿利森的官僚模型分析古巴导弹危机时已经注意到的一样。

但是关于第三个阶段，阿利森的分析同样强调了，决策一旦制定，它就需要实施。正是在这一点上，官僚的自由裁量权才真正体现出来，它允许执行的官员规避政治家的意图。因此，改变可能是广泛需要的；直到找到新的证据来支持恢复原状，在这之前可能什么也不会做。马普林机场决策的逆转是一个很好的例子。

科曾斯（Cozzens）在分析定义为"在政策过程不同阶段的客户和使用者群体经历过的丧失权利的类型"的"滑移"（slippage）时，以稍有不同的方式说明了这一点。第一个原因是偏见的转移，或者是阻止潜在的问题出现。这显然相当于巴克拉克-巴拉兹模型中的第一个障碍。第二个原因是小组无法形成一个获胜的联盟，这就意味着明确的政治失败［伦敦的反高速公路运动及反圣弗朗西斯科（旧金山）湾区快速交通系统，在这点上都失败了］。由于偏见的转移或者资源的缺乏，它可能会出现，这在其他一些（更高的）水平会被切断。第三个原因是用于改变的工具可能不适合官僚结构下的实施者。但同时，对需要合作的私人参与者的控制和激励不足。最后也是最普遍的，在整个结构不同水平的管理上存在着激励和控制问题，借以在一些层面设置基本的原则或目标或者激励他人。

政治行动的策略

群体希望更好地了解如何使自己成为改变的杠杆并开展行动吗？研究者能帮助他们么？达尔为政治活动家设置了四种备选的策略。第一，他们可能组织各自的独立政党。第二，没有那么彻底，他们可能和另一个有重叠（尽管并不相同）目标的群体一起形成一个新的联合政党。第三，在有两个主要的政党时，他们作为一个或者另一个政党的反对党（正如伦敦高速公路争议中的道路前住房运动）。第四，他们可能会进入其中一个政党并且成为政党联盟的主要成员（就如之后的伦敦反道路运动）。达尔继续建议遵循适当的规则。例如，假设群体的目标是广泛的并且两党都接受，成员很少但是高度同质。那么，正确的方向就是形成一个独立的政党，可以试图赢得两个主要政党的让步。如果目标是广泛的但是不能被两党接受，而且成员很多并且高度多样化，正确的方向就是形成一个新的联盟。如果目标很窄但是被两党都接受，且成员很少但是没有共性，表明存在反对党。但是，如果目标广泛并且被其中的一个政党接受，有大量的、多样化的群体成员，与一个已经存在的政党结盟就是正确的解决方法。在我们的案例研究中，我们已经看到一个狭窄的问题（反高速公路或者反机场）变得广泛以致成为一般性（赞成环境保护）的问题，因此，最优策略发生了变化。

　　我们需要对这些政治策略做更多的深入分析，这将在第十章进行。但是同时，政治行动仅是战略的一部分，这也是重要的。政治活动家理解官僚机构的内在结构、价值观和权力也是非常重要的。他们也需要考虑政治精英的操作，不仅包括关键的政治家和官僚，还包括进入沟通渠道的私人决策制定者。也许他们首先需要了解这些沟通渠道，以及控制渠道的个人或群体。有关操纵着大众传媒关键控制者意见的力量，到现在为止，知道的还很少：传媒经济学，尤其是商业领域，在中心可能会产生一种收敛，但是随着时间会有一些运动，可能是随机的，也可能是周期性的，还可能代表一些进取的学习过程。传媒在许多国家有力地塑造了从技术到生态价值观的转移。

　　考虑到这些因素，我们是否可以讨论一些关于已有力量与新的活动家群体间冲突发展的有用的事情？初看，在这两种对立观点之间几乎存在着极化。一种可以称之为激进的观点，根深蒂固地认为政治官僚主义机构会为了自己的目的试图操纵参与。在阿恩斯坦（Arnstein）著名的参与阶梯中，一共有八个阶段，其中只有上面的三级（公民控制、授权和合作）可以真正被称为公民权利。用阿恩斯坦不屑一顾的话说其他的三级（安抚、咨询和通知）代表"装点门面"。最下面的两级（治疗和控制）代表根本不参与。但是在另一个极端，批评来自极端右派，阿伦·威尔达夫斯基（Aaron Wildavsky）也将活动家群体视为公众利益的真正威胁："这些白色的、激进的特权精英的目标是明确的——建立在价值观、品味和偏好方面被他们所净化的社会和美国大众所喜爱的政策。"根据这个观点，随着美国大众财富的增长，传统上层阶级及中产阶级中的一部分已经感到了威胁，最直接的感受就是舒适性的丧失。因此，激进的精英群体讨厌传统的架构，并不是因为传统的架构利用大众，而是因为这种架构不足以抑制他们的文化需求："在美国生活中，争取贵族社会的那种权力和威望可能会失败，但却可以穿着民主的外衣来进行。这些白人精英的口号是'参与式民主'。足够奇怪的是，在这个教条下，每个人都声称参与，却排除了美国广大劳动者和中产阶级。"

　　一个自然的结果就是激进精英与下层阶级（在美国社会就是黑人）结盟。但是在环境问题上，激进主义者"希望强迫政府花费数以万计的公共资金来满足他们的美学偏好"，这自然不是社会优先考虑的问题。因此，在美国无论如何这种运动都是对祖国的分裂。事实上，在阿恩斯坦和威尔达夫斯基之间没有必然的冲突。已经存在的机构可能正在玩操纵游戏，而激进反对派可能同时在从事反对大众的阴谋。为了更仔细地判断，我们需要审视政治过程中不同参与者的真实目标，而这些不一定是既定目标；我们也需要非常努力地审视结果。这已经成为第一部分中案例研究的主要任务之一。最后的关键问题是：大众的真实价值观是什么？谁最能代表他们？对于这个棘手的问题，我们将会在第十三章中进一步加以讨论。与此同时，我们所知道的是大多数的参与实践，尽管都经过认真的构思，但是多个消息灵通的少数派却不能参与其中。这样的实践通常表明大众对关键问题的看法是低水平的，特别是如果这种情况大规模地（非本地）发生或者涉及抽象的选择。事实上，在这样的情况下，大多数人明显不感兴趣，尽管媒体可能会将其作为一个至关重要的问题。这也是参与伦敦第三机场选址的规划师的经验。在这种情况下，公众意见由专业说客来代表就不足为奇，他们可以放心地宣称知道公众的观点，因为没有任何人能够反驳他们。政府需要这样的人，因为政府需要意见。

本章一直关注实证的（描述性的）理论，讨论是什么的问题，但却基本不能逃脱应该是什么这个问题，这是第十三章的主题。逻辑上说，有两种答案：参与的数量和质量需要改进，或者决策制定者需要找出一些方法绕过整个过程以获得真正来自公众的更为可信、更为公正的信息——这可能涉及误解和误传的各种问题。这不是能简单解决的。

第十章 参与者：（Ⅱ）官僚组织

官僚组织，包括专业的规划官僚组织，是我们决策制定三要素中的第二要素。我们现在非常清楚它们的行动。20 世纪 60 年代早期以来的研究向我们展示了官僚组织有自己成熟的，包括正式的和非正式的行为规则，产生的行为在很大程度上是可预测的。理解这些规则可以帮助我们解释那些规划灾难。

大部分的新知识来自美国的一群出类拔萃的分析师。一些是心理学家，一些是社会学家，一些是经济学家。尽管他们的研究领域不同，但是他们为了共同的主题而汇集在一起。他们的分析在本质上是社会心理的分析：他们试图利用自己的优势，去理解在组织中理性个体和其他独立个体的关系。他们得出的结果描绘了一幅不同于我们平常对大型组织的刻板印象的图画。

企业：其本身的行为理论

这项工作的起点是匹兹堡的卡内基·梅隆大学的几位学院派行为分析师的研究——赫伯特·西蒙（Herbert Simon）、理查德·西特（Richard Cyert）和詹姆斯·马奇（James March）。他们的经典理论是由西特和马奇提出的公司行为理论。企业——西特和马奇定义其为在市场中为利益而工作的组织，被证明是有着单一目标的、不同质的组织，而不是每一个都有自己的局部目标、不能完美地完成总体目标的联盟的子集。因此，它们并不是在理性模式下行进的，而是通过一系列的妥协来发展。就这一点而言，公共非营利组织的行为模式与私人营利组织非常相似。在这两个组织中，决策制定中最重要的几个因素如下。

（1）准革命性的冲突。（在子集的不同目标之间的）冲突是无法真正解决的。目标本身被视为组织愿景的约束。大多数目标都是连续的、传统的运营目标，如产出或利润最大化，最大化或增加市场份额，将库存维持在令人满意的水平，等等。目标间的冲突可以通过多种方式解决：每个问题被分解成每个子单元的子问题，从而使问题简化（局部理性）；决策制定的规则并不需要总体的一致性；目标是循序渐进地完成的，一个完成之后切换到下一个。

（2）避免不确定性。组织将其作为一个问题是因为，在通常情况下，环境中的不确定性高于承受能力，在"动荡环境"下的公司比例正在不断上升。公司解决这个问题的第一反应是加强短期危机管理的反馈，而不是提前预测问题；然后通过自己确定的计划和操作程序，安排一个稳定的环境。

（3）带着问题的搜寻。面对一个紧迫的问题，公司会找到一个比较直接的解决方式。这些尝试是头脑简单型的，它们依赖简单的因果关系模型。它们容易受到培训、经验和目标参与者的影响，从而产生偏见。当一个解决方案能够满足要求时，它们就会停止。如果不行，那这个目标就必须进行修订，这是无可奈何的办法。

（4）有组织性的学习。这产生在三个方面：首先，目标是基于过去公司或其他组织的经验而制定的。其次，组织可能会改变其衡量目标成就和分析竞争环境的"关注规则"。最后，适应调查规则，根据之前成功或失败的经验改变备选对象的顺序。

西特和马奇指出，所有这些都会产生组织惯性。组织的目标，特别是较高水平的目标，必须调节好许多相互冲突的子目标。针对眼前的问题，必须逐个考虑备选方案。不确定性必须利用下列常规程序来避免，利用这些程序做出反馈而不是预测未来环境。操作程序必须标准化。因此，研究结果只会反映备选方案边际优势的比较情况；在确定之前，应对备选方案进行调查；应基于简单的问题对预期后果进行评估（这是可行的么？钱够吗？这是否比我们现在正在做的要更好呢？）；子单元的预期会有所偏离。

这其中的关键似乎是大型组织中子单元的决策制定分析。M. A. 卡普兰（M. A. Kaplan）指出这样的单元内部往往是团结的，它们的成员相信自己的目标，所以，分歧通常被视为出现了偏差。因此，冲突不太可能发生在单元内部，但会发生在一组单元之间。大多数单元都有一定程度的内部隔离，这抑制了成员之间的信息联络和分享：代表着一定功能的，或是可以奖励其他单元的某些单元，将会与其他单元隔离开，该类单元内部等级森严，高级人员也会被隔离。卡普兰认为，总体而言，一个单元存在的时间越长，它往往会越团结。因此，在新的令人不安的因素进入它的环境时，往往会非常糟糕。

官僚组织的唐斯分析

在这些基础上，唐斯提出了官僚组织的完整行为理论。这个理论如此完整，以至于很难用简短的语言来总结它。但是为了避免在公共规划过程中出现错误的理解，必须解释一下一些核心概念。唐斯和他的追随者们都将"局"定义为在市场之外生产产品和服务的大型组织。唐斯首先假设这些组织的官员理性地追求组织本身的目标，但是这些目标明显受到自身利益的影响。他总结道，"局"的出生、成长和消亡主要都是由于外部因素。对推动项目感兴趣的人会在有目的的风潮中建立新"局"。随着"局"的成长，他们会吸引想要攀爬到上层的人，而这些人的补充则反过来会加速组织的成长。但当这一切发生时，攀爬者将会逐渐把精力放到内部政治关系和竞争当中，而不是这个组织对于外部世界而言的功能和作用。当然，可能会发生与之相反的趋势，但是总的来说，加速作用和减速作用是在棘轮原则（ratchet principle，即以当前绩效作为制定未来指标的部分基础）下在一个"局"的日常工作中产生的。因此，"局"的规模往往会变大。

因此，唐斯指出，所有的官僚组织都有固定的扩大倾向。成长给领导者带来了更多的权力、收入与声望；它往往会减少内部冲突；多数官员所面临的激励机制使得支出增加，因为这样才能为他们提供更大的回报。随着"局"日益成熟，行政官员的数量和比例也在上升；官员们在完善"局"的功能上花费越来越少，而在确保其存在和成长的时间上则在增多。当"局"面对严峻的情况时，会被缩小规模或被废止，因为其原始功能缩减，将会开发新的"局"来补充。

随着"局"的成熟，它们也变得更加保守，除非某种原因导致它们经历快速增长或内部翻覆。官员们也越来越保守，只对保护他们现在所拥有的感兴趣，而不是要对现有的进行加强和创新，这些官僚固执地反对任何改变现状的行为。正在增长的机构可能会出现更多的唐斯所说的攀爬者，他们尝试为"局"创造新的功能；这些功能可能不会在其他地方出现，或者它们出现在已存在的"局"里，当出现这种情况时，攀爬者将会寻找没有障碍的领域来进行他们的开拓活动。攀爬者因为有强大的激励，所以他们并不会在预算中有所节约，除非他们不得不使用储蓄来填补因功能扩充而产生的费用。

唐斯理论的一个重要部分是官僚组织可以在它们做出决策之前收到信息。绝大多数的内部沟通都使用次一级（或非正式的）描述方式，这使得组织中会有强有力的相互依赖关系，组织在运行环境中有巨大的不确定性，组织成员在运行中会感到时间压力。在拥有许多官员的大型组织中，特别是这些官员在同一个等级制度内，从一个官员到另一个官员的传递过程中将会产生严重歪曲的信息。这种情况尤其会发生在向上传递的过程中：高级官员往往会听到低级官员认为他们想听到的内容。高级官员可能会故意忽略更重要的定性类（或弱定量性）的信息，特别是当其与未来事件有关的时候。这容易使得组织在工作环境中产生意想不到的变化。

根据唐斯的理论，庞大的官僚组织存在的不仅仅是信息问题，也有控制问题，这对于高级官僚组织来说是最严重的。在任何大型的、多层次的官僚组织中，绝大部分活动是完全与该组织或其中高级官员的一般目标无关的。相反，许多活动都仅仅为了保持官员间必要的联系，从而来实现名义上的目标。因此，在大型组织中，没有一个人能够完全控制住；组织越大，控制力和部门之间的协作能力就越差。随着组织的发展,最上层的官员的直接行动能力会以递减的速度上升;总活动中有越来越多会是内部行政事务;无用活动的比例也会上升。然而,如果最上层的官员不承担他的下属增加的成本,他就会积极且无限地扩大其组织的规模。

具有讽刺意味的是,越努力从顶层开始控制,下级就越会逃避或是抵抗这种控制。任何希望控制一个大型组织的尝试意味着需要创建另一个组织;活动的数量和性质都会被监督,监督部门(也是"局")的总量和其详细报告往往会稳步上升。

进一步来说,在唐斯的分析中,"局"系统上往往会为了在备选方案中做出决策选择而歪曲调查过程。它们不会给对现状有重大变化的行动以足够的重视,也不会考虑未来的不确定性。特别是当迫切需要迅速决策时,"局"往往只会考虑最低数量的备选方案;只关注事先已经思考过了的方案并"马上准备去做";限制决策制定者们的数量及其观点的多样性;利用保密措施来确保这种限制产生效果。因此,如果在有限的时间内,几乎没有几个决策制定者且观点单一、几乎没有几个参与或听取决策的专业人士、几乎没有几个有其他决策压力的人,就会出现几乎没有几个备选方案的情况。这表明一个"局"或"局"的部门为了实现聚焦于长期规划的目标,需要远离日常工作压力。

许多"局"都非常抗拒改变,所以这个现象一直存在。官员的权力和功能都已经很成熟的大型"局",往往会反对变革,特别是如果这些官员们都非常保守,他们就可能会严正反对。他们也往往有强有力且自发性的支持。即使是"局"的客户认为并认可其应该变革,这样的"局"也可能会拒绝改变其行为;相反,它可能尝试影响客户的想法,特别是它可能告诉客户它已经按照建议来做了,尽管代理人并不这么觉得。通常情况下,"局"的行为具有一种长期趋势,该趋势中夹杂着短期的组织目的。如果其外部环境非常动荡,或人员流动率高(原因是其他组织需要稀缺专家,或本身功能改变,或经过深思熟虑后的政策发布),或有创新型技术,或有能够容易衡量成功的办法,"局"更容易快速变革。

"局"有强烈的领域敏感性,其官员表现出的忠诚度非常强烈。每一个大型组织总会与其他组织的客户产生冲突。新的"局"往往会产生在大型的、政策密集而又无人管理的领域,许多"局"都涉及该领域的周边利益,但没有一个"局"是主导。一个官僚组织存在的时间越长,其越可能拥有自己的意识形态,这种意识形态也可能越复杂。"局"的意识形态通常小于政党的意识形态;"局"的意识形态要求扩大其本身服务和实际利益,尤其是普遍的利益而不是部门利益;此时成本将被忽略。"局"的官员应对公共舆论会比政客花更多时间,但其敏锐性不如政客。精心设计的"局"的意识形态很可能出现在符合任何一个下列这些条件的"局"中,即大型的、招募了特殊成员的、为大量人群提供间接利益的、要求成员为了目标而达成深度共识的、参与与其他机构职能重叠的有争议的活动的或是试图扩大规模的。单一的或有限目的的客户,如飞机供应商或高速公路规划者,特别倾向于这样的意识形态。唐斯总结道，在现代复杂社会中，官僚组织的数量和比例趋于上升；这种上升来源于劳动分工、机构冲突、普遍扩大的机构规模、劳动力的"第三产业化"和财富的增加。唐斯声称，许多市民对这种现象怨声载道，但如果有机会废除官僚组织的话，几乎没有人会这么做。

"局"预算的逐步上升

其他观察者将会同意这个事实（"局"的预算逐步上升），但是可能会对推论提出质疑。阿罗提出：

> ……组织的性质和目的会对日常工作的确定以及特别是当有新项目引进时出现的组织疲软状态有额外的影响……不确定性、不可分割性和与信息渠道和使用有关的资本强度的结合意味着：①一个组织的实际结构和行为可能依赖于随机事件，换言之，取决于历史；②对效率的追求恰恰可能会导致未来发生急速的变化以及对于未来变化的反应丧失。

因此阿罗对组织变革的可能性持悲观态度。但是威尔达夫斯基，这位详细研究了政府预算过程的学者的结论是，所有官僚组织的支出倾向于增加；除非出现上级税收的干扰（如战时增加国防；经济复苏时抑制支出），否则就保持不变，就算危机结束也无法带来与预期相对应的支出的降低。这其中比较令人安慰的理由是预算制作过程在本质上是粗糙的和现成的，是基于猜测的，当年预算规模增加量的最大决定因素就是上年的预算规模。根据以往的经验，官僚组织会期待公平分配这些预算额度。但现在的问题是如何满足额外的需求，事实上，组织通常会利用这一点（来增加预算）。官僚和政客都将这些简化规则作为一种安慰：预算制定者们在任何时候都不得不考虑少数备选方案；这与过去有差异，但是是非常微弱的；每个参与者需要考虑的只有他本人的喜好和一些强大的竞争对手。这种方法可能意味着有重要利益被忽视了；但是威尔达夫斯基认为并不是这样的，因为有人会马上将这些利益揭露出来。事实上，机构可能会故意保护自己的不健康组织，不对公共客户公开。在所有这些机构当中，官僚组织有完善的规则和策略，它们提出的要求既不能过低，也不能异乎寻常地高。在一个成长性的环境中，它们可能会在某个领域削减预算来显示其合理性，并获得其他方面的让步。面对削减，它们可能会削减受欢迎的项目来引起抗议，或在项目之间进行隐形的转移，或故意制造需求开支的危机。通常，没有机构的领导者会考虑宏观情况或是整个公共利益，没有人会对为经济做出贡献感兴趣。事实上，议员和官员对"局"的预算评估是积极地期待着"局"能提出新的活动和更高的预算，否则他们很难知道如何扮演他们的角色。换句话说，W. A. 尼斯坎森（W. A. Niskansen）强调，预算监控永远处于劣势。预算部门，或等同于预算的部门，知道准备拨款给一定数量的服务需要什么样的预算规模，但是它不知道其实最低限度的预算就足够了，因为它既没有知道的机会，也没有知道的动力。官员比监督者（或资助者）知道得更多；资助者需要大量的信息，但是他只能得到一点点，特别是当他不是专业投资人时，而这种情况经常发生。

官僚产品的经济学

　　分析尼斯坎森早年的研究成果并进行拓展后，得出的结论是官僚组织供应了太多的产品和服务，并且其面向顾客的价格非常高。几乎所有或是大部分产出全都不在市场上销售，但是定期的拨款会为此买单（如预算）。我们已经看到，一个"局"的预算和产出方案将不会反映出真正的最低边际成本函数，"局"不适合这么做，因为它通常是相关服务的垄断生产者。所有经济学家都知道，一个利益最大化的垄断者，会比存在竞争的生产者生产更少的产品，从而以更高的价格销售、降低更多消费者在竞争市场乐于见到的自由利益（消费者剩余）（图 1 比较了竞争市场下的产出 C、价格 C' 和垄断下的产出 M、价格 M'）。相比较之下，"局"生产了数量 B 的产品，而以在竞争市场下的价格 C' 卖出了它们。在这种特殊的情况下，当价格相同时，完全竞争市场下的产品数量是垄断的两倍；阴影总面积等于消费者剩余和社会浪费，因为根据定义，它代表的资源可以被用来生产更多的公众所期望的产品。

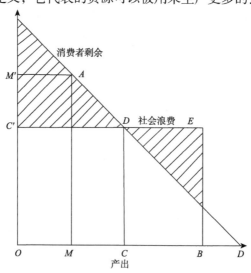

图 1　竞争市场下的和官僚的产出和价格

资料来源：尼斯坎森

　　尼斯坎森认为，在实际中，情况会非常像图中所描绘的那样：边际成本不变，往往官僚组织生产的产品是竞争行业的两倍，在预算限制方面，边际成本的减少也是如此。这样一个多数决原则和部分税收系统混合的整体，产生的利益只会给恰好需要大量有关服务的高需求群体。低需求群体的人，绝大多数都相对比较贫穷，结果是情况的绝对恶化，与之对比的相对恶化是高收入人群的低需求（如他们对教育或国家健康服务几乎没有需求）。这些非受益人只有两个答案——移民或革命，但是他们发现这两者都不容易。最有趣的群体是中等需求的人（主要是指中等收入的人）。他们有的漠不关心，有的有些矛盾，所以政府（和反对派）必须吸引他们，以确保他们不会与低需求群体结盟。这是非常困难的，因为中等需求的人往往会获得一些超出产品价值却又低于他们所缴纳的税收的东西。他们希望政府规模缩小；系统通过不断尝试生产更多的他们喜欢的服务来满足其需求，从而使其默许目前的系统规模。那么，系统如何实现这个功能呢？尼斯坎森说，高需求集团对系统的控制是非常成功的，其成员往往不是最富有的人（这些人自己购买私人服务）；相反，尼斯坎森说，他们是他的读者（因此，也有可能是本书的读者）。他们倾向于控制主要的政党和媒体，他们希望有更大型的政府。他们中的许多人不仅仅是官僚组织提供的服务的受益人；他们也从中获得收入，因为他们本身就是官僚组织的一部分。这种情况与唐斯的分析不谋而合。

　　然后，还有一种奇怪的关系在支持官僚组织的扩张。许多官僚机构不仅垄断产品和服务的供应，它们同时也是经济学家所说的垄断型买家，通过垄断生产要素来生产产品。换句话说，它们是生产要素的唯一买家，就如同年轻、健康的年轻男人是适合战斗或维护治安的唯一人群，或年轻、富有同情心的女人是适合教书或护理的唯一人群，或是对于飞行来说特定的领空，或是特定的无线电频段。在某些情况下，"局"直接断言在这些资源上有优先权，支付比私人买家更低的价格（甚至免费）来获得这些资源。换句话说，它们被人为地降低了。但是尽管到目前为止，"局"有能力或者说不得不为它们的生产要素（志愿士兵、警察、飞机、道路承包商）提供一个有竞争力的价格，这些要素可能也会积极地支持官僚组织的扩张。没有人会比音乐家联盟更狂热地支持 BBC（British Broadcasting Corporation，英国广播公司），因为联盟知道广播的高度官僚垄断对于维护其成员的就业和利益是非常重要的（这个联盟的成员在地方商业电台中无处不在）。英国列车司机工会、英国教师工会和许多其他的工会，以及道路承包商、飞机供应商和医院设备的制造商也一样。尽管这些机构不会用正式的经济学家的语言来描述，但是它们这么做是从经验出发的，因为官僚买家为了更高水平的产品往往会比竞争市场上的生产商支付更高的价格，所以供应价格上涨了（这种情况经常发生）。因此，在不同的要素之间存在着迥然不同的态度差异——有些要素得到普通军官及高速公路承包商等群体的强烈支持，他们希望有尽可能多的官僚产品；而有些要素则与年轻的入伍新兵及高速公路线路上的土地所有者等有关，这些要素很少被代表。从美国在越南战争中的辩护到数百起高速公路的冲突，许多经典的矛盾都可以用这些理论来解释。

因此官员有强大的动力去增加产量，他们拥有许多内在优势来尝试这样做。服务是为大众提供的，大众会公开他们对服务的需求（部分是媒体透露的）。特殊利益集团（生产要素的购买者）和实际的官僚生产者有扩张需求，他们都拥有投票权。官僚们能够用各种各样的策略来应对攻击，如利用削减最受欢迎或重要的项目来对付削减支出，从而引发大众的抗议。根据塔洛克的说法，唯一可能反对的因素是不能被官僚生产曲线完全忽略的司法机构，也许也是最有希望的，因为官僚懒得利用他们所拥有的优势来对抗司法机构（用唐斯式的说法是，官僚依然是保守的）。但这仅仅是小小的安慰而已。塔洛克和尼斯坎森认为的解决方法是一种综合方式，包括"局"之间的故意竞争（ITV① VS BBC、国家公交 VS 英国铁路、电力 VS 天然气），加上私人竞争，再加上外包服务，加上更严格的预算方案（约需要三分之二的赞成票），再加上对减少运行规模和预算的官僚的有意鼓励或奖励。

这些方法在实际中可能会产生作用，也可能不会。与此同时，许多对现代官僚组织的分析只是倾向于增强法律有效性，关于这部分，C. 诺思科特·帕金森（C. Northcote Parkinson）在 20 世纪 50 年代中期已经用更为平实的语言表达过了。他是这么说的："无论工作数量是增加、减少还是消失，就业总量依然是上升的。"当然，后来的一些工作基本上证实了帕金森的最初设想：当某个特定"局"的功能收缩时，管理人员的规模可能会急剧增加（帕金森以 20 世纪英国海军部和殖民地部的优秀案例作为参考得出的结论）。这些强有力的理由让我们相信，在现代社会，官僚机构和项目会因规章制度的自然力量而增加。

成本增加综合征

官僚预算行为的一个特别吸引我们的特点，是项目成本经常会被证明估算得非常错误。我们在对协和式飞机和悉尼歌剧院案例的研究中发现了这个问题。在第一章，我们对重大民用项目进行分析后，发现尽管项目过程中应用和运行的是已升级的更有效率的新技术，但显示出的平均成本超过了预算 1.5 倍，这种失败并不仅仅存在于一个部门；创业历史学家约翰·索亚（John Sawyer）从 19 世纪的美国创业史上发现了许多相同的例子。但索亚提出了一个重要观点：

---

① ITV：Independent Television，独立电视台。

　　　　许多这样的案例是显而易见能产生经济效用的企业……低估其项目
　　总成本是创建或完工的一个条件……最引人注目的案例是那些拥有大量
　　固定投资和高度不可分割的项目，项目投资的决定在回报产生之前就必
　　须做出。

　　通常在这种情况下，不管是否有专家参与，企业家与私人或公共基金会在对
资金需求、建设时间、应得收益的预估的基础上共同启动这个项目。最终确定的
成本预算大约是原始数字的数倍——许多现实情况被证明是 5~10 倍，否则项目就
不会被批准，它会被抛弃或被长时间推迟。但一旦批准并筹备，项目就会需要更
长的时间和成本来开工，可能会耗费比原始预算更多的成本。原来的投资者可能
会被要求提供额外的资金；通过直接评估或在收回初期投资的压力下，他们将被
迫提供超过他们最初预期的投资量。这种情况可能发生了不止一次，到最后项目
可能会寻找新的投资人；最终，不管所有私人投资是否被用尽，项目都可能会求
助立法机构。

　　索亚最后讽刺道，就算这样，许多项目最终还是会证明其疯涨的成本是合理
合法的，有的是在社区经济增长方面证明，有些甚至是在更为狭义的私人利润方
面证明。要实现这一目标，必须至少使需求低估和成本低估的程度相同。索亚引
用的案例是新英格兰的特洛伊和格林菲尔德铁路。原先预计的成本包括建造超过
4 千米长的、穿过胡萨克山脉的宣称非常容易凿通的隧道的成本；实际上，这条
山脉是由软岩组成的，这导致了成本的大幅上升。然而在这次事件中，美国南北
战争和中西部与大平原地区的开放使得这条铁路意外成为横贯大陆的线路；1895
年，波士顿 60% 的出口经过这条线路，这并不是这条线路当初所能预期的盈利。
所以，这是一个最终在狭义上的利润标准符合预期的例子。索亚认为，如果在对
经济发展的贡献中，这能够替代现有的广泛标准，那么许多英国和美国早期的运
河和铁路都属于意料不到的成功项目。

　　索亚的分析很大程度上建立在发展经济学家赫希曼关于"无形的手"的原理
基础上。赫希曼说，项目往往伴随着两方的互相角力，部分或完全地此消彼长：
第一，一方对项目的盈利或存在是一种未知的威胁；第二，如果前者成为真正的
威胁，那么另一方就是一种未知的补救行动。因此，赫希曼认为："我们能够完全
发挥我们所拥有的创新资源的唯一方式是忽视任务本质，而将其作为一种日常和
简单的事情。"

　　在不确定的条件下，赫希曼推断，决策者们往往会寻找任何他们可能找到的
帮助，他们会发现在两个领域能够找到帮助。首先，现有公认的"防伪"技术将
会有所帮助，使创新不那么困难。其次，"伪综合"项目预示着具有可以在复杂情
况下解决问题的强大能力。赫希曼说，这两者都可以作为因为无法评估风险而无

法做出决策的决策者的拐杖；换句话说，这两种方法都有助于减少风险。

一些政策指向

就如同第九章和本章一样，本书一直在积极研究特性：它试图分析现今世界人和机构的行为方式的本质，但并不是当规则和条件改变之后的行为本质。也许不可避免的是，结论已经暗藏批评，甚至是沮丧的。要使用它们作为一种桥梁来规范思维，我们需要聚集一些关键的结论，然后询问什么样的变化改变了行为规则。

第一，大多数官僚组织的内部都有保守主义，形成改革的阻力。阻力的存在是因为官僚组织要维持现有的状态。用阿罗的话说，它们可以决定日程，就是说，一种相关决策变量的选择："……组织的本质和目的会对日程的确定，特别是当有新项目引进时出现的组织惰性有额外的影响。"阿罗认为，矛盾的是，追求效率的组织可能会发现它们自己变得僵化、反应迟钝，从而追求大规模的变革。尽管组织有比个人更大的权力来监督它们的环境（大的组织比小的组织有更大的权力），它们能够收集和整理信息来满足它们自己的目的，但很难将其使用在新情况中；特别是，它们无法持续地将一个消极规则变为一个积极（信息调查）规则。然而，很明显，有些组织可以积极地搜寻信息，它们有一种有机的管理方式，适合应对不可预见的发展。组织会响应改革的信号，并可能缓慢地改变日常工作。

第二，或多或少存在着官僚主义强化的倾向，特别是在产品和服务的供应方面，所以会生产大于最佳数量的产品。为了中和这一点，我们提出了许多组织和其他方面的抑制："局"之间的竞争、私人竞争、承包服务、预算审批的不同决策规则，最重要的是特意创建的监控或者说是监督机构，这对减小"局"的规模有积极作用。英国中央政策评估员 1977 年基于英国外交运行和相关服务的报告，是一个非常好的案例。

第三，公共项目内部或多或少存在增加成本的倾向，特别是当它们代表的是一次性或领先性的新技术发展，或是对现有技术的新应用时。现有的许多观察结果都证实了这种倾向（我们之前的案例研究也包括了大量的经典案例），以至于或许可以开发一套规则来粗略统计可能的超额成本。对于这一点，我们将在本书的最后一章中说明。

第十一章　参与者：（Ⅲ）政客

政客是我们决策三角形的第三个顶点，他总是最后一个制定决策。但他也不能凭空制定决策，也会面临诸多压力。压力一方面来自选民，因为选民或多或少地会被组织成压力或者利益集团；另一方面则是来自官僚机构和政府中的专业人员。

基本问题

为了构建一个检测的理论，我们需要对这些政客的行为做出某些假设。根据实证经济学家的观点，实证的政治科学假设政客们为自身的利益所驱动。正如生产者想要最大化其利润，以及消费者想要最大化其福利，政客们想要最大化政治支持。因此，他们在选举中想要最大化地获取选票（或更严格来说，是有用的选票）。当然，这样说是为了简化问题。政客们也有其他动机：正如亨利·基辛格所说的，他们想要寻求创造性的方案解决一般的社会问题，而这势必将会让他们陷入与官僚主义的矛盾，因为官僚主义本质上是规避风险的。但在民主社会，政客将不断面临不同群体的各种证据，这些群体的目标和利益都不一样，对此，他必须寻求一种调和方式。正如塔洛克的座右铭："在街上发生了暴动，我必须找到它的方向，因为我是它的领导人。"政客如何在实践中去满足公众不同的价值观和利益偏好，正是本章的主题。

我们假设，这些团体或公众客户中的大部分人都关心集体公共商品的供给——正如我们在第八章所看到的，集体公共物品是指不能仅提供给个人而不被其他人使用的物品。足够小且结构良好的团体可以通过组建俱乐部的形式为自己提供有限数量和种类的物品，如私人高尔夫俱乐部、网球俱乐部或帆船俱乐部都是这样的例子。在布鲁姆斯伯里和其他一些伦敦的老区，由居民委员会管理的广场则是另一个例子。这些团体基于人们的自愿行为，想要获取益处的人会加入团体并支付费用。但总体来说，公共物品的问题在于：并非所有成员的付出和收益均相等。一些人非常关心我们讨论的这些物品，而其他人并非如此。一个团体越大，它越不能为每个成员提供最优数量的物品。例如，公共交通或电力供应设备这样的服务可以根据使用收费，而像公园、街道清扫或教育等服务则根据一些十分独立的标准来收费，如支付利息或纳税的能力。在这种情况下，有些人会为少量消费支出很多，其他人可能成为"搭便车者"，即在获得大量服务的同时支出较少。在这一点上，那些有更大消费需求的人往往会强迫其他人加入。在大多数州，地方政府有原则来修正这种现象：不同的地方政府可以根据当地的需求提供不同种类和数量的服务。但是，与中央政府要求标准化的压力以及中央收入补贴的转移相比，这种能力是十分有限的。

市场与投票箱

在实践中，对公共物品需求和供应的调整甚至比理论假定的情况还要差。只有在公共选择的特殊场合（称作选举）才会提议对公共物品进行提供，这种场合将会提供大量不可分割的公共物品。这更像是在市场经济中，买方被迫在两个组合中进行选择，其中一个组合包括一辆奔驰车、一吨香蕉、一个旋转干燥器，另一个组合包括一辆自行车、一吨土豆、一次在西班牙的度假。两个组合都没有考虑公民的偏好，公民只能选择对他们最具有吸引力或最实用的组合，即使这一组合可能包括他们讨厌的项目。

然后，政客和公民将会做出什么样的举动呢？政客们将会尽可能地将其选票最大化；有时候，他们可能会遵从官僚政治的一些规定，如对党派的忠诚，或他们自己的一些想象。但是为了赢得选票，他们通常会与其他政客（在两党制中指另一个政党）持有大量共同的政见。接着他们会为某些特定的团体或者选民群体提供更有吸引力的公共物品组合（在大多数情况下，这事实上将包括给予那些团体实际的收入），以牺牲自己小部分利益的方式，将自己与对手区分开来。在大多数民主国家，长期来看存在着由高收入群体向低收入群体转移的趋势（因为富人与穷人一样，只有一张选票）。但是，正如收入平等化的趋势，这种趋势是极其有限的——正如英国和瑞典等国家的实践所展示的。

如果选民们是聪明的，他们将采取某种行动。通常他们不会了解被改变的政策对他们的真正影响。他们将寻求更多的信息，但这可能是昂贵的（特别是对于低收入人群，与之相反，高收入群体将会获得更多信息，也会更多地参与其中，部分原因在于他们有更多可以舍弃的东西）。越直接受到提案影响的群体，无论影响是积极还是消极的，越会努力地获得信息。生产者比消费者了解更多的信息，而政府往往会更偏爱生产者而不是消费者。

最终的结果是公共物品和服务的组合远不能达到经济学中的最优水平。用经济术语来说，政府关心的是平衡其收入边际选票量，而不是选民的收入边际效用值。

由于政府还可以使用武力实现其愿望，而私人决策者不能，所以，无论是否发生冲突，效用均衡都必须让位于投票均衡。因此，无论他们是否想要，政府的"客户"都必须购买一定数量的集体物品。虽然其中部分原因来自无知的政客和政府对选民真正利益诉求的忽视，但更多的来自唐斯悖论：收入边际选票量 VS 收入边际效用值。

投票箱和偏好强度

对此现象的一个重要阐述是偏好强度悖论。正如唐斯、布坎南、塔洛克和其他人所认为的：一人一票系统不会考虑到强度。在一个市场体系，非常喜欢一样东西的人会愿意并能够为其花费更多的钱，所以他会比其他潜在的购买者出价更高；但是选举时他却不能这么做。这不仅对个体来说是次优的，对个体组成的群体来说，这也几乎肯定是次优的。看一个简单的例子：在一个三人世界，三个人是邻居，他们必须考虑改善当地环境，如植树计划。我们可以通过单位为英镑或美元的数字代表净收益、效用和成本的剩余。选民 A 将从这个计划中获得最大的收益，而另外两名选民从植树中得到的收益将会少于不植树时的收益，所以计划失败。

问题在于，社会净效用总和会比计划实施时更少：A 是一个"热情的少数派"，非常期望某件事情的发生，但是在一人一票的基础上，"弱势的大多数"选票多于他，他不能固执己见。

项目		A	B	C	总计	结果
事例1：植树	种植	100	9	5	114	少数
	不种植	1	10	8	19	多数

注：原文无表序号和表题

走出这一困境的唯一途径是通过支付补偿，也就是说，允许那些对某件事强烈坚持的公民通过某种途径弥补那些对该事件不太坚持的人。因此，A 可以支付 B（他对于种植方案的厌恶很轻微）2 英镑的贿赂，把他转换成一个支持者。

新的平衡表如下所示。

项目		A	B	C	总计	结果
事例1：植树	种植	98	11	5	114	多数
	不种植	1	10	8	19	少数

注：原文无表序号和表题

因此，虽然总收益减去成本相同，但结果却改变了。

然而在实践中，大多数的选民倾向于拒绝整个补偿支付政策。但有另一种方法可以实现相同的结果——互投赞成票或交换选票。现在假设，在上面的事例中

出现另一个问题。例如，C 建议建设更好的街道照明——与其他选民相比，C 是
少数。完整的图示如下所示。

项目		A	B	C	总计	结果
事例1： 植树	种植	100	9	5	114	少数
	不种植	1	10	8	19	多数
事例2： 街道照明	支持	9	9	20	38	少数
	不支持	10	10	16	36	多数

注：原文无表序号和表题

同样地，在事例 2 中，支持照明方案的社会总效益最大，但大多数选民可以
胜过少数选民。然而，现在可以让 A 和 C 交易他们的选票，从而这两个问题上的
少数派变成了多数派。

结果是 A 和 C 都有比大多数人的观点占了上风情况下更高的总福利或效用：
A 得到 100+9=109（高于 1+10=11）；C 获得 5+20=25（高于 8+16=24）。这是一个
少数选民的联盟，它演示了一个十分重要的解决偏好强度矛盾的方法。

但是有一个条件：如果大部分选民都在某些问题上为少数派，那么这种和谐
的结果取决于关键选民的偏好强度。假设在第二个问题上，C 的偏好略有不同。

项目		A	B	C	总计	结果
事例1： 植树	种植	100	9	5	114	少数
	不种植	1	10	8	19	多数
事例2： 街道照明	支持	9	9	17	35	少数
	不支持	10	10	16	36	多数

注：原文无表序号和表题

这里，C 不会和 A 交易他的投票：他的总效益为 5+17=22，小于他保持与多
数人一致的时候：8+16=24。这里的关键是，总的来说，少数派对其观点的热情
要比多数派低。A 的极端偏好是毫无价值的，除非他能获得第二个选民的支持，
且该选民应比起多数派地位更在乎其少数派地位。因此，选民个体将会结合所有
方案考虑自己的收益。政客将评估每个选民的意愿，看他是否愿意以自己作为多
数派赞成的方案来换取自己作为少数派赞成的方案。

在现实生活中，互换选票是以一个复杂和隐蔽的形式发生的。在选举中，政
客们在不同的问题上提供一系列政策，希望个人或团体能选出其格外关心的政策。
这样即使个人或团体对其他政策不太支持，也会为其关心的政策而投票。对于许
多政策和选民来说，情况确实如此。

然而，作为政治生活的现实，我们必须理解并接受一个随之出现的问题。如
果利益集团可以通过互换选票形成联盟，它们可能会得到它们最希望的结果，并
凭借事实上的少数选票来进行选举。同样，一个简单的例子就足够了。想象一下，

有一个由 25 个选民组成的社会，他们自发组成五个选区，每五个选民一个选区，每个选区选出一个代表，共产生五个代表。假设一旦选民当选代表，其投票将表达选民的意愿——也就是说，他们会忠实地履行其竞选承诺。然后投票决定是否实行一种措施，有九个选民支持这种措施，且该九人集中在三个选区。这九个选民足以控制三个代表，这三个代表又成为五个代表中的多数派。由此，布坎南和塔洛克表明，在简单的多数选举规则下，随着选民和选区数量的增加，联盟取得选票优势所需的最少票数量会从 9/25 或 36%（如上文的例子），最低下降到 25%。或者如布列塔尼的公式所示，在一个州中，选民个数为奇数 N，选民代表为 R，要控制可行需满足：

$$\frac{(R+1)(N+1)}{4NR}$$

　　随着 R 或 N 的增加，这个表达式将最小减小到 0.25，但这也不是少数派取得控制的最低限制。如果我们将这个 25% 规则和互换选票相结合，那就很容易发现各种总额远低于 25% 选票的少数派能够进入联盟。实际上，九个选民中的每一个都可能会被视为这样一个利益体。于是，仅需要五个社区中有三个社区分别有三个选民能支持方案，其次五个代表中有三个代表确定能接受该提案（如果假设代表们在选举之中和之后可互换选票，这种条件甚至都不是必需的。但这将威胁到我们的假设条件：代表总是根据他们支持者的授权而行动）。如果提案中的问题纯粹局限于当地的单一选区，那么一定能通过简单地组合小型少数派支持的地区问题而形成一个获胜的联盟。

　　然而在实践中，这不太可能发生：政客们出于公平和实施效率的原因，不得不在选区之间表现出政策的某种一致性。但有必要去识别一些被不同选区的少数派准备联合支持的一般问题，并将其与地方问题相结合来建立一个获胜联盟。事实上，许多规划问题地理上都集中于一个或有限数量的选区。对于城市高速公路、发电厂、采矿计划、机场或许多固定资产投资等争议问题，显而易见这是正确的，这些问题也是本书中案例研究的主要难题。因此，这种基于地方利益建立获胜联盟的方式可能性会相当高。

　　如果政客都很冷漠，选民投票率很低（就像在英国和其他西方民主国家一样），那么将会达成这种联盟。就像在一般情况下，如果一大部分选区都有确定支持的政党，那么这种联盟会进一步深化，结果将会由少数边缘选区决定，这一小部分选区实际上才是选举的真正关键。在这种情况（绝不少见）下，选举结果很可能会取决于一小部分地区的一小部分坚定选民的观点，这些人会与其他少数地区志趣相投的人进行联合。

　　由于地方政府大多是一院制的，所以比起中央政府，这种现象在地方政府更为普遍。在两院制立法制度下，形成了最核心的立法议会，因而需要一个相当大规模的少数派去通过一个少数派提案。但是在单议院中，需要的少数派人数可能只要略高于10%那么少。

在我们已经看到的一些案例研究中，很明显少数派的权力可以获得巨大的成功。迄今，在他们表达的偏好强度范围内，这很可能被认为是一件好事。但值得重视的是少数党政府的获胜。对此，布坎南和塔洛克写道：

> 因此，在民主体制下，以政治利益为目的的互换选票只需涉及 1/4 的选票。因此，此类的典型机构几乎是相当于在直接的民主体制下，允许任何拥有 1/4 选票的群体形成互换选票的联盟，来决定修补哪一条道路、疏浚哪一个港口、援助哪一个利益集团。

在实践中，选民们会发现在收集必要的政治信息时会涉及费用。因此，他们会粗略地计算一下这值得他们付出多少。对此，政客可能会构建出相当复杂的平台，这个平台会将直接好处集中于小型的选民团体，而将负面影响分散于更大的群体中，一个典型例子就是提议适度增加税收从而造福某些群体。这样的计划对大多数选民来说可能会显得复杂，但它的好处会被幸运的少数派察觉。这样，政客们可以依靠这样的事实：互换选票本身是一个复杂的操作，涉及获取信息的成本，所以不太可能使大多数选民参与其中。

另一个重要的规则是区别"采取"行动和"阻碍"行动（引用自布坎南和塔洛克）的关键。在心理学上，这两者有着十分不同的含义。一个极端的例子是陪审团，在陪审团中，所谓的多数决定原则相当于一人或两人的少数决定原则，因为它会有效地阻止多数派的决定。在一般的政治生活中，这两者的区别在于强加外部成本给他人的权力（这是困难的）和阻止外部成本强加于自己的权力（这容易得多）。因此，许多政治决策有着固有的保守倾向。

一些正式的命题

到目前为止，我们的讨论得出了一些结论，它们可能在逻辑上表示为正式的命题（就像以前的工作者所做的那样）。

（1）在简单多数决定投票系统中，少数派通过互换选票可以获得更大的力量。

（2）如果这些少数派及其支持的议题在地理上都集中于某些选区，这种力量将会更大。

（3）一般来说，政客们更关注于避免将费用施加于某些群体，而不太关心去为了大多数人的利益牺牲一个群体。因此，在许多提案中，他们将倾向于维护现状。

（4）相反，只要政客们需要施加新的费用，他们会尽可能施加在广大的群体上，而在分配利益时，他们会将利益集中于某些群体。

（5）政客们会依靠于那些忠实的支持者。但在两党制中，他们会试图赢得那些处于中间地带摇摆不定的关键选民。与之相反，第三个政党将会离开并尝试其他地区。

（6）因为收集信息的成本很高，所以在那些中间立场的选民中，富裕的成员往往能够获得更多的信息。生产商也是如此，比起消费者，生产者能获取更多信息。

（7）在一人一票的系统下，收入并不能实现完全平等，在收入的分配和政治权力的分配上总有区别。因此，政府永远有动机去遵循罗宾汉式（劫富济贫）的政策。但是，随着收入趋于平等，这一点会受到限制。

我们可以很容易看出这些规则的组合可能导致的实际结果。因此，政府在保障工人现有工作从而维护他们生活水平方面，总显得特别热心，尤其是在这些工人集中的一些选区。而对于消费者，政府会特别小心保护特定地区选民群体的现有消费水平和模式。如果在保护这些人的消费模式时需要成本，它们将试图把这些成本分摊在整个社区中。如果该成本不易察觉（也就是说，该成本不用通过直接财政征税来支付，而是以更间接的方式来支付，如牺牲时间或效率），它们将更愿意牺牲多数人的利益去遵循这些政策。

最低联盟、不稳定性和决策成本

以上这些使得策略看起来很简单。但在实践中，政治学家们在重要的细节上有不同的看法。唐斯于1957年在这一领域写了第一部教科书。他断言，政客将努力最大化其选票支持。威廉·瑞克在1962年发表的一篇论文中提出质疑：政客们会发现，一个最小化的取胜联盟是最好的。瑞克认为，通常情况下，联盟的形成将会遵从博弈论中的一个特殊事例（在第十三章将会进行更详细的阐述）：N人零和博弈。在这个博弈中，球员数目没有限制，但总收益是固定的；一个球员的收获必须由另一个人或多个人的损失来补偿。假设在这样的博弈中，参与者可以做出选票交易来获得支持。瑞克说，这些人在实践中会发现他们只能维持最小的联盟规模。如果超越了这个规模，他们会发现联盟内部存在太多的利益冲突，没有一个人可以获得足够的满足。因此，最不满意的参与者将会退出。根据瑞克的研究，真实的美国政治历史表明，在危机期间，当外部反对派很强大时，内部冲突的可能性会被减到最小。但一旦外界压力降低，解决内部冲突的紧迫感将会降低，此时一些成员将退出。

瑞克认为，联盟的大小也取决于信息获取的水平。如果信息很少，那么联盟组织者必须寻求超出最小规模的更多联盟。由于联盟对政策承诺进行交易，如果它不知道其买家将如何看待政策的价值，那么为了保险，它必须提供更多的政策承诺。逻辑上政客们有一个明确的中心原则——造福他们最小规模的支持者，但同时也为一部分仅能获取少量信息的选民制定一些模糊的政策。

瑞克得出一个最重要的结论：与均衡的经济生活相比，政治生活往往不均衡。基本的原因是经济博弈中的"参与者"总将其视为正和博弈（即他们认为他们将平均得到许多甚至所有收益），而政客总是把其视为零和博弈。在此背景下，环境很难保持稳定。如果存在两个左右的永久联盟，且每一个都能够阻止另一方扩大的趋势，在这种情况下均衡也可能发生。或者如果有两个大型和均衡的初始联盟加上一个小的初始联盟，均衡也可能发生。如果取得暂时性胜利的联盟所冒风险太高，那么小的联盟就会做出反应。然而，这些情况很容易被扰乱：主要参与者的权重可能会改变，或者获胜者可能倾向下很高的赌注。如果这两种情况同时发生，那么均衡就会被打破。事实上，只要有小联盟的存在，他们常常会发现从一个成功联盟分裂出来更有优势。在瑞克看来，问题在于要弱化政客们零和博弈的观念，以增加其政治行为的稳定性。

然而，这样的不稳定可能是一个值得付出的代价。因为其他政治科学家强调，政治决策过程的本质是低效的。正如我们所看到的，原因在于一系列选择都是同时呈现的，并且选民表达其偏好强度的机会是有限的，在不满意的情况下所有的参与者将支付高额的成本。这些费用被称为政治外部性成本、约束强制性成本或表达政见的成本。如果采用全员一致通过的规则，这些成本将是零，但为了达成一致所必要的交涉成本将会很高。因此，随着外部成本的下降，交涉将不成比例地上升，结果是总成本呈一条 U 形曲线，有一个最低点（图 2），这一点通常远高于简单多数原则下的点（51%）。

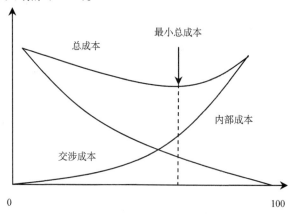

图 2　决策成本
资料来源：塔洛克

社区：压力集团

到目前为止，本章的分析集中于泛称为"政客"的一群人的观点和行为——这些人建立了一个政治平台，劝说人们投票给他们，然后（如果当选）在政策得到施行的过程中修改这些项目。然而，在整个过程中有必要回顾第九章，再看看压力集团或游说集团所扮演的角色。通常情况下，这些集团将试图加入一个成功的联盟，或者一个可以与现有联盟合作的初始联盟。问题在于它们可以拥有什么样的政治权力。

在公民投票原则被写入州宪法的加利福尼亚州，S. E. 芬那对其 1973 年投票的研究显示，一个将公共支出限定在州财政收入的固定比例的提案，表面上很受欢迎，但结果只有少数人（45%）出席投票，以 54%对 46%被否决。芬那认为可能的原因有三个：第一，比起普通大众，一些会由于该措施蒙受损失的特定群体（教师、公务员）更容易被组织起来（这符合前面提到的正式命题，即生产者的利益会比消费者的利益更强大，由唐斯首次提出）；第二，会发生芬那所说的多重镜像效应（multiple mirror effect）。芬那写道："想象一个不墨守成规的威尔士老处女，收入高，在大学任教，开着一辆车，拥有一只狗。她是七个少数派团体的成员，如果所有这些团体被组织起来，对于公众和议会，这看起来就像七个独立的团体一起反对该提案。事实上，很大程度上这些团体可能是由许多相同的人组成的。"用芬那的话来说，压力集团是一种舞台军队。一个美国分析师认为，如果将每一个压力集团的人数汇总，美国的人口似乎是人口普查数据的 75 倍。

在芬那的分析中，第三个原因是恐惧的蔓延。如果加利福尼亚州议案得以执行，结果一定是税款在总体上降低，但并不一定每一个人都是这样。没有任何个人或团体可以确定，其是否是因政策的改变而支出增多的那一个。因此，他们投票支持现状（当然，在 1978 年，他们克服了第十三号提案时的恐惧，但即便是这样，也可能被解读为维持现状的愿望）。

芬那的结论认为，理解公民如何对政治决策的实质（而不是机制）做出反应是很重要的。有趣的是，这些结论证实了美国的工作结果：在实践中，公民会对减税政策做出不理性的预期，政党对拥有更多资源、政治上更活跃及表达对公共物品需求的群体表现出更大的关心。最有趣的是，这些结论对政治行为的基本命题之一提出质疑，该命题是唐斯在他 1957 年的研究中提出的：政客将努力满足处于中间位置的选民的偏好，这意味着收入分配的问题在于中间收入者。但为公平起见，还必须指出唐斯还强调了高收入群体和生产者利益的高政治参与率。

政治权力的本质：选择理论

这里引入了政治权力实质的问题——一个在现代政治科学发展中独立又相关的问题。其中的相关性再次通过研究交涉的过程而进行探讨。假设一个有特殊利益的人（或群体）（A）希望给一个为联盟成员的政客（B）施加压力。B 必须考虑他应该在多大程度上接受 A 的要求，从而向联盟承认他的利益。A 对 B 的权力有一系列维度：他的权力基础（他可以提供的选票数量，他对部分媒体的控制力）；他的权力方式（对支持者的吸引力，实际被媒体报道的情况）；他的权力范围（他可以让 B 执行的政治行为清单）；他的权力数量（如果他要求，B 做某事的可能性）；他的权力程度（他能影响的政客们 B、C、D 的集合）。在考虑是否对 A 的压力做出让步时，B 必须判断所有的要素。但其中会牵涉到机会成本，相当于之前提到的交涉成本的一部分。政客必须在从帮助 B 中获得的好处与由此带来的坏处之间不断做出平衡，尤其是关于失去现有其他联盟成员的时候。这些分析主要基于詹姆斯·马奇所说的权力力量模型（force models of power）。这里假设政治权力以一种物理机制的方法进行运转，这样整个过程可以使用经典力学理论中的类比法——认为存在固定数量的已知权力资源，每个资源有给定的大小和方向。那么根据社会选择，结果将是各个权力大小和方向的和。其中的问题是，证据表明，权力部分地取决于其过去的使用情况。为了克服这些困难，激活机制将出现差异：在一种机制下，权力随着过去的使用而增加；在另一种机制下，权力则是一种随着时间推进而耗尽的资源。

但显然，所有这些都属于物理的类比模型。而问题就是，这些是否都是对权力本质的不现实描述（同样的批评也可能适用于另一种模型，它将政治决策作为一个与权力行使无关的随机事件，这样的模型在实践中很少被使用）。更确切地说，马奇认为我们需要关注一种完全不同的权力模型，他将其命名为流程模型（process model）。该模型假设政治决策实质上不受权力的影响，但并不是一个随机事件。流程模型可以采取不同的形式：第一种通过正式的决策规则将偏好集中表达出来，如胜者为王（winner-take-all）的选举形式；第二种的结果依赖于信息和技能；第三种包括信息的交流和扩散；第四种则包括参与者，他们不一定了解他们所试图控制的系统的所有方面。

马奇认为，外行人和操作力学模型的政治科学家所理解的传统"权力"概念，很少有助于理解那些能够以任何一种前文所述的方法所重现的政治系统。如果大多数系统都是传统概念所指的那种，那么权力将会是一个十分无用的概念。权力可以测量，但它对解释或预测结果没有任何价值。

一个选举模型

真相或许可以用某种折中的理论进行最好的阐述。在该理论中，权力将不会以任何粗鲁的方式展现，而是表现为一组各有不同的政治资源，参与者可以将其作为讨价还价的筹码。理论的核心部分将是一个讨价还价过程的账户，这从博弈论演化而来。这本质上可解释一组不断变化的联盟的行为，它们试图吸纳具有更大压力或利益集团的成员。这些团体和其中的个体，将根据收入、信息和与生产—消费过程的联系度，在不同数量或程度上使用权力。因此，在许多政治问题上，它们会感觉到不同的偏好强度，将这些感觉转化为行动的能力也不同。

但这同样需要考虑到相关的实质性问题，即政治过程的议程及其形成的方式，以及问题兴衰成败的方式。美国政治科学家提出了一个有用的概念——"偏见动员"（mobilization of bias）：系统的受益者可以利用一套价值观、信念、仪式和程序捍卫并巩固自己的地位。这不可避免地会对现有的秩序形成实际或潜在的挑战，统治团体将努力维护和加强现有的偏见动员。因此，动员模式（以及随之产生的价值配置）的变化通常需要之前不受欢迎的个体或群体获取权利和主导地位，一般是通过在之前主导团体之外进行运动或制度建立。借用沙特施耐德（Schattschneider）的不同说法，最具破坏性的政治策略可以作为冲突的代替。对于现有联盟的维护和分裂，都会有强大的利益集团支持。而新的利益集团可能会设法让新的权力划分线可见且有意义，并同时在其他问题上对权力的划分保持一致。这表明，政治议程上很少出现激烈的新议题。新议题本质上更有可能是增量式的。无论政治决策折中理论的内容是什么，其基本规则明显是非常不同于政府官僚行为的规则。这一理论自然会引向一个政治行为概念，希克（Schick）将这一概念称为"过程政治"（process politics）：该系统强调讨价还价，以及在面对各个利益群体的不同目的时为了捍卫自己的利益所形成的策略，该系统对于总目标有广泛的共识，而不太关心基本的评估。在这样一个概念下，官僚机构将扮演一个被动的角色。而与之相反，"系统政治"的概念基于对多选择机会进行系统的评估，并特别强调公共产品在不同群体之间的分配。根据希克的观点，20世纪60年代美国的政治生活经历了从过程政治到系统政治的深刻变革，其明显标志是经济学家和系统分析家这些政府专业人员的加入。而20世纪70年代的发展方向可能与之正好相反。要建立一个规范的模式，需要对这类变革的时机和推动力具备一定的见解。

第十二章　通力合作的参与者

这一章很简短，主要总结和描述之前三章（第九章、第十章、第十一章）的相当复杂的论证，并反过来，将这些分析与第一部分中的案例分析联系起来。本章将探索并提供一个通用的理论来解释实践中是如何做出规划决策的，而规划灾难又是如何出现的。为了获取细节和参考，读者可以回顾之前的章节。

官僚主义：强化与政策维持

在本书的这一部分，我们从显而易见的人开始说起。但是现在真正的出发点应该是官僚体系，包括中央和地方政府的一般管理者或专门人才，这些人有的是政策维系者，有的是决策执行者，有的通过修正政治议程推动政策转变。我们在第十章发现，在观察者中，对官僚的动机和方法有一个非常醒目的共识。尽管其中可能包含一些往往没有妥善解决的内部冲突，但是官僚组织依然有自己明确的议程。官僚组织坚持攻击关于狭隘定义的问题和同样狭隘的意识形态方法的议程，哈特将其称为"规划要素模式"（factored mode of planning）。因此，政府航空部门往往会对建造飞机感兴趣，国家铁路公司往往会对修铁路感兴趣。不会有人有兴趣对原以为应被攻击的问题进行重新定义，正如官僚组织也不会质疑其自身存在的正当性。大多数这样的组织会有明确的程序，往往会对问题的定义和备选方案的选择产生惰性。

然而，官僚组织的确也有了改变。但是这种改变也是未来问题的来源。新组织往往会带来政治创新，带来的结果就是产生了一个新的问题领域。一旦出现新的问题领域，新官僚组织在起初往往会利用其政治支持进行扩张；它通常会包含大量有闯劲的、持扩张主义的官僚攀爬者。然后，当官僚组织变大后，其成长速度就会放缓，它会投入更多的精力来进行自我保护：进入舍恩所说的动态保守主义阶段。它的成员们会使用已经建立的程序来重复循环问题，所以成员们会持续有足够的工作。它对于外部威胁会有特别的反应，无论这种威胁是来自政客对政府经济的目标，还是来自其自身在官僚组织界的对手。因此官僚组织的成长是基于棘轮原则的：组织在早期阶段成长迅速、很少走下坡路，即使表面上它们的目标已经减少或消失。

在如此庞大的已建成的官僚体系中，内部沟通和控制是主要的问题。高层领导很难充分意识到这个组织中正在发生的事情。许多思维创新发生在较低或中等层次，通过过滤才能到达高层。这对保卫和强化组织内的次一级官僚是一种保护。上述所说的每一种情况，也都在维持官僚组织现有的地位，防止自身被攻击。因此，每个部门也倾向于有新的日常工作项目，这些工作项目通常很少真正更新，但为了保持组织的动力，这些工作项目经常被循环利用。

因为这些机制，官僚体系的公共产品供给就有过度生产的倾向，特别是项目一旦开始了就很难停下来。进一步来说，因为官僚们对项目成本根本没有兴趣，除非在他们的职业生涯中受到无能的指控，这是罕见的——所以公共项目成本总是有增加的趋势。最后，部分官僚组织和特定的客户群体之间有着有趣的共生关系。这些人往往是中等收入群体，无论是作为生产者还是消费者，他们都会从规模更大的政府中受益。他们控制部分政党和媒体，他们对公共服务不足进行抗议，常常会被安排私下与部长或某委员会的主席等官僚或关键政客进行协商。

社会团体：压力集团和公众认可

分析中暴露出的官僚体系是一群普遍保守的政策维护员，主要关心的是保护他们自己和他们的项目。这并不是值得高兴的事。但是，这其中任何一个都不是第九章所描述的社会团体领导人。首先重要的一点是，这种人非常少，是整个人口或选民的少数。他们构成了利益集团，或者用达伦多夫的话说，是有特殊目的的利益集团。他们的发展伴随着公共议程中出现的特定问题，这些问题有时显然是随机的，但在通常情况下，是与宏观社会经济趋势有关的（如随着人均收入增长出现的环境问题）。这种群体的目标是，首先，找到一个社会（或部分关心现状的社会团体）普遍承认的问题，这意味着改变政治议程（成功的例子包括20世纪70年代早期的环境问题和70年代末期的廉价政府）。其次，影响政治家做出政策转变，这种转变经常是大型的、不连续的（这使得其不可能逆转）。最后，也是最困难的，要确保官僚组织能够实现这种改变：这非常困难，因为到那个时候当前的政治创新可能会被抛弃，问题可能会从大众视野中消失。从这一点来说，官僚惰性可能会对改变产生强有力的阻碍，导致几乎无法察觉的政策回归——就如同马普林被抛弃的案例。为了获得政治上的支持，有各种各样的活动：这些活动通常给一个政党或多个政党或它们可能进入的任何一个联盟（甚至建立一个它们自己的新联盟）带来边际压力。但是，在这过程中，活动者也需要理解官僚组织，甚至渗透它。这或许是最困难的问题。因为，一些观察者发现官僚为了自身目的而参与操纵社会团体，另一些观察者则将社会团体的活动当作不太典型的少数团体，这些团体与大多数人民基本没有共性。无论在哪种情况下，非常明确的是只有少数人才能积极参与到任何问题中来；由于获取信息的成本原因，这些人可能会或多或少地是受到更好教育、获得更多信息的（总的来说，是更高收入的）社会成员。因此，新政治运动，特别是在规划领域的新政治运动，往往反映的是当前中产阶级的当务之急。

政治家：政治权谋和少数派的影响

明确持有第十一章中所描述的那种政治科学实证学派的观点的政治家，会寻求选票最大化，就如同消费者寻求效用最大化或生产商寻求利益最大化。一般来说，他们可以通过保留中间团体的支持，然后尝试抓住一个特定部分来扩大支持的基础的方式做到这一点。他们将通过为特定人群增加实际收入来实现上面所说的这种方法。总的来说，他们会发现这些团体相比较收益，更关心福利的损失；他们更感兴趣的是他们作为生产者的现金收入而不是作为消费者的收入（这种收入通常是精神层面的）。但是第一个原则可能大于第二个，特别是在环境损耗方面。得出的选票均衡可能远远不同于福利均衡，因为选举原则是没有办法表达偏好强度的。

然而，在实践过程中这种保留有大幅修改的倾向。因为少数人才能在选举中投票，大多数选民对一个政党或另一个政党来说是安全的，只有少数才会决定结果，问题集中在特定选区，这些情况会涉及活跃的少数压力性团体，这些少数派可以形成活跃的联盟，所以相对较小的团体可以发挥巨大的政治优势。

一般情况下，因为认为潜在的损失比已经感知的收益更重要，也因为对损失的厌恶是一个非常强大的触发行动的情感，因此，这种政治倾向有力地维护了现状。职业政客会特别关注避免在任何团体中增加新成本。因为这些原因，对物质环境的众多干扰——一条新的高速公路、一个新的机场都将被避免。然而，如果它们不能被避免——实际上这种情况经常出现，那么职业政客会尽可能广泛而模糊地传播成本，所有好处都会非常明显地集中在特定群体。幸运的是，用一般税收支付特定项目的原则允许他们不需太多麻烦就能这么做。

通常来说，这种民主政治的结果是非常不稳定的。联盟和秘密联盟会在特定的问题下和团体中不断形成。小团体将会在地方乃至全国选举中发挥重要影响。任何威胁已经建立的利益团体的决策都是非常难制定的，因而更加难以通过。只有在决策有利于特定地方团体的地方，且反对者很分散、个人的直接损失很小，政策才有可能在面临反对的情况下继续维持。尽管普通反对者会声称仅仅是广义范围上的环境损失，但如果当地方受益者就是产品生产者时，这种情况就可能发生。

合作的参与者们

因此，最终的系统包含着奇怪的矛盾。核心是官僚组织，一般庞大而完善，关注政策和项目的维护。除了组织成立的早期，受到的政治压力需要快速扩张和创建新的政策举措时，它都是极其保守的。在其边缘是一系列活跃分子和压力性团体，这些团体有的是意识到有新问题而产生的，有的是外部影响所催生的直接压力而产生的。这些团体，一般涉及的都是非常小众的少数派，它们希望对职业政客施加影响；因为能参与到许多有争议的问题中，它们这样做常常能出人意料地成功。最后是政治家，他们被自己的需求控制，通过战略分组或徘徊在意见中心附近的方法，将选票最大化，他们会通过应对压力或者是联盟的形式，尽量满足一个或另一个团体的需求。最终在政策制定下的系统往往是不稳定的，特别是当决策并不受特定团体欢迎的时候。在这里，唯一的对抗是底层的保守主义和永远的官僚主义。但是效果会与实际的权力平衡有关，特别是与地区性的和在产品消费循环中的受益者和非受益者的关系有关。

这种分析有力地帮助解释了本书前面描述的许多大规划灾难令人费解的特征。例如，它帮助提供了在许多公共项目中都会产生的成本升级倾向的部分解释，特别是在这些项目对生产或消费的特定集团有好处或这些项目大部分是由纳税人支付的时候。这也就解释了一个已经建成的官僚组织怎样抵抗重大政策转变的压力，甚至怎样抵住被压力性团体重点关注的压力，即只需要让问题消失，逐渐将工作回归到政策的逆转上：机场回归到斯坦斯特德就是一个经典案例，它进一步解释了一些决策，包括那些虽然小但有压力性团体存在的决策，如何一遍又一遍地逆转。又如，国家图书馆的故事，它展示了政客们如何通过他们认为受欢迎的方案来增加中间立场的覆盖范围，从而应对政治压力。此时往往缺少充分的分析，甚至会存在事实被压制的情况。它还表明，为组织的利益服务而致力于这些受欢迎方案的既有的官僚组织，在面对不断增加的来自压力性团体甚至是作为竞争对手的官僚组织的批评中，是如何寻求保持现有势头的。本书的次要内容之一是如何战胜财务部，就同威尔达夫斯基所论述的那样。

这对决策是如何变得糟糕的这一问题提出了令人信服的解释，但并不能解释决策如何才能有更多的预见和更仔细的评估。为此，我们需要深入目前本书一直回避的领域中去（解释这个问题）。

第十三章 解决之道

在最后一章中，我们来解决本书最困难的问题。如果不消除或至少是减轻类似规划灾难的后果，一个社会该如何运作。可以寻求制定规划失败的预警系统吗？

事实上，没有任何神奇的公式，没有任何无所不包的模型可以实现这个奇迹。但至少，我们正在寻找零碎的改进，并将其缝合在一起提供一些规范性指导，逻辑上它们主要分为两个主要领域。

首先，是改进预测未来世界的能力，使决策结果能够自动得出。尤其需要知道人们将如何评判决策结果。他们会喜欢在其中（一个新的住房、新的城镇或城市）生活或工作，或者是去（新的郊区公园、歌剧院）参观游览吗？他们会利用它（新的飞机、机场、快速交通系统）并为此付费吗？人们是否喜欢使用它？如果人们不喜欢他们所拥有的这些规划产物，那么这些产物轻则会给人们带来不满或不适，重则成为没有人想要也没有人要使用的规划物。

其次，假设我们能够获得有关未来发展的预测或猜想，包括人们自己的判断，那么还会出现另一个单独的问题。想象现有的两个或多个备选方案每个都有相似的后果链，那现在该在哪个标准上做出选择？又如何以个体或群体的所得来衡量他人的损失？在产品的分销中，如何平衡交易的效率与公平？如何衡量眼前的得与长远的失，反过来又如何？

这两个问题在实践中紧密相连。但在分析中将其分开是有用的。本章较短的第一部分关注预测，较长的（因为更棘手）第二部分关注评价。

预测：想象性评判的艺术

在第一章，我们已经发现，推测往往被认为是一项机械的推测趋势的行为，本章中，内容较短的前半部分关注预测，内容较长的后半部分（因为更棘手）则关注评价。在本书的其他部分，我们已经看到许多真相的例子，弗兰德和杰索普，在三种规划不确定性之间区分了价值。相关规划环境的决策不确定性导致了推测人口、就业或生产数据的错误。除此之外，相关决策领域的不确定性意味着预测的方向错了，因为没能充分考虑其他参与者的行为，尤其是那些在其他决策团体或组织中的，不论在官僚机构、社会团体还是立法机构中。最后，也是最密切相关的，价值判断的不确定性在决策制定者没能预见其他参与者价值的变化时就会出现，尤其是那些公众及舆论相关成员的价值判断。这些问题都很有可能导致错误预测。

不同的不确定性可通过不同的方式解决，并提高所得预测的准确性。但重要的是要记住第一章中的规则，一个特定问题的不确定性，首先认定为环境的不确定性，在进一步的观察中可能发现是地区的不确定性、价值判断的不确定性或两者都是。

哪里有真正的环境不确定性错误，我们就可以通过基于基本变量的多种推测来最大限度降低环境不确定性，为最有可能的行动提供基本判断。成本上升是另一个环境不确定性，可以通过对具有可比性的项目的过往经验进行系统分析来解决。而迈罗维茨（Merewitz）的研究成果显示，这些具有可比性的项目常常被证明具有相当程度的一致性。此外，进一步应对环境不确定性就需要再进一步检查另外两种不确定性。尤其是一个基本但出乎意料的变化，如在发达的工业化国家里出生率下降，相当明确的原因是儿童和传统家庭生活价值观的变化。如果人口统计学不那么迷恋人口并且现在仍是这样，多多关注社会变化，那么人口预测可能会更准确。

那么，地区和环境的不确定性必然需要通过不同的方式来解决。系统的数字的推测将发挥辅助作用，尽管推测最终都有数字。问题的关键是确定情景展现事件在未来如何展开并相互关联，涉及科技、经济、社会、文化、政治（举个例子，事后诸葛亮的好处。我们可以看到经济预测应该已经考虑到石油输出国家组织在1973~1974年能源危机中的影响，以及间接地对世界经济的影响）。这种活动是历史的产物，它需要一个好的历史学家来捕捉它，从而书写历史。

在未来学家教科书上有一些技术可以提供有限的帮助。机械投影式的预估可以提供有用的建议，只要研究者考虑到其局限。数学理论的最新进展表明，已经建立的趋势能够被突发的灾难打乱，这是有其价值的。20世纪30年代由瑞士的弗里茨·扎维奇（Fritz Zwicky）发明的形态分析早已被用于技术预测，以勾勒"可行的"新技术；或许这种形态分析也能同样好地来界定可行的新社会状态。扩散时间，广泛应用于测量新技术的传播，同样也可以用于绘制新的社会规范和价值观在不同阶层、宗教和国家间的传播。交叉影响分析，广泛应用于技术预测，也可以有效应用于社会行为的分析。德尔菲法，合成了个体专家对未来事件可能性的判断，同样也可能是有效的，只要使用者有历史可能性，否则将有退化至对不同事件的独立预测而没有潜在的历史基本原理的风险。

重要的一点是，没有任何一种技术，甚至一组技术能代替广泛的社会变化知识以及理解一些历史进程影响另一些历史进程的能力。情景写作者必须掌握一个领域的决策如何被另一个领域，即一组官僚和政治家的决策影响。决策可能导致价值观变化的文化变迁，或者是更常见的，从一个社会群体到另一个社会群体传播新的价值组合。为此，所需的技能不是过去传统的硬技术，而是兼有想象力、创造力和理解力的判断，与艺术专业研究生而不是科学家相关的发散思维的素质。最重要的是，它需要对系统现有状态的赞赏性评判，并明确哪些因素是明显可欣赏的。

包括 G. 维克斯（G. Vickers）在内的一些作家走得更远。他们不仅要尽可能精确地审视未来，还试图停止或放慢现实，防止其发生过快的变动。维克斯要求在规划环境向规划者征税之前就要提供支票和余额。弗兰德和杰普索呼吁稳健的规划解决方案，即在不确定性面前通过提供灵活的解决方案来确保具有最大可能性的解决方案得到实施。

但有时这不那么容易，规划，正如我们在本书中看到的许多例子，偶尔需要采纳分散的、走走停停的决策。这里也可以采用埃齐奥尼的著名的混合扫描法。大的、所谓的基于环境的决策是通过探索主要替代方案，同时模糊细节而得来的。小一点的决策是一点点确定的，以基础决策为指导。棋手埃齐奥尼指出，应该按照以上的方式进行操作。应用于本书中分析的决策，混合扫描意味着首要的战略决策是消除所有的替代方案，只留下一个反对最少的方案。但是，如果可能的话，在实施前将方案分割成若干离散的步骤，每一步都会有资源投入；每一步得到实施之后，后面会出现昂贵或可逆的决策；在每一个关键点上，决策制定者仍可以回到最初点修改决策。

唐纳德·迈克尔（Donald Michael）的大范围社会规划真正结合了所有这些方法。它通过一系列包含了下列内容的步骤实施。首先，正如埃齐奥尼一样，规划者在预测未来背景、设定目标、评估不同方案的成本和收益之后选择了一个计划。其次，他考虑了对规划中环境不确定因素的可能影响。再次，他进一步细化了规划，设计了行动顺序。最后，他监测了规划的实施，如果需要的话，可以重复上述步骤。在整个过程中，规划者探索待解决问题的本质，而不是提供完整的一次性的解决方案，描绘出冲突而不是阻止它。

所有这些都表明，一个规划组织至少有一个（而且更倾向于多个）独立的鉴定机构用于探索未来。一些组织，如法国的地方发展和领域整治局、英国的科学政策研究组，开始采用这种用于预测不同区域的方法。它们将结合定量的和非定量的方法，但最重要的是，它们将是探索的和自我批评的。此方法不会使我们一夜之间就避免本书提及的各种错误，但可以帮助我们开发关键的评价力。

评估问题：人际关系比较

但是预测未来环境，包括相关地区和价值的问题，只是问题的一部分，甚至有可能进行了精确预测，但仍不能产生决策。集中规划涉及考虑方案的执行过程及依靠一些评估过程的解决方案。任何执行的过程都包括一些资源的使用，这些资源可能被用于别处。这会带来一系列后果（假设可以被计算出来），有些是收益，有些是成本。尽管被描述为收益与成本，但它们并不需要全部以货币形式表现，从而这是一个聚集和比较的中心问题。这背后的两难之处在于，对于一些个体或团队来说的成本，可能是其他人的收益。然而，有人认为这里包含了经济学家口中的社会福利函数。一个由有着不同爱好和偏好的个体组成的社会，如何形成合理的公共物品供应决策的规则？要判断是否可能得到一个解决方案，则有必要了解经济学以及从经济学发展出来的政治科学是如何费力解决这个问题的。

出发点就是难点，因为或许是不可能将一个人的效用和负效用与另一个人的进行比较。如果我妻子说她患了严重的头痛病，我该如何将其与我痛苦不堪的消化系统相比较？既然我们不能直接进入其他人的心灵和思想，我们就没有办法在人与人之间表达强度。收入分配使这一问题更为复杂。富人已经开始需要钻石或是赛车，或是良好的居住环境（这与穷人不同）。即使在一个平等社会，毫无疑问，有些人也会比其他人更不吝惜表达其喜悦和痛苦，谁会否认他们的感情呢？

正因为如此，经济学家传统上试图避免直接将一个人的效用与另一个人的进行比较。他们避免了基于基数效用的计算，这种计算会将一个人的测量与另一个人的比较，尽管他们的比较比例不同（如华氏度和摄氏度）。相反，他们使用顺序量表，这种方法并不明确一个单位相对于另一个意味着什么，而且只要顺序被保留，一个单位可以转换成任何单位（如将 1、3、5 转换成 101、129、147）。因此，在一组有限的数字中，顺序量表其实是一个变相排序。如果我们用它来比较不同人的效用，我们就会说在 a 与 b 中，一个更喜欢 a，另一个更喜欢 b。

20 世纪早期，意大利经济学家和社会学家帕累托建立了一个经典的原则，从顺序方程中推导社会福利函数（早期最著名的尝试是边沁的幸福计算，就是基于基数测量并指向此事实；讽刺的是，它提供了现代成本效益分析的基石）。帕累托说，每一个人都对一系列方案情境有一个顺序的评价，每个人都知道什么对自己有利，但没有人知道这对其他人意味着什么。然后，从目前情况出发，考虑一种方案。每个人都能说出自己是否喜欢它。如果只有一个人喜欢它，而且没有人更喜欢它，那么，即移动到该方案；如果没有，则停留在现有位置。因此，通过两两检验，社会可以达到一个再多动一步都不是最佳的状态。此时，在没有使任何人境况变坏的前提下，使得至少一个人变得更好，这就是帕累托最优。

　　不幸的是，它也有障碍。最大的障碍就是该规则受严格限制。大多数有关公共支出的决策实质都是有关实际收入分配的问题。在划分国家大蛋糕的情况下，如阿马蒂亚·库马尔·森（Amartya Kumar Sen）所说，每一种方案都是帕累托最优，因为所有人都想要更多。这样就有必要确定额外的规则（如多数决原则）。但是，除非结合由一个选民到另一个的可能性，否则这可能是极端保守主义的秘诀；动机薄弱的多数人可能会阻止热情的少数人的愿望。这与所谓的一致改变原则是一样的：如果一些人相对于 y 更倾向于 x，并且没有人认为 x 更差，那么选择 x，但如果不是，则选择现状 y。正如阿马蒂亚·库马尔·森指出的，这种方案有矛盾的结果：如果阻止罗马燃烧，会使尼禄（Nero）大帝感觉更糟，那么让他烧掉罗马就是帕累托最优。简而言之，一个社会或经济体可以达到帕累托最优，但同时依然非常令人厌恶。

　　这就是为什么经济学家不得不考虑单方支付的可能性。例如，卡尔多-希克斯原则（Kaldor-Hicks Principle），于 1939~1940 年由其两个发明者分别独立发现，提供了一个替代或附加原则：如果 a 愿意为发生变化而补偿 b，同时 a 变好而 b 变差，那么即使从没有过补偿，变化也将是最佳选择。问题在于，现实中很少有人会处于提供或接受补偿的位置。在任何情况下，如 E. 米香（E. Mishan）指出，结果由游戏规则决定。想象一个被飞机噪声影响的区域，在一套规则下，居民被允许提供 3 000 万英镑使飞机场搬迁，但这比航空公司愿意接受的价格少 1 000 万英镑。在另一套规则下，航空公司被要求向居民付 5 000 万英镑来获得飞行的权利，但事实上，他们只需要付 2 000 万英镑。如果实施成本高于 1 000 万英镑，在第二套规则下航空公司就会搬迁，而第一套下则不会。

　　最终，帕累托原则与哲学自由主义原则相冲突，包括弱自由主义原则：至少有两个个体，面对至少两个方案，应该有他们个人的偏好反映在社会偏好中。在阿马蒂亚·库马尔·森的案例中，A 和 B 来考虑三个选择：

　　a：A 应该能读色情文学。

　　b：B 应该能读色情文学。

　　c：没有人应该被允许读色情文学。

　　A（传统道德主义者）对上述三个选择的倾向性排序是 c、a、b。B（一个时髦的自由主义者）的排序是 a、b、c。现在，既然二人相对 b 都更倾向 a，那么就达成一致：不论 b 与 c 都排序如何，都有一个人比一开始更差，因此，并没有最佳选择。即使通过一次比较多个方案来试图避免该情况，也将遇见结果与非循环性（acyclity）原则不符的问题，即如果 a 比 b 好且 b 比 c 好，那么 c 一定至少与 a 一样好。

　　在 1951 年，经济学家阿罗研究了这些问题，提出了他著名的不可能定理。他表明能同时满足四个合理条件的社会福利规则是不可能的。首先，集体理性，即一个集体选择函数可能被用来为个体排序。其次，帕累托原则（已被提出）。再次，不相关方案的独立性，社会选择仅仅依靠在考虑中的方案排序。最后，非独裁，没有任何人的偏好会自动是社会的偏好，也独立于其他个体的偏好。阿罗表明，在三个方案［A、B 和 C（原文应为笔误，应为 a、b 和 c）］中：

1/3 个体的选择排序是 a、b、c。

1/3 个体的选择排序是 b、c、a。

1/3 个体的选择排序是 c、a、b。

由上可以看出：

2/3 的个体在 a 和 b 中更倾向 a。

2/3 的个体在 b 和 c 中更倾向 b。

2/3 的个体在 a 和 c 中更倾向 c。

因此，没有排序是可能的。阿罗表述了其一般理论：

> 不可能有一种实现社会福利最优的组合同时满足集体理性、帕累托最优、不相关选择的独立性及非独裁这四个条件。

一直以来，经济学家都在致力于解决这个悖论，但没有太多成果（在大多数情况下，规划者依据阿罗理论在盲目乐观但无知中进行，不知道它已经毁掉了他们整个行动的基础）。事实上，正如阿罗自己所说，唯一的出路就是放弃一个条件。最常见的选择就是放弃不相关选择的独立性，因为往往其影响了一些偏好强度的估计。因此如果 A 的选择排序是 a、c、d、e、b，然而 B 的选择排序是 b、a、c、d、e，那么在 a 与 b 中选，显然更倾向于 a，因为 A 的偏好强度显然更强。例如，阿马蒂亚·库马尔·森指出，阿罗理论：

> 毫无疑问，要求太多，而且在实际规划中，我们根据一个不完整但很接近真实情况的个人排序确实能产生令人满意的社会福利排序。

基本测量：博弈论

同时，在阿罗之前，已经有尝试打破了福利经济学家通过找到一条基数效用可以合法使用适当方法而施加的约束。早已发现的问题是基数效用没有考虑到偏好强度。假设两个人正在决定蛋糕的分配：A 倾向于 70∶30，B 倾向于 51∶49。利用顺序测量，我们只能说每个人都第一优先将大份分给自己。我们不能说 A 在 70∶30 的分配下比 B 在 49∶51 的分配下更好。

完整的博弈论理论最早发布在 1944 年，它巧妙地引入了顺序测量的方法，同时又能避免人与人之间效用比较的弊端。与效用排序相同，它要求观测者测量一对效用不同的比例。举一个简单的例子，一个游戏为选手提供了两种奖励选择，确定的 100 美元，或是 50%可能性获得 50 美元或 150 美元。通过观察选手的行为，我们可以确定，在一个 120 美元的赌局中，选手对两种方式都无所谓。因此，120 美元的效用等于 50 美元效用的一半加 150 美元效用的一半。并且 120 美元效用与 50 美元效用的区别和 120 美元与 150 美元效用的区别相等。因此，能够在两个不同标尺下确定比例：在一个尺度下，50 美元与 120 美元的差别等于另一个尺度下 120 美元与 150 美元的差别。这可以概括为一个适用于任何情况的规则。首先，向最差和最好的成果分配任意效用值。其次，找出关键概率，使两种抽奖方式所带来的后果无差别：一个一定提供方案 C，另一个有 Pc 的概率提供方案 A，且有 $1-Pc$ 的概率提供方案 B。C 的效用值即被认为是无差别的彩票的期望值。

　　这是一个巨大的进步。但是，在实践中它仍然存在着难以解决的问题。这使得它仍然是规划决策制定者的理论工具，而非工作策略。一个问题是参与者可能根据他们自己的偏好采取不同的策略。因此，最大最小原理旨在最大限度地减少可能做出的损失，然而，极小遗憾原则选择与最佳结果差距最小的结果（表 16）。一个相关的问题是，人们面对风险的态度差异很大，不是所有人在赌博时都会基于预期的金钱价值来行动，因而有必要明确他们对于确定性高低的认知。另一个问题是，是否所有的收益都能用金钱来表示，当考虑到多维度判断时，人们的判断可能会不一致，我们甚至还不清楚人的偏好是否为固定值及能否被精确感知。

表 16　对抗自然游戏的替代策略标准

策略	游戏				符合标准的最佳策略
	1	2	3	4	
1	2	2	0	1	最大平均概率
2	1	1	1	1	最大最小（减少最差）
3	0	4	0	0	赫维奇（Hurwicz）公式*
4	1	3	0	0	绩效遗憾，即如果了解真实的自然状态，最小化收益和潜在收益的差

*最大化 $A+（1-a）$ 的值，a=最小值，A=最大值

资料来源：J. Milnor, 'Games against Nature' in M. Shubik, Game Theory and Related Approaches to Social Behavior（New York，1964），p.122

　　但也有更大的障碍，使得实际应用确实值得怀疑。一个障碍是，即使是简单的游戏也容易涉及大量的策略，因此需要总结游戏中所有可能的移动的程序。这仅仅是由于有大量可能的组合在其中。即使画圈打叉游戏都包含了 10 亿种的策略，对于下棋中的第一步包含的策略，如果一页写 100 种，则意味着可以堆成 40 000 光年厚。另一个障碍是，一旦分析师离开了所谓的两人零和博弈，博弈论就变得更加困难。大多数与规划相关的博弈都包括两名以上参与者，而且形式上是混合的：部分竞争，部分合作；他们被证明是非常棘手的，尤其如果选手没能理解算

术法则。谢林（Schelling）详细分析了这类游戏固有的议价元素，他认为这有助于规范理论，因为这表明理性选手会利用议价和战略策略的优势，但要将此应用到实际情形中是非常困难的。总而言之，博弈论仍然是规划决策制定者的理论工具，而不是一个工作策略。

关于收入分配的问题

关于博弈论，另一个应当考虑的问题是，社会福利函数的推导必须基于一个重要假设，即所有玩家都以各自的收入为出发点。因为收入很有可能影响玩家对实用性乃至不确定性的判断。换句话说，正如帕累托法则所假设的，收入分配要么基于实际收入，要么基于完全理论的收入。它并未对什么是公正的收入分配提供规范性的准则。对于近些年越来越致力于实际收入分配规划的计划制订者而言，这显然是一个严重的不足之处。

如果所有公益新政策都能为每一个参与者提供超过成本的盈余，这显然是不会有任何问题的。然而，这在实践中显然是罕见的。一种解决困境的方法是粗略假设公众总是会附和大多数他们并不喜欢的公共决策，仅仅是因为他们认识到脱离制度体系是行不通的，他们只有在选举投票时才会将自己的不满发泄出来。但是大多数时候这个假设是行不通的。这时，聚合社会偏好必须被确定，这就引发出一系列重要的问题。首先是效率和公平必须均衡判断，因为事实证明这一点常被颠覆。过去的经济学家都暗中给予效率以远超公平的权重。这是伦敦第三机场质询中批评成本效益分析的烦扰。未来，假设决策者们将他们的立场与市场需求挂钩，那么加权系统可能会基于对过去决策（它们会显示出社会真正想要的是什么）的分析或民意数据。但即使如此，决策者们仍可能将不得不基于某些标准，在不同利益之间做出选择。在实行西方民主的国家，中间选民的观点往往会占上风（如唐斯和其他人已经论证的），而理论上，中间选民的意见应该是决定性的。但是，即使决策者遵循准市场的路线，他也不一定会选择自己喜欢的社会政策（如他可能会支持战争，然而自己拒绝服兵役），而团体中的个人则会做他们自己做不到的事情（如支持反歧视法）。目前，政府没有被迫以这种方式遵循市场；其可能并且一直试图整合和引领大众的选择，但在这种情况下，行动的标准还是不明确的。

一个解决方案是，尽管可能无法得出一个明确无歧义的标准，但至少决策者应该能够量化效率和公平之间的均衡。因此，在一个经典的真实案例中，在决策于新奥尔良市的哪个区域建设一座新的桥梁时，马姆利（Mumphrey）和沃尔珀特（Wolpert）发现，大多数人同意建桥，且大部分人认为应该将桥建在会给低收入人群带来损失且为高收入人群带来收益的位置。这些都是可以量化的。因此，假设这个位置是更有效率的，就可以计算出对富人的净收益征税或应支付给穷人的补偿金额。但在此之前，社会应该考虑到进行赔偿的额外行政开支，并重新评估这一"有效率"的位置。

这只是一些小方法，仍然不能提供一个公正的收入分配的标准。为此，我们的讨论必须从经济学转向伦理学。成本效益分析的侧重点在于最大化收益的净剩余，而并未说明如何解决利益冲突，似乎只有在所有群体利益一致时这种分析才是适当的，但这种情况很少见。正如已经看到的，希克斯-卡尔多补偿公式是不真实的，因为所有的赔偿都很少发生。博弈论中的最大最小理论侧重于分配标准，但像帕累托最优一样提出了一个保守的现状解决方案。

因为以前没有人以适当的方式处理过这些问题，约翰·罗尔斯（John Rawls）的工作对规划者而言具有潜在的重大意义。关键的是罗尔斯是一个使用福利经济学语言的哲学家，但同样也是一个试图获得完全原始的分配规则的人。罗尔斯把他的书称为正义的理论，但书的大部分都聚焦于社会正义。他认为，在一个所谓原始的位置上，没有一个个体会获知生命中有什么在等着他（所谓的无知的面纱），那么一切都将加入两个关键标准。首先是个人自由将优于任何其他社会商品分配的问题。其次是特殊类型的最大最小原则，被罗尔斯称为差别原则，即所有人在其最低水平时都将选择最大化社会福利，换句话说，他们只有碰巧改善了最不富裕群体的条件时才会允许不平等的发生。用罗尔斯的话来说，所有社会初级产品、机会和自由、收入和财富及自尊的基础，都将被平均分配，除非任何或所有的这些商品的不平等分配对最差的群体有利。

这提供了一个强有力的原则，严格来自一个概念——人们自己会在最原始的位置上渴望什么。换句话说，逻辑上它从积极移向规范。当然它有激动的、挑剔的评论，即使是高度同情的那一类。因此，阿罗对此表示怀疑，实际上，社会将希望花费药物以保持某人勉强活着，即使这将使其他人陷入贫困。阿罗质疑社会将如何认定最糟糕的情况，因为这再度引发了马蜂窝式的人际关系的比较（虽然只是在一个有序的基础上）。更重要的是，在他们无知面纱的后面，人们必须了解自然和社会世界的法则，这看起来似乎是矛盾的。然而，诺齐克（Nozick）认为罗尔斯忽略了历史的原则，历史的原则表明过去的情况和行动可能带来不同的权利。对此，罗尔斯声称，自然禀赋和资产的差异是服务低下的结果，在道德上是站不住脚的，因此这些差异应当被消除。但诺齐克认为，罗尔斯并没有为此提供实证的论证。

从某种程度上说，该论述的主角看似是从不同前提对不同事情进行论证的。罗尔斯假设，在无知面纱之后，人们不会知道他们在能力上的自然差异，他们也不会有任何战略行为的动力，就像一些人所声称的那样。相应地，他的批评假设人们确实知道能力上的自然差异并开始采取战略。基于此种假设，穷人在美国没有成为再分配的主要接受者；中产阶级则以简单的原因加入中等收入者的联盟中，以求得对于其余人的优势地位；预期他们会通过加入收入前51%的人群而获利，而不是通过加入收入后51%的人群。这个问题的答案似乎取决于对赌局中人们如何看待自身能力和风险的实证评估。

除此之外，罗尔斯的位置可能会在实践中导致引入一种无响应的困境。在强调最差的福利时，它可能忽略其他不是那么差的问题。这又与有顺序特征相关，它使得对应量级的（并因此计算的权重）比较不可能。这方面，它好奇的行为就像帕累托最优的反向版本。但至少它声称其在心理推导上具有一致性，这大概可以通过邀请人们玩游戏来进行实证检验。

这实际上可能被证明前方有很长的路要走。如果可能的话，很多人会想要尝试得到规范的解决方案，而不仅仅是重复一些实证分析。实现的方式是伦理建议，即当同样站在别人所处的位置时，我们应如何建议。有充分的理由考虑这些，我们研究集体选择部分是因为我们担心现有事物的状态。那么问题就变成了：如何更好地发展伦理模型？

一种方法是拒绝被涉及制定社会福利函数的非常理论化的问题击败，并努力做到最好。正如森所指出的，比阿罗更弱的假设可能产生一些不需要考虑世界上所有国家的决策。例如，当考虑三个个体，A、B和C，面临着三种选择x、y和z时，结果如下。

项目	x	y	z
A	1	0.90	0
B	1	0.88	0
C	0	0.95	1

在这种情况下，效用（福利的总和）的结果是y的效用大于x，x的效用大于z。而在多数决原则下，x的效用大于y，y的效用大于z，因此，没有帕累托最优解。在这种情况下的问题是，加权之后结果有利于一方而不利于另一方。假定在每个参数上都加倍。首先，从上表中计算福利的差异。

项目	x VS y	y VS z	z VS x
A	0.10	0.90	−1.00
B	0.12	0.88	−1.00
C	−0.95	−0.05	1.00
总计	−0.73	1.73	−1.00

然后，考虑到x与y，是能够增加A和B的权重，并减少一半C的权重，但仍得到结果y是最好的。同样，当比较y与z时，减少A和B一半的权重并将C

的权重增加一倍，仍然会得到 y 为最好的结果。诚然，在 z 与 x 相比时，减少 A 和 B 一半的权重以及将 C 的权重增加一倍，则 z 比 x 更好。但是，如果 y 比 x 或 z 都好，则 x 和 z 的关系与 y 无关。所以，在这些限制范围内，有一个独一无二的最佳元素 y。森开发了这个例子，认为它演示了如何制作一个"具有稳定偏好的序列"。

另一种解决办法是达到新的偏好。经济学家基于观察到的市场行为将价值置入非常狭窄的概念中。但是，克拉克认为，看一下其他方法也是同样正当的，如个人的方法（问卷调查、测试和实验）和文化的方法（考察文化价值）。后者不太可能给出精确的度量，这是社会学家的领域。但个人的价值可以被更精确地衡量。所谓预算派的方法，它要求一个人花费虚拟的金钱来选择购买物品，实际上测试的是对物品的偏好，这种方法优于投票的方法。但是，严格来说它衡量的是金钱，而不是实际的效用。在模拟状态下，人在陈述其偏好及实际行为之间还是存在差异的。特别是，在玩游戏的过程中有策略性行为的错误，虽然这可通过某些方法修正，如满足（反常）增加有关规则和所需要的信息的不确定性。

预算派方法仍处于起步阶段。它们没有自动给出一个最佳答案，其结果取决于所采用的判定规则，其中每一个规则都具有一定的优点和缺点（表 17）。但关键在于该方法至少可以超越纯理论的讨论。似乎没有理由，如为什么预算派理论不应该被用来衡量罗尔斯的差别原则的稳健实证检验。

表 17 预算蛋糕：替代的解决规则

规则	偏好的准则：可能的收益				意见领袖
	偏好测量	预算约束	诚实的偏好	基本方法	
二元选择多数规则	N	N	P	N	P
平均预算派	Y	Y	P	Y	N
平均连续大规模法	Y	N	P	P	P
中位数预算派	P	Y	P	N	N
中位数连续大规模法	P	N	P	N	P
其他数学操作	P	P	P	P	P

注：Y=yes，N=no，P=probably
资料来源：Clark，1974，2.4

事实是，就其本身而言，没有一个方法要奇迹般地实现公平决策的突破。我们所需要的是有意识地努力将经济理论结合社会道德领域，以解决实际的决策问题。而这相当明显的结论直到现在仍被忽略，原因很简单，理论家一直更关心的是理论而不是可能的应用，而实际的规划大部分已经超出了理论的讨论范围。努力建立这座连接二者的桥梁是应用规划理论在目前可以做出的最重要的进步。

总结：避免灾难的方法

重复开头的话：在当前状态，没有一个简单的和可靠的方式让我们可以避免过去所犯的错误在未来重犯。由于未来的不确定性，决策者仍然会发现他在做决策时很难抉择：他自己的行动及他的行动对别人的影响之间具有复杂关系。通过达成一个解决方案，将资源在集团间满足最基本的效率与公平之间的分配，这些问题在长时间尺度范围内都是难题，而这些问题又必须解决。所有这些问题都已在社会上存在很长时间，并仍将伴随我们很长一段时间。我们所能做的就是努力开发各种相结合的方法，这或许有助于避免大错误。

首先，规划者需要更努力地预测世界（或者说另一种可能的世界），在那里可以做出决定而且结果可预测。这不仅仅是进行机械性的统计性趋势的外推预测，它还涉及国际和国家的发展趋势等，这些趋势的发展超出了我们现在做的那些无根据的计划。训练的一个重要部分不可能由单一的规划团队完成。它必定来自于一个或多个创造性预测的一般训练之中。它必然是来自一个或多个综合的衍生品，其本质是试图追踪经济、未来可能的技术、社会、文化和价值观——首先是国际和国家的，其次是区域和地方的。

这样的基本工作都可以由一个或多个独立的专家团队来完成，他们将通过一个共同能力和共同利益的联合，采用历史的方法。最理想的应该有至少两个团队，以避免太容易接受一些正统的解释。计量经济学通过复杂的数学模型来预测是不适合的，它只提供了一个方面的模型：在英国，国家经济和社会研究所、伦敦商学院和剑桥大学应用经济系都是独立工作的，并将彼此的工作置于紧张严肃的审查之下。

然而，详细的程序可能是适当的本地专业团队的工作，以寻求适用于这个问题的更一般的预测。还有多少工作要在该阶段完成，取决于评估一个错误决定产生的费用。最初决定中的错误产生的损失越大，被名正言顺地占有的资源就越大。

但是，这已经介绍了需要改进的另一个关键领域：要有更好的成本收益平衡表。该决定的影响需要以个人的评价来审视（成群的个人更好），因为这些评价会在规划对象最终投入使用的全生命周期中被表达。这里的问题是，测量不仅仅基于个人自己的评估，而应是群体平均的评估，这就需要采用个人判断的集合——社会福利函数来表达。如果可能的话，这些评估应以一些常见的衡量指标表达，如金钱。如果不能，最好的表达方式就是可获得的方式，甚至是武断的方式（如果没有更好的方式）。这种混合方法被非常有效地用于由纳撒尼尔·利奇菲尔德（Nathaniel Lichfield）开发的资产负债表研究中，以及被进一步改进后用于英国政府使用的主要公路计划的评估中。

如前所述，经济学家们倾向于完全依赖于一种行为方式以获得个人的价值判断。他们不相信人们的陈述，只相信行为产生的证据，认为人们的行为反映其想要什么。但是，对于未来的评估，这种方法是无用且无关的。因此，我们被迫在财政预算派中玩角色扮演游戏，玩家将被要求不仅要模拟自己，还要模拟其他人在未来不同日期的评估。这种对未来的模拟，在任何估计中被发展为预测未来的一部分，自然而然地成为基础。

　　然而当这一步完成时，最后一部分就是将预测和评估结合起来。在古典的以"操作-研究"为基础的不确定性决策的美国学派中，这一部分内容涉及两个步骤：首先，对后果概率的评估；其次，对相关后果的效用的评估。对于评估，没有精确定量化的尝试，必须采用此种模型。博弈论，如已经看到的，允许决策者理解人们如何去选择，包括每个选择出现的概率及相应的成本。如果引用到我们的问题中意味着：首先决策者必须评估某些结果的概率。例如，在一个大的投资情况下，他必须计算全部失败的可能性、各种成本增加的可能性，以及未能达成预期绩效的可能性。决策者还必须设法估计使用投资或受投资影响的不同个人或群体的收益。他必须记住，对于某些群体在某些时候，这些收益可能会是负的。

　　可以这样来看，目前其实并不是可以严格实现的。从所有的表述来看，概率无法计算得这么细，也不能来计算效用，这样精确的方式对于未来群体可能并不存在。我们能期望最好的结果是说明性的。我们能够用一种对过去相关经验的系统性分析与专家判断结合的方式来计算概率——可能在某种简单的尺度上，如从0到10这种。随后，通过博弈技术和专家判断的结合，我们能得到对效用估计的近似结果。我们还会依据事实估计，人们将不同意他们对概率和效用的评估，而且人们不会按照他们所表述的效用偏好来行动。

　　如果可以做，会是什么结果呢？这将开始于从两个或两个以上可选方案中做出选择：他们可能简单地选择是做还是不做，或可能涉及更复杂的选择，如在投资的数量和种类之间选择。所有这些都要估计成本和可行性。这些将以概率为基础被计算。在必要时，这些可能进一步以生命发展周期中的不同时间点来计算。随后，更进一步的计算将进行，对不同的群体，计算其可能结果的效用，包括产生的负效用。随后，不同时间点的资产负债表将被做出来。最后，一个或更多的规则集（社会福利函数）将被选择，可能涉及更多的博弈论研究。由于效用并不一定要用一个简单的数字来表示，并且对于一个聚合函数的偏好并没有明显高于另一个，因此很难得出一个清楚稳定的偏好结果。判别和争论仍旧会是选择行动步骤的基础。

　　对于这种方法要做出几点说明：

　　第一，已经不止一次强调，它不是完全严整的，此种方法不是假定将一整套要分析的东西放到一个混合机器中，使它们均匀化而得到精确的比较，其中一个替代方法明确地增加最多数量。相反，它假设每一步都需要进行判断，因此，从成本效益分析的经典原则出发，密切接近利奇菲尔德和英国利奇委员会的规划的资产负债表。

第二，它除了在这一流派以往的计算中引入概率以外，还寻求在不同的投资时间点来评估。

第三，也是最重要的，它仍然遵循在前文（第八章）中被称为经济化（economizing）或理性模型的那种模式。也就是说，假设通过研究个体的福利能够并应该完成决策，因为之后的评估是由这些个体做出的（或者以传统的方式，通过行为来做出评估；或者以更加实验的方式，通过调查和博弈来做出评估）。换句话说，它由绕过政治的整个泥沼行为——无论是通过政治家自己或官僚或社区行动小组——分析了第八章到第十二章的内容。最后和最不易处理的问题是：我们无视政治行为的影响是不是正确的？我们是不是应该将此影响考虑进来呢？

我觉得对这个问题必须保持开放态度，这是严格的价值判断问题。一个极端是，如果一个规划者忽略政治行为，他的决定将是根本不现实的，因此也无法实施。在另一端，如果他倾向于适应政治行为，他将不再是一个规划者，或任何一种决策者；他会比较倾向于不采取行动的政治家，因为他清楚行动所遇到的压力，所以从来不去实现政治的伟大性。规划者是以收费的形式来制定决策的（或是强烈推荐给政治家赞成的决定）；但同样，他必须要正大光明地做。当然，最好用概率来分析可能的政治行动。比方说，在此阶段可能这个提案将遇到来自A组的反对，但B集团将继续大力支持它，我们可以计算出两个集团所施加的压力的强度。但是，我们要这么做，部分目的是，测量这些压力强度的差异，以及不同群体被感知的福利形态。因为那甚至会表明一个决定性的行动，规划师与政治家为了公共利益与反对者斗争，或事实上在与支持者斗争，如果这看上去是正确的话。

最后，决策本质上并不一定要一次性做出；相反，基于每一个必须决策的阶段的最小限度承诺，它通常会采取风险规避策略。这通常意味着增量或适应发展方式的任何一种，而不是一个新起点；它建议扩大现有机场而不是建设新的，它会建议改善现有的道路状况而不是建设新的高速公路，因此是提升和改善现存的机场或铁路技术，而不是建立一系列完全新的概念。问题当然是，新技术——如同黑暗中的跳跃——有时是必要且最佳的，但至少可以通过此处介绍的方法对这样的选择进行理性评价。

对灾难的再审视

假设本书的前一部分已经列举了所有的灾难。什么将是可能的结果？这超出了本书的目的去详细回答这个问题，我们可以做出一些有争议的建议。

在伦敦第三机场的决策中，决策者是英国政府（因为这显然是内阁集体决定）。决策者必须平衡大量本质上不矛盾的因素，包括航空旅客的福利、国家整体的经济健康及其对于贸易和旅游的依赖；决策者还需要平衡一些相互对立的因素，包括规模较小，但有较好组织及影响力的利益集团的诉求。在解决这些问题的过程中，可能出现的最差结果（对于政府）将会是机场容量的不足，从而带来低效、妨害和政治骂名等负面影响。这意味着寻找落入特定的关键参数（包括区位和成本）范畴且能够在规定期限内得到实施的解决方案。在这种背景下存在以下两种策略。一是将现有机场开放至最大空间容量，前提是，尽管会遭到反对，机场周边的人比其他地方的人更容易承受较高的噪声。根据当地政治反对派的等级来进行开发。一开始时可以缓慢增加飞机流量，使当地居民对其能够逐渐适应。当反对声音大到一个临界点时，可以通过宣称危机时刻已经到来——这是目前唯一可行的方案，从而在政治上采取行动以克服困难。这是一个有些高风险的策略，但鉴于其相对较低的资源费用，可能是最优选择。决策者也可以判断，尽管风险水平明显较高，他们可以以此蒙混过关，取得成功。二是承认第一种策略的风险过大，从而选择一个争议较少的地方，最好是对当地居民的环境影响最小。最初可以将其建设成为解决过剩流量的机场，随后再将其建设成为伦敦机场系统中的第三大组成部分。

很显然，这些策略已经在1960~1979年推行了20年。第二次是在1970~1973年推行的。看起来该事件最初被证明是对可能发生情景的精明估算：与现有机场越来越无法忍受的压力相比，政府将忽视机场周围人的利益——毕竟只有少数或居住在东南部地区的人抗议。随着时间的推移，人们会逐渐习惯于现有环境，淡忘其所受的损害。因此，增量解决方案是最优的。

唯一的问题是，它假定决策者属于同质的群体，但他们不是。1970~1973年，政府的立场与民航局、机场管理局，以及各个航空公司产生了直接的冲突。由于政府同情来自斯坦斯特德居民的压力，这种冲突还有可能发生。如果这发生在20世纪80年代初期，灾难结果可能就会出现。它可能仍然很好地证明马普林本来是最适合每一个人的——但为时已晚。

在伦敦环城公路的案例中，从一开始就很清楚，任何计划、任何大型和可见的方案，都会引起中产阶级地区人民强烈而有组织的反对。决策者，真正致力于修建道路或改善伦敦的环境的人，他们发现应该采取较为渐进的策略。首先，在最低限度反对的工业或铁路或仓储领域，开发和改进新的延伸道路。其次，在法律的可操作性下，保证优厚的补偿，尝试将该计划扩展到成熟的自有住房领域。与此同时，妥协应建设标准，以允许道路较少损害并围绕住宅郊区。在最敏感的区域，采用更昂贵的解决方案可能是合理的，如隧道，尤其是如果该程序已经延长了一个较长的时间周期。在这里，高速公路建设者可以预期，由于交通量的增加，20 世纪 80 年代几乎肯定会出现反拥挤运动。选择在下面两种情况中进行：分期建设道路，司机和其他道路使用者付出特定的赔偿，给居民造成一定的损失；或者不建设高速公路，居民的损失大大减少，但道路使用者的损失大大增加。后者可能并不是最优的策略。

协和式飞机是最简单的例子。对航空器经济和政治环境的仔细预测表明，包括其在大型飞机时代的商业前景及激烈的环境反对，都应该在可行性试验的早期阶段就放弃这个项目，甚至在后来，在项目进行的任何阶段放弃这个项目都是更经济的。为了给英国飞机工业相对固定的资产提供替代用途，资源本应该投入具有强大商业前景的累积性技术之中。在 20 世纪 60 年代中期开始就完全可以预见到我们会进入一个高燃料成本时代，欧洲的空中客车 A320 被证明极适用于这个时代，其对现有的工厂、资本和劳动力有着明显的替代效应。

旧金山湾区快速交通系统的投资情况与协和式飞机较为相近，也有类似的教训。基于其他美国城市的经验和模拟结果，对于该服务使用的商业需求的现实分析表明，湾区的快速交通系统不太可能吸引人们放弃使用小汽车，也不太可能大量吸引原有的公交乘客转而使用该系统，从而破坏整个湾区的公共交通系统。一个系统性的费用升级记录分析表明，该系统无法按照原计划建成，进而影响商业繁荣。如果将该项目总投资的一小部分用于升级现有的公交系统，在拥挤时刻优先使用公共交通，就能让它在拥挤的时候表现得更好，让人们更快捷舒适地到达目的地。

最后，悉尼歌剧院或许已经可以作为一个经典的高风险投资的案例展现在公众面前，其实际投资在可能产生的最小和最大的成本上发生了巨大的变化。新南威尔士州的人会有一个在高风险投资和相对安全平淡的设计之间的选择。他们也被邀请来表达偏好资金的方法。讽刺的是，它始终是可能的，面对这样的选择，他们会为高风险的解决方案投票通过。是的，他们得到了。

因此，在一些案例中，不同决策的结果可能不会有较大不同。而在其他案例中，它也可能与实际结果完全相反。但无论如何，决策制定都应该更加自觉，更加理性，对决策产生的后果有更好的认知，最后还需要更加民主。这些方法还是远远不够完美：它们不会再有批评或辩论，甚至引起争议。但肯定会允许英国、美国加利福尼亚州和澳大利亚的政治家、规划者及人民做得比他们所做的要好得多。我们可以用现有的知识做得更好，更不用说我们能很快把研究和实验提供的帮助加以整合。或许，对于大规划灾难会存在一些借口，但不会有我们想象的那么多。

参 考 文 献

ABERCROMBIE, P. AND FORSHAW, J. H., County of London Plan (London: London County Council 1943).

ABERCROMBIE, P., Greater London Plan 1944 (London: HMSO 1945).

ACKOFF, R. L. AND SASIENI, M., Fundamentals of Operations Research (New York: John Wiley 1968).

ADAMS, J. G. U. AND HAIGH, N., 'Booming Discorde', Geographical Magazine, 44 (1972). pp. 663-666.

ADELSON, R. M. AND NORMAN, J. M., 'Operational Research and Decision-Making', Operational Research Quarterly, 20 (1969), pp. 399-413.

ALLISON, G. T., Essence of Decision: Explaining the Cuban Missile Crisis (Boston: Little, Brown 1971).

ARROW, K. J., Social Choice and Individual Values (New York: John Wiley 1951).

—— 'Public and Private Values' in Hook, S., q.v.

—— Rawls's Principle of Just Saving, Technical Report No. 16, Institute for Mathematical Studies in the Social Sciences (Stanford, California: The Institute 1973).

—— 'On the Agenda of Organizations', in Marris, R., q.v.

BACHRACH, P. AND BARATZ, M., Power and Poverty (New York: OUP 1970).

BAIN, H., New Directions for Metro: Lessons from the BART Experience (Washington: The Washington Center for Metropolitan Studies 1976).

BARRY, J., GILLMAN, P. AND EGLIN, R., 'The Concorde Conspiracy', Sunday Times, 8 and 15 February 1976.

BAUER, R. A., 'The Study of Policy Formulation: An Introduction' in Bauer, R. A. and Gergen, K. J., q.v.

BAUER, R. A. AND GERGEN, K. J. (eds.), The Study of Policy Formulation (New York: Collier-Macmillan Free Press 1968).

BAUME, M., The Sydney Opera House Affair (Melbourne: Nelson 1967).

BAY, P. N. AND MARKOWITZ, J., Bay Area Rapid Transit System—Status and Impacts (Presented to Annual Meeting, Institute of Traffic Engineers, Seattle, August 1975, Mimeo).

BELL, D., The Coming of Post-Industrial Society: A Venture in Social Forecasting (New York: Basic Books 1973).

BERRY, D. J. AND STEIKER, G., 'The Concept of Justice in Regional Planning: Justice as Fairness', Journal of the American Institute of Planners, 40 (1974), pp. 414-421.

BISH, R. L., The Public Economy of Metropolitan Areas (Chicago: Markham 1971).

BOWER, J. L., 'Descriptive Decision Theory from the "Administrative" Viewpoint' in Bauer, R. A. and Gergen, K. J., q.v.

BOYD-CARPENTER, LORD, Airport Planning in the UK: Past, Present and Future (Presented to the Fifth World Airports Conference, Brighton 1975, Mimeo).

BRANCKER, J. W. S., The Stansted Black Book (Dunmow: North West Essex and East Herts. Preservation Association 1967).

BROMHEAD, P., The Great White Elephant of Maplin Sands (London: Paul Elek 1973).

BUCHANAN, J. M. AND TULLOCK, G., The Calculus of Consent (Ann Arbor: University of Michigan Press 1962).

BURCK, C. G., 'What We Can Learn from BART's Misadventures', Fortune, July 1975, pp. 104-167.

BURNS, T. AND STALKER, M., The Management of Innovation (London: Tavistock Publications 1961).

CALIFORNIA, COORDINATING COUNCIL FOR HIGHER EDUCATION, Annual Report of the Director (Sacramento: The Council 1969, 1970, 1971, 1972a).

—— The California Master Plan for Higher Education in the Seventies and Beyond, Report and Recommendations of the Select Committee on the Master Plan for Higher Education to the Coordinating Council for Higher Education (Sacramento: The Council 1972).

CALIFORNIA, DEPARTMENT OF FINANCE, Projections of Enrollment for California's Institutions of Higher Education 1960-1976, Prepared for the Master Plan Survey Team and the Liaison Committee of the Regents of the University of California and the State Board of Education (Sacramento: The Department 1960).

—— Enrollment in California Higher Education, Annual Return (Sacramento: The Department 1960-1977).

—— California Population 1971 (Sacramento: The Department 1972)

CALIFORNIA, LEGISLATIVE ANALYST, Investigation of the Operations of the Bay Area Rapid Transit District with particular reference to Safety and Contract Administration (Sacramento: California Legislature 1972).

—— Analysis of BART's Operational Problems and Fiscal Details with Recommendations for Corrective Action (Sacramento: California Legislature 1974).

—— Financing Public Transportation in the San Francisco Bay Area Three County BART District (Sacramento: California Legislature 1975).

—— Analysis of the Current and Proposed (1976-7 and 1977-8) Operating Budgets of the BARTD (Sacramento: California Legislature 1977).

CALIFORNIA, LEGISLATURE, Report of the Joint Committee on the Master Plan for Higher Education (Sacramento: California Legislature 1973).

CALIFORNIA, LIAISONCOMMITTEE OF THE STATE BOARD OF EDUCATION AND THE REGENTS OF THE UNIVERSITY OF CALIFORNIA, A Study of the Need for Additional Centers of Public Higher Education in California (Sacramento: California State Department of Education 1957).

—— A Master Plan for Higher Education in California, 1960-75 (Sacramento: California State Department of Education 1960).

CALIFORNIA, POSTSECONDARY EDUCATION COMMISSION, Agenda, 14-15 October 1974 (Sacramento: The Commission 1974).

—— Planning for Postsecondary Education in California: A five-Year Plan, 1976-81 (Sacramento: The Commission 1975).

CHADWICK, G., A Systems View of Planning (Oxford: Pergamon 1971).

CHAPMAN, G., 'Economic Forecasting in Britain 1961-1975', Futures, 8 (1977), pp. 254-260.

CHEIT, F. E., The New Depression in Higher Education: A Study of Financial Conditions in 41 Colleges and Universities, for the Carnegie Commission on Higher Education and the Ford Foundation (New York: McGraw Hill 1971).

CHURCHMAN, C. W. et al., Introduction to Operations Research (New York: John Wiley 1957).

CLARK, T. N., 'Can You Cut A Budget Pie?', Policy and Politics, 3 (1974), pp. 3-31.

COHEN, E. D., Utzon and the Sydney Opera House: A Statement in the Public Interest (Sydney: Morgan Publishers 1967).

COLEMAN, J. S., Community Conflict (New York: The Free Press of Glencoe 1957).

COONS, A. G., Crises in California Higher Education: Experience under the Master Plan and Problems of Coordination, 1959 to 1968 (Los Angeles: The Ward Ritchie Press 1968).

COSTELLO, J. AND HUGHES, T., The Battle for Concorde (Salisbury: Compton Press 1971).

COWLING, T. N. AND STEELEY, G. C., Sub-Regional Planning Studies: An Evaluation (Oxford: Pergamon 1973).

COZZENS, W. A., Client-focused Policy Research: Identifying Slippage in a Hierarchy of Governments, Research on Conflict in Locational Decisions, Discussion Paper No. 18 (Philadelphia: The Wharton School of Finance and Commerce 1972.).

CYERT, R. M. AND MARCH, J., A Behavioral Theory of the Firm (Englewood Cliffs: Prentice Hall 1963).

DAHL, R. A., Pluralistic Democracy in the United States: Conflict and Consent (Chicago: Rand and McNally 1967).

DAHRENDORF, R., Class and Class Conflict in Industrial Society (London: Routledge and Kegan Paul 1959).

DIX, G., 'Little Plans and Noble Diagrams', Town Planning Review, 49 (1978), pp. 329-352.

DOUGANIS, R., A National Airport Plan, Fabian Tract 377 (London: Fabian Society 1967).

DOWNS, A., An Economic Theory of Democracy (New York: Harper & Brothers 1957).

—— Inside Bureaucracy (Boston: Little, Brown 1967).

DROR, Y., Public Policymaking Reexamined (San Francisco: Chandler 1968).

EASTON, D. (ed.), Varieties of Political Theory (Englewood Cliffs: Prentice Hall 1966).

EDDISON, A., Local Government: Management and Corporate Planning (London: Leonard Hill 1975).

EDWARDS, C. E., Concorde: Ten Years and a Billion Pounds Later (London: Pluto Press 1972).

ELLIOTT, W., 'The Los Angeles Affliction: Suggestions for a Cure', The Public Interest, 38 (1975), pp. 119-128.

ETIZIONI, A., The Active Society: A Theory of Societal and Political Processes (London: Collier-Macmillan 1968).

FACTS ON FILE, A Monthly Record of Events.

FINER, S. E., 'Proposition One', New Society, 16 October 1975, pp. 157-158.

FOGELSON, R. M., The Fragmented Metropolis: Los Angeles 1850-1930 (Cambridge, Mass.: Harvard UP 1967).

FONG, K. M., 'Rapid Transit-Decision-Making: The Income Distribution Impact of San Francisco Bay Area Rapid Transit' (Unpublished BA Thesis, Harvard University 1976).

FOSTER, C. et al., Lessons of Maplin: Is the Machinery of Government Decision-Making at Fault? (London: Institute of Economic Affairs 1974).

FREEMAN FOX, WILBUR, SMITH AND ASSOCIATES, London Transportation Study, Phase III, 4 Vols.(London: The Associates, Mimeo 1968).

FRIEND, J. K. AND JESSOP, W. N., Local Government and Strategic Choice(London: Tavistock Publications 1969).

GERTH, D. R., HAEHN, J. O. AND ASSOCIATES, An Invisible Giant: The California State Colleges(San Francisco: Jossey-Bass 1971).

GRANT, J., The Politics of Urban Transport Planning (London: Earth Resources Research 1977).

GB ADVISORY COMMITTEE ON TRUNK ROAD ASSESSMENT, Report (London: HMSO 1977).

GB BOARD OF TRADE, The Third London Airport, Cmnd. 3259 (London: HMSO 1976).

GB CENTRAL POLICY REVIEW STAFF, Review of Overseas Representation (London: HMSO 1977).

GB COMMISSION ON THE THIRD LONDON AIRPORT, Report (London: HMSO 1971).

GB COMMISSION OF INQUIRY INTO THE AIRCRAFT INDUSTRY, Report, Cmnd. 2853(London: HMSO 1965).

GB COMMONS HANSARD, Written Answers on Concorde Noise, Vol. 847 (London: HMSO 1972).

GB COMMONS HANSARD, Concorde Aircraft Act, 2nd Reading, Vol. 848; 3rd Reading, Vol. 850(London: HMSO 1973).

GB DEPARTMENT OF THE ENVIRONMENT, The Maplin Project: Surface Access Corridor (London: The Department 1973).

—— Greater London Development Plan: Report of the Panel of Inquiry, Vol. 1 (London: HMSO 1973).

—— Greater London Development Plan: Statement by the Rt. Hon. Geoffrey Rippon, QC, MP(London: HMSO 1973).

—— Greater London Development Plan: Statement by the Rt. Hon. Anthony Crosland, MP (London: HMSO 1975).

GB DEPARTMENT OF TRADE, Maplin: Review of Airport Project (London: HMSO 1974).

—— Airport Strategy for Great Britain, Part I, The London Area; Part II, The Regional Airports: A Consultation Document (London: HMSO 1975/7).

GB HOUSE OF COMMONS, COMMITTEE OF PUBLIC ACCOUNTS, Third Report (London: HMSO 1965).

—— Second Report (London: HMSO 1967).

—— Sixth and Seventh Reports (London: HMSO 1973).

GB HOUSE OF COMMONS, ESTIMATES COMMITTEE, Fifth Report: Session 1960-61. With Minutes of Evidence (London: HMSO 1964).

—— Second Report: Session 1963-4. With Minutes of Evidence (London: HMSO 1963).

—— Seventh Report: Session 1963-4. With Minutes of Evidence (London: HMSO 1964).

GB HOUSE OF COMMONS, EXPENDITURE COMMITTEE, Sixth Report: Session 1971-2. With Minutes of Evidence（London: HMSO 1972）.

GB LORDS HANSARD, Debate on Concorde, Vol. 244（London: HMSO 1962）.

GB MINISTRY OF AVIATION, Report of the Inter-Departmental Committee on the Third London Airport（London: HMSO 1963）.

GB MINISTRY OF TECHNOLOGY, Report of the Steering Group on Development Cost Estimating, 2 Vols.（London: HMSO 1969）.

GB MINISTRY OF TRANSPORT, Traffic in Towns（London: HMSO 1963）.

GB NATIONAL LIBRARIES COMMITTEE, Report, Cmnd. 4028（London: HMSO 1969）.

GB PAYMASTER GENERAL, The British Library（London: HMSO 1971）.

GB SECRETARY FOR TRADE, Airports Policy, Cmnd. 7084（London: HMSO 1978）.

GREATER LONDON COUNCIL, London Traffic Survey, Vol. II（London: The Council 1966）.

—— Movement in London（London: The Council 1969）.

—— London Road Plans 1900-70, Greater London Research, Research Report No. 11（London: Greater London Research and Development Unit 1970）.

—— Greater London Development Plan: Public Inquiry. Statement Evidence, Stage 1, Transport（London: The Council 1970）.

—— Greater London Development Plan: Statement Revisions（London: The Council 1972）.

HALL, P., Theory and Practice of Regional Planning（London: Pemberton 1970）.

—— Urban and Regional Planning（Harmondsworth: Penguin Books 1975）。

——（ed.）, Europe 2000（London: Duckworth 1977）.

HALL, P., THOMAS, R., GRACEY, H. AND DREWETT. R., The Containment of Urban England, 2. Vols.（London: George Allen & Unwin 1973）.

HARSANYI, M. J., 'Measurement of Social Power' in Shubik, M.（ed.）, q.v.

HART, D. A., Strategic Planning in London: The Rise and Fall of the Primary Road Network（Oxford: Pergamon 1976）.

HAVEMAN, R.H. AND MARGOLIS, J.（eds.）, Public Expenditures and Policy Analysis（Chicago: Markham 1970）.

HEIRICH, M., The Spiral of Conflict: Berkeley 1964（New York and London: Columbia UP 1971）.

HIRSCHMAN, A., Development Projects Observed（Baltimore: Johns Hopkins UP 1967）.

HIRSCHMAN, A. O., Exit, Voice and Loyalty（Cambridge, Mass.: Harvard UP 1970）.

HOFFMAN, W., 'The Democratic Response of Urban Governments: An Empirical Test with Simple Spatial Models', Policy and Politics, 4（1976）, pp. 51-74.

HOLLY, T. C., 'California's Master Plan for Higher Education, 1960-75', Journal of Higher Education, 32（1961）, pp. 9-16.

HOOK, S.（ed.）, Human Values and Economic Policy（New York: New York UP 1967）.

HUDSON, L., Contrary Imaginations（London: Penguin 1967）.

KAPLAN, M. A., System and Process in International Politics (New York: John Wiley 1964) .

KENNEDY, N., San Francisco Bay Area Rapid Transit: Promises, Problems, Prospects (Presented to Society of Automotive Engineers-Australasia, Convention, Melbourne. Mimeo October 1971) .

KERR, C., The Uses of the University (Cambridge, Mass: Harvard UP 1963) .

KISSINGER, H. A., A World Restored (London: Gollancz 1973) .

LAWRENCE, R. AND LORSCH, J. W., Organization and Environment: Managing Differentiation and Integration (Boston: Harvard University Graduate School of Business Administration 1967) .

LEVIN, P. H., Government and the Planning Process (London: George Allen & Unwin 1976) .

LICHFIELD, N., 'Cost Benefit Analysis in Urban Expansion. A Case Study: Peterborough', Regional Studies, 3(1968), pp. 123-155.

LINDZEY, G. AND ARONSON, E. (eds.) , The Handbook of Social Psychology (Reading, Mass.: Addison-Wesley 1969) .

LIVINGSTON AND BLAYNEY (Consultants) , A University Community in the Almaden Valley (Mimeo 1961) .

LONDON COUNTY COUNCIL, County of London Development Plan (London: London County Council 1951) .

LONDON MOTORWAY ACTION GROUP AND LONDON AMENITY AN TRANSPORT ASSOCIATION, Transport Strategy in London (London: The Group 1971) .

MCIVER, J. P. ANDOSTROM, F., 'Using Budget Pies to Reveal Preferences: Validation of a Survey Instrument', Policy and Politics, 4 (1976) pp. 87-110.

MCKIE, D., A Sadly Mismanaged Affair: A Political History of the Third London Airport(London: Croom Helm 1973).

MARCH, J. G., 'The Power of Power' in Easton, D. (ed.) , q.v.

MARCUSE, P., Mass Transit for the Few: Lessons from Los Angeles (Los Angeles: UCLA, School of Architecture and Urban Planning 1975) .

MARGOLIS, J. AND GUITTON, H., Public Economics (London: Macmillan 1969) .

MARRIS, R. (ed.) , The Corporate Society (London: Macmillan 1974) .

MEADOWS, D. H., et al., The Limits to Growth: A Report for the Club of Rome's Project on the Predicament of Mankind (New York: Universe Books 1972) .

MEREWITZ, L., How Do Urban Rapid Transit Projects Compare in Cost Estimating Experience? Proceedings of the International Conference on Transportation Research, Bruges, Belgium, June 1973 (Berkeley: California University, Institute of Urban and Regional Development, Reprint No. 104, 1973) .

—— 'Cost Overruns in Public Works' from Niskansen, W., et al., Benefit Cost and Policy Analysis Annual 1972. Berkeley: California University, Institute of Urban and Regional Development. Reprint No. 114 (Chicago: Aldine 1973) .

METROPOLITAN TRANSPORTATION COMMISSION(McDonald & Smart Inc.), A History of the Key Decisions in the Development of Bay Area Rapid Transit (San Francisco: Jossey-Bass 1973) .

MICHAEL, D. M., On Learning to Plan and Planning to Learn (San Francisco: Jossey-Bass 1973) .

MILNOR，J.，'Games Against Nature' in Shubik，M.（ed.），q.v.

MISHAN，E.，'Pareto Optimality and the Law'，Oxford Economic Papers，19（1967），pp. 255-287.

MUMPHREY，A.，ANDWOLPERT，J.，Equity Considerations and Concessions in the Siting of Public Facilities，Research on Conflict in Locational Decisions，Discussion Paper 17（Philadelphia：Wharton School of Finance and Commerce 1972.）.

NEWTON，K.，'Community Politics and Decision-Making：The American Experience and the Lessons' in Young，K.（ed.），q.v.

NISBET，R.，The Degradation of the Academic Dogma：The University in America，1945-1970（New York：Basic Books 1971）.

NISKANSEN，W. A.，Bureaucracy and Representative Government（Chicago：Aldine-Atherton 1971）.

——— Bureaucracy：Servant or Master? Hobart Paperback No. 5（London：Institute of Economic Affairs 1973）.

NOZICK，R.，Anarchy，State and Utopia（Oxford：Basil Blackwell 1974）.

OLSON，M.，JR，'Economics，Sociology and the Best of all Possible Worlds'，The Public Interest，12（1968），pp. 96-118.

——— 'On the Priority of Public Problems' in Marris，R.（ed.），q.v.

PARKINSON，C. N.，Parkinson's Law or the Pursuit of Progress（London：John Murray 1958）.

PARSONS，BRINCKERHOFF，HALL AND MACDONALD，Regional Rapid Transit 1953-1955：A Report to the San Francisco Bay Area Rapid Transit Commission（San Francisco：The Consultants 1956）.

PARSONS，BRINCKERHOFF，TUDOR AND BECHTEL，The Composite Report：Bay Area Rapid Transit（San Francisco：The Consultants 1962）.

PERKINS，B.，AND BARNES，G.，'A Planning Choice'，The Planner，61（1975），pp. 96-98.

PLOWDEN，S.，Towns Against Traffic（London：Andre Deutsch 1971）.

RAIFFA，H.，Decision Analysis（Reading，Mass.：Addison-Wesley 1968）.

RAPOPORT，A.，Fights，Games and Debates（Ann Arbor：University of Michigan Press 1960）.

RAWLS，J.，A Theory of Justice（Cambridge，Mass.：Harvard UP 1971）.

RIKER，W.，'Voting and the Summation of Preferences：An Interpretative Bibliographic Review of Selected Developments During the Last Decade'，American Political Science Review，55，900-911.

RITTEL，H. W. J. AND WEBBER，M.M.，'Dilemmas in a General Theory of Planning'，Policy Sciences，4（1973），pp. 155-169.

SAN JOSE，CITY PLANNING DEPARTMENT，Study on Suggested Sites for a University of California Campus（San Jose：Mimeo 1958）.

SANTA CRUZ，CITY ANDCOUNTY，A University of California Campus at Santa Cruz（Santa Cruz：The City 1960）.

SAWYER，J. E.，'Entrepreneurial Error and Economic Growth'，Explorations in Entrepreneurial History，4（1951），pp. 199-204.

SCHATTSCHNEIDER，E. E.，The Semi-Sovereign People：A Realist's View of Democracy in America（New York：

Holt, Rinehart & Winston 1960）.

SCHELLING, T. C., The Strategy of Conflict（Cambridge, Mass.：Harvard UP 1960）.

SCHICK, A., 'Systems Politics and Systems Budgeting', Public Administration Review, 29（1969）, pp. 137-151.

SCHOETTLE, E. C. B., 'The State of the Artin Policy Studies' in Bauer, R. A. and Gergen, K. J., q.v.

SCHON, D.A., Beyond the Stable State：Public and Private Learning in a Changing Society（London：Temple Smith 1971）.

SEARLE, J. R., The Campus War（Harmondsworth：Penguin 1972.）.

SELF, P., Econocrats and the Policy Process：The Politics and Philosophy of Cost-Benefit Analysis（London：Macmillan 1975）.

SEN, A. K., Collective Choice and Social Welfare（San Francisco：Holden-Day 1970）.

—— On Economic Inequality（Oxford：Clarendon Press 1973）.

——'Planners' Preferences：Optimality, Distribution and Social Welfare' in Margolis, J. and Guitton, H., q.v.

SHUBIK, M.（ed.）, Game Theory and Related Approaches to Social Behavior（New York：John Wiley 1964）.

SIMMIE, J. M., Citizens in Conflict：The Sociology of Town Planning（London：Hutchinson 1974）.

SIMON, A., AND STEDRY, C., 'Psychology and Economies' in Lindzey, G., and Aronson, E.（eds.）, q.v.

SOLESBURY, W., Policy in Urban Planning（Oxford：Pergamon 1974）.

SOUTHERN CALIFORNIA ASSOCIATION OF GOVERNMENTS, Regional Transportation Plan：Towards a Balanced Transportation System（Los Angeles：The Association 1975）.

SOUTHERN CALIFORNIA RAPID TRANSIT DISTRICT, A Public Transportation Improvement Program：Summary Report of Consultant's Recommendations（Los Angeles：Southern California Rapid Transit District 1974）.

STAMP, L. D., 'Nationalism and Land Utilisation in Britain', Geographical Review, 27（1937）, pp. 1-18.

STAMP, L. D., The Land of Britain：Its Use and Misuse（London：Longmans, Green 1962.）.

STANSTED WORKING PARTY, The Third London Airport：The Case for Re-Appraisal（Chelmsford：The Working Party 1967）.

STEINER, P., 'The Public Sector and the Public Interest' in Haveman, P. H. and Margolis, J., q.v.

STEWART, J. D., Management in Local Government：A Viewpoint（London：Charles Knight 1971）.

THOMSON, J. M., Motorways in London（London：Duckworth 1969）.

TULLOCK, G., The Politics of Bureaucracy（Washington：Public Affairs Press 1965）.

—— Towards a Mathematics of Politics（Ann Arbor：University of Michigan Press 1967）.

—— The Vote Motive, Hobart Paperback No. 9（London：Institute of Economic Affairs 1976）.

UNIVERSITY OF CALIFORNIA OFFICE OF THE PRESIDENT, Unity and Diversity：The Academic Plan of the University of California, 1965-1975（Berkeley：The University 1965）.

UNIVERSITY OF CALIFORNIA, SANTA CRUZ, Long Range Development Plan, John Carl Warnecke & Associates（Irvine：The University 1963）.

UNIVERSITY OF CALIFORNIA, IRVINE, Long Range Development Plan, William L. Pereith & Associates（Irvine：

The University 1963）．

US PRESIDENT'S COMMISSION ON CAMPUS UNREST，Report（Washington：Government Printing Office 1970）．

US CONGRESS OFFICE OF TECHNOLOGY ASSESSMENT，San Francisco Case Study，An Assessment of Community Planning for Mass Transit，Vol. 10（Washington：Government Printing Office 1976）．

—— Washington DC Case Study，An Assessment of Community Planning for Mass Transit，Vol. 2.（Washington：Government Printing Office 1976）．

—— Los Angeles Case Study，An Assessment of Community Planning for Mass Transit，Vol. 6（Washington：Government Printing Office 1976）．

US DEPARTMENT OF TRANSPORTATION，1974 National Transportation Report：Current Performance and Future Prospects（Washington：Government Printing Office 1974）．

—— A Study of Urban Mass Transportation Needs and Financing（Washington：Government Printing Office 1974）．

VICKERS，G.，The Art of judgement：A Study of Policy Making（London：Chapman and Hall 1965）．

VON NEUMANN，J. AND MORGENSTERN，O.，Theory of Games and Economic Behavior（Princeton：Princeton UP 1944）．

WACHS，M.，The Case for Bus Rapid Transit in Los Angeles（Las Angeles：UCLA，School of Architecture and Urban Planning，Mimeo 1976）．

WARNER，S. B.，JR，The Urban Wilderness：A History of the American City（New York：Harper and Row 1972.）．

WEBBER，M. M.，The BART Experience—What Have We Learned? Monograph No. 2.6（Berkeley：Institute of Urban and Regional Development and Institute of Transportation Studies 1976）．

WILDAVSKY，A. B.，The Politics of the Budgetary Process（Boston：Little，Brown 1976）．

—— 'Budgeting as Political Process'，International Encyclopedia of the Social Sciences，2（1968），pp. 192-199.

—— The Revolt Against the Masses and Other Essays on Politics and Public Policy（New York：Basic Books 1971）．

WILSON，A.，The Concorde Fiasco（Harmondsworth：Penguin 1973）．

YEOMANS，J.，The Other Taj Mahal：What Happened to the Sydney Opera House（Camberwell，Victoria：Longmans 1973）．

YOUNG，K.，（ed.），Essays on the Study of Urban Politics（London：Macmillan 1975）．

ZECKHAUSER，R. AND SCHAEFER，Public Policy and Normative Economic Theory in Bauer，R. A. and Gergen，K. J.，q.v.

ZWERLING，S.，Mass Transit and the Politics of Technology：A Study of BART and the San Francisco Bay Area（New York：Praeger 1974）．